어디서 살 것인가

우리가 살고 싶은 곳의 기준을 바꾸다

어디서 살 것인가

우리가 살고 싶은 곳의 기준을 바꾸다

유현준 지음

을유문화사

어디서 살 것인가

우리가 살고 싶은 곳의 기준을 바꾸다

발행일
2018년 5월 30일 초판 1쇄
2024년 3월 30일 초판 54쇄

지은이 | 유현준
펴낸이 | 정무영, 정상준
펴낸곳 | (주)을유문화사

창립일 | 1945년 12월 1일
주소 | 서울시 마포구 서교동 469-48
전화 | 02-733-8153
팩스 | 02-732-9154
홈페이지 | www.eulyoo.co.kr

ISBN 978-89-324-7380-2 03540

* 본 서적은 홍익대학교 연구비 지원으로 출판되었습니다.

여는 글
다양한 생각이 멸종되는 사회

건축의 상대성원리

사람들은 건축물이 물질이라고 생각한다. 맞는 말이다. 고대에는 건축물이 돌로 만들어졌다. 시대가 바뀌면서 벽돌로, 지금은 주로 콘크리트와 철, 유리로 지어지는 물질 덩어리가 건축물이다. 하지만 건축물을 이루는 재료를 말한다고 해서 그 건축물을 완전히 설명했다고 할 수는 없다. 이는 마치 어떤 사람이 '키가 얼마고 무슨 색깔 안경을 끼고 어떤 옷을 입었으며 피부색은 무엇이다'라는 말로 그 사람을 완전히 설명하지 못하는 것과 마찬가지다. 한 명의 사람은 그 가족과 친구들과의 관계 속에서 더 잘 표현된다. 마찬가지로 건축물의 진정한 의미는 건축물이 사람과 맺는 관계 속에서 완성된다. 나와는 동떨어진 물질로만 건축물을 이해하려고 하면 우리는 건축의 진정한 의미를 알 수 없다. 필자는 서울 성동구 구의동의 2층짜리 단독주택에서 어린 시절을 보내면서 자랐다. 초등학교 5학년 때 우리 가족이 다른 곳으로 이사를 간 이후에는 또 누군가 그 집에 이사를 왔을 것이다. 새로 이사 온 사람 역시 몇 년을 같은 집에서 생활했겠지만 나와는 전혀 다른 의미로 그 집을 이해하고 받아들였을 것이다. 우리 집은 3대가 함께 어우러져 지냈고 나는 주로 형과 함께 마당에서 뛰놀면서 시간을 보냈지만, 이후에 이사 온 사람들은 주로 집안에서 편안하게 지내는 은퇴한 노부부였을지도 모른다. 같은 집이지만 사용자에 따라 다른 집이 된다. 건축물의 의미는 사용자에 의해 결정되기 때문에 사람과의 관계를 배제하고 그 건축물을 이해하거나 평가하기는 어렵다. 사람과 건축은 불가분의 관계다. 이는 마치 아인슈타인의 상대성이론 전에는 시간과 공간이 서로 다른 별개의 무엇이라고 생각했다가 상대성이론 이후에는 시간과 공간이 연결된 '시공간'이라는 개념으로 세상을 바라보게 된 것과 비슷하다. 이제 시간과 공간은 따로 떼어서 생각하기 어려운 하나로 연결된 개념이다. 건축과 사람도 마찬가지다. 건축과 사람은 별개의 존재가 아니고 서로 연결되어 상호 영향을 주면서 의미를 규정한다. 그렇다면 건축은 무엇인가?

1994년 놀라운 발견이 하나 있었다. 괴베클리 테페라는 터키 남동부 샤늘르우르파 외렌직에 있는 신석기 시대 유적이다(194쪽 사진 참조). 탄소 연대 측정에 따르면 이 건축물은 기원전 1만~8천 년경에 축조되었다고 한다. 스톤헨지나 이집트의 피라미드보다 6천 년 이상이나 앞서 지어졌다. 알타미라 동굴의 그림이 그려진 것은 기원전 3만 5천 년부터 기원전 1만 1천 년 사이의 구석기 시대다. 그러니 괴베클리 테페는 구석기 때 인류가 동굴에 살다가 동굴 밖에 나오면서 짓기 시작한 최초의 건축물이다. 기후와 연결해서 살펴보면 빙하기가 끝날 무렵에 지어진 것이다. 형태를 살펴보면 T 자형으로 생긴 돌기둥들이 가운데 서 있고 그 주변을 돌로 쌓아서 만든 벽이 둥그렇게 둘러싸고 있는 모양새다. 고고학자들은 이 건축물이 집이 아니라 장례식을 치렀던 신전이라고 추측하고 있다. 돌 하나의 무게가 자그마치 15톤 정도라고 한다. 놀라운 사실은 당시 불을 사용하긴 했지만 바퀴는 없었고 짐을 운반할 가축도 없었다는 점이다. 괴베클리 테페는 온전히 인간의 노동력만으로 지어진 것이다.

농업혁명을 일으킨 건축

더 놀라운 사실은 이 건축물이 기원전 7천 년경에 시작된 농업혁명 이전에 지어졌다는 점이다. 도시 발생에 관한 기존의 정설은 수렵 채집의 시기가 지나고 농업이 시작되면서 사람들이 한곳에 머물러 살게 되어 도시가 만들어졌다는 것이었다. 그런데 괴베클리 테페의 발견으로 이 순서가 뒤바뀌게 되었다. 괴베클리 테페는 농업혁명이 시작된 시점보다 수천년 먼저 지어졌다. 이 건축물을 지으려면 60~70명의 사람이 6개월에서 1년 동안 매달려야 했을 것으로 추정된다. 그렇게 오랜 시간 건축물을 지으면서 한곳에서 생활하려면 지속적인 식량 공급이 필요한데, 이를 위해서 원시적인 형태의 농업이 시작됐다는 가설이다. 농업으로 건축이 시작된 게 아니라, 건축을 하기 위해 농업을 시작한 것으로 시각이 바뀌었다. 즉 인간이 사후세계를 믿기 시작하자 의식을 치르기 위해 괴베클리 테페 같은 신전을 건축해야 했고, 그러다 보니 농업이 시작된 것이다. 종교적 신화를 공통으로 믿었기 때문에 호모 사피엔스가 능력을 갖게 되었다는 유발 하라리의 설명과 일치하는 내용이다. 괴베클리 테페의 건축물과 조각을 연구한 고고학자들은 이 신전을 만든 사람들이 인간을 동물보다 뛰어난 존재로 믿었던 첫 번째 사람들이라고 말한다. 구석기 시대 동굴화를 보면 인간은 동물보다 작게 그려져 있다. 그러나 괴베클리 테페 기둥에 새겨진 조각에서는 인간이 동물보다 더 크게 조각되어 있다. 문화인류학자들은 이러한 모습이 비로소 동물을 길들여 가축으로 키우고, 식물을 실질적으로 지배해 농업을 할 수 있는 정신적 기반이 만들어진 증거라고 말한다. 그리고 그 믿음과 조직을 하나로 묶어 주는 것이 신전 건축이었다. 건축은 인류 문명의 효시인 농업보다도 먼저 시작된 인간을 인간 되게 만든 본능적 행위다.

필자는 중세 이후의 주로 전쟁하고 정치 싸움하는 갈등의 역사 이야기보다는 고대의 역사를 더 좋아한다. 아마도 고대의 역사는 텍스트로 기록된 사실보다 건축물로 입증되는 것들이 더 많아서인지도 모르겠다. 어쩌면 메소포타미아의 고대 신전인 지구라트가 만들어지는 과정에서 더 비인간적인 살인과 착취가 있었을지 모르지만 현대의 우리는 알 수가 없고 그저 찬란한 건축적 성취만 볼 수 있으니 더 좋아 보이는 것일 게다. 그래서인지 고대의 역사는 인류의 성취에 초점이 맞추어진 반면 중세 이후의 역사는 갈등 중심으로 기술되어 있다고 보인다. 고대의 역사를 더 좋아하는 또 다른 이유는 오래된 역사일수록 인간의 본능과 본질에 더 가까운 사실을 알려 주기 때문이다. 마치 나이 들면서 〈동물의 왕국〉만 본다는 중년 아저씨의 마음과 비슷하다고 할까. 건축에는 본능적 행위가 만들어 내는 감동이 있다. 지엽적이고 복잡한 관계들을 걷어 낸 건축으로 읽는 고대의 역사는 마치 장식품을 걷어 낸 건축물 같다.

건축이라는 거울

괴베클리 테페 이야기에서 알 수 있듯이 우리는 아직도 우리 인류의 문명 형성 과정을 정확히 모른다. 지금껏 우리는 농사를 짓게 되면서 건축과 문명이 시작된 줄로 알았다. 농업이 지금의 우리를 만들었다고 생각했던 것이다. 그런데 괴베클리 테페의 발굴로 인해 우리는 그 당시 종교성이 우선이었고, 인간이 동물보다 우위라는 자의식을 새롭게 가지게 되었고, 그것을 교육하고 힘을 합치기 위해서 힘든 석조 건축을 시작하고, 그로 인해 농업혁명이 일어났다는 새로운 이야기를 접하고 있다. 언제 또 어떤 유물이 발견되어 이 가설이 뒤집어질지 모른다. 다만 우리는 지금 우리가 알 수 있는 건축의 모습을 들여다보면서 우리 자신을 알아 갈 뿐이다. 그래서 우리는 고대의 유적뿐 아니라 지금 우리가 살고 있는 도시와 건축을 관심 있게 들여다볼 필요가 있다. 왜냐하면 이렇듯 건축은 스스로를 제대로 알기 힘든 우리를 흐릿하게나마 보여 주는 거울이기 때문이다. 인류는 스스로가 인간이라고 부를 만한 존재가 되면서부터 건축을 해 왔다. 건축은 의식주라는 인간의 3대 기본 본능적 행위 중 하나다. 따라서 건축은 인간의 본질을 반영하는 행위이자 결과물이다. 건축은 우리와 연결되어 있고 우리의 모습을 비춘다.

융합의 용광로, 도시

그렇다면 인류 역사 최고의 발명품은 무엇일까? 이런 질문을 하고 답을 찾는 다큐멘터리가 있었다. 비행기, 바퀴, 자동차, 전화기, 컴퓨터 등 많은 후보가 있었는데 영예의 1위는 '금속활자'가 차지했다. 금속활자 덕분에 작은 농장 열두 개와 맞먹을 정도의 고가였던 성경책의 가격이 뚝 떨어지게 되었고, 성경책이 보급되면서 종교개혁이 일어났으며, 문맹률이 떨어지면서 르네상스와 시민혁명까지 가능했다는 것이다. 하지만 하버드대학 경제학과의 에드워드 글레이저 교수는 인류 최고의 발명품은 '도시'라고 말한다. 다양한 사람이 도시에 모여들면서 생각의 교류가 많아졌고 그로 인한 시너지 효과로 혁신적인 발명과 발전이 가능했다는 것이다. 창조는 다른 생각들이 만났을 때 스파크처럼 일어난다. 도시는 그런 우연한 만남을 가능케 하는 공간을 제공한다. 우리나라 경제가 전후에 기적처럼 부흥한 이유는 여러 가지가 있다. 건축적으로 보면 그 이유 중 하나는 전후 전국 각지에서 많은 사람이 상경해서다. 과거에는 만날 수 없었던 다른 지방 출신의 사람들이 서울에서 서로 다른 생각을 교류하면서 근대화가 가능해졌다. 도시는 다양한 생각의 융합을 만들어 내는 용광로다. 세계사를 살펴보면 한 시대를 이끌었던 국가들에는 항상 세계적인 도시가 있었다. 로마제국에는 로마, 프랑스에는 파리, 영국에는 런던, 미국에는 뉴욕이 있다. 국가가 융성하려면 대도시는 필수 요소다. 이 도시들은 고밀화 도시를 만드는 기술을 발명했다. 로마의 상수도, 파리의 하수도, 뉴욕의 엘리베이터는 이들 도시가 대도시가 되는 바탕이 되었다. 서울도 '아파트'라는 주거 형태를 도입하여 고밀화 대도시로 성장할 수 있었다. 대도시 서울은 서로 다른 다양한 생각을 모아서 지금의 한국 사회를 만들 수 있게 해 준 터전이다.

그러나 서울의 이러한 장점이 점점 사라지고 있다. 현대 도시에서는 소통이 줄어들고 있다. 과거에는 이웃들이 골목길에서 만났다. 하지만 지금은 아파트 복도를 사이에 두고 소통이 사라졌다. 하늘이 보이지 않는 복도는 사람이 모이는 공간이 될 수 없다. 서울시의 소득 격차는 각 구별로 벌어지더니 이제는 폐쇄적인 아파트 단지별로 더 작은 단위로 나누어졌다. 이 모든 것이 도시가 자동차 중심으로 진화해서

다. 차도 폭은 점점 넓어져서 먼 곳은 쉽게 갈 수 있게 되었지만 바로 옆의 블록끼리는 더욱 단절되었다. 그리고 IT 기술이 발달하면서 또 다른 문제가 발생했다. 사람들은 상업 활동을 하면서 다른 사람들과 소통할 기회가 생기는데, 지금은 많은 상업 거래가 인터넷상에서 이루어진다. 통계청에 따르면 2017년 전자 상거래 규모는 91조 9천8백억 원대로 추정된다. 이는 2016년보다 20조 원 이상 커진 수치다. 이런 추세라면 2018년에는 100조 원을 넘을 것으로 예상된다. 아마도 10년 후에는 편의점을 제외하고는 거리에서 물건 파는 가게는 사라지고 식당이나 미장원같이 직접 먹거나 내 몸에 직접적인 서비스를 받아야 하는 상점들만 남을 것이다. 도시 전체적으로 보았을 때 실생활 공간에서 상업 시설이 줄어들면 우연히 다른 사람을 만날 기회가 줄어들게 된다. 이는 도시가 가지고 있는 장점인 다양하고 우연한 만남이 줄어든다는 것을 의미한다.

다양성을 죽이는 SNS

사람들 간의 교류가 인터넷상에서 이루어지면서 더 큰 문제가 생겼다. SNS에서는 자신과 비슷한 생각을 가진 사람들끼리만 모인다. 과거에는 어떤 쟁점에 대해 친구들과 술상을 엎을 정도로 논쟁을 하기도 했다. 그러고는 술 깨면 다음날 다시 만났다. 지금은 자신의 SNS에 '좋아요'를 눌러 주는 사람들끼리만 모인다. 자신의 의견에 동의하지 않는 사람들과는 간단한 클릭 한 번만으로 친구 관계를 끊어 버린다. 자신과 비슷한 생각을 하는 사람들끼리만 소통하다 보니 그 생각이 전체의 의견일 거라고 착각한다. 같은 당원끼리만 소통하는 정치인들이 자신들의 생각이 '국민의 뜻'이라고 착각하는 것과 비슷하다. '아파트 단지'별로 주민들이 나뉘는 것처럼 현대인들은 끼리끼리만 모이는 'SNS 단지'에 갇혀서 바깥세상과 소통을 못하고 있다. 자신과 비슷한 생각을 하는 사람들하고만 소통하는 사람은 자신의 생각이 가장 옳다고 느낀다. 그래서 인터넷에서 자신과 조금만 다른 생각을 가진 사람을 만나면 맹공격을 퍼붓고, 이런 폭력적 행위는 생각의 다양성을 죽이고 양극화 현상을 만들고 있다. 학교에서 생겨나는 '왕따' 현상의 원인을 심리학자는 다음과 같이 설명한다. 누군가가 한 사람을 왕따시키고 공격하면 중립적인 위치에 있던 사람들도 자신이 왕따의 대상이 될 것이 두려워 함께 왕따 공격에 동참한다는 것이다. 지금 한국 사회의 단면이 그렇다. 누군가가 극단적인 성향을 띠면 중간층의 사람들은 눈치를 보게 된다. 인터넷 공간에서의 익명성은 인간의 숨어 있던 폭력성을 극대화시켰고 이는 갈등과 반목을 양산했다. 인터넷상의 댓글은 상호 대화라기보다는 혼자 하고 싶은 말을 일방적으로 뱉고 도망치는 것과 같다. 인터넷에서는 정상적인 쌍방향의 대화가 어렵다. 다양한 생각의 교류를 만드는 데 인터넷은 실패했다. 국제 분야 전문 언론인인 토머스 프리드먼은 그의 저서 『늦어서 고마워』에서 SNS가 기존의 체제를 파괴하는 데는 효율적이지만 사회적 건설에는 비효율적이라고 비판했다. SNS는 '아랍의 봄' 때 그랬듯이 사람을 선동하고 기존의 체제를 전복하는 데는 효율적이지만 새로운 규칙을 만들어 가는 데는 별로 도움이 되지 못한다는 것이다. 그는 책의 결론에서 결국 새로운 사회를 만들기 위해서는 얼굴을 맞대며 이야기하고 의견을 교류하는 전통적인 방법밖에 없다고 이야기한다.

소통의 단절 현상을 치유하기 위해서는 도시 안에서 얼굴을 맞대고 우연히 다른 사람을 만날 수 있는 매력적인 공간이 더욱 많아져야 한다. 과거 그리스는 다양한 사람이 모여 의견을 나누던 아고라와 원형극장이라는 건축양식을 만들어서 창의적인 사회의 꽃을 피웠다. 시장 바닥 같던 아고라가 없었다면 고대 그리스는 없었다. 우리는 지금 다양한 생각이 만나고 서로의 다름을 인정할 수 있는 '21세기형 아고라와 원형극장'을 만들어야 한다. 그것이 이 시대를 살아가는 우리의 책임이다. 그러기 위해서는 우리 스스로를 잘 이해하는 데서 출발해야 한다. 우리를 둘러싸고 있는 건축 환경을 이해하는 것은 사람을 이해하는 하나의 시작이 될 수 있다. 왜냐하면 건축은 거울과도 같기 때문이다. 우리는 건축 공간을 통해서 우리 자신을 비춰볼 수 있다.

이 책에는 전작에서 다 말하지 못한 건축과 도시에 비친 우리의 모습과, 건축가로서 실제로 우리를 둘러싼 공간들을 디자인하면서 알게 된 우리의 이야기를 담은 책이다. 부족하지만 이 책을 통해 우리 자신에 대해 조금이라도 더 알아 갈 수 있기를 소망해 본다.

이 책이 나오기까지 많은 분의 수고가 있었다. 세심한 부분까지 검토해 주시고 책의 구성을 도와주신 김경민, 김지연 편집자, 본문 디자인을 해 주신 김경민 디자이너, 표지 디자인을 해 주신 공미경 디자이너께 감사의 말씀을 전한다. 제 손을 떠난 후에도 각종 인쇄와 배부에 애써 주신 을유문화사와 인쇄소의 많은 분께도 지면을 빌려 감사하다는 말씀을 전하고 싶다.

차례

3장 힙합 가수가 후드티를 입는 이유

4장 쇼핑몰에는 왜 멀티플렉스 극장이 있는가

7장 현대인이 SNS를 많이 하는 이유

8장 위기와 발명이 만든 도시

9장 서울의 얼굴

10장 우리 도시가 더 좋아지려면

11장 포켓몬고와 도시의 미래

1장

양계장에서는 독수리가 나오지 않는다

학교 건축은 교도소다

우리나라 국민의 60퍼센트는 똑같이 생긴 아파트에 산다. 그중에서도 대형 건설사의 대형 아파트 단지를 선호한다. 많은 청년들이 창업보다는 대기업이나 공무원 같은 대형 조직을 선호한다. 우리 의식에는 도전이나 모험보다는 큰 단체의 일부가 되고 싶어 하거나 자신과 다른 것을 인정하지 못하는 마음이 더 크게 자리한다. 심지어 우리는 중국집에 가서도 짜장면으로 통일하려고 한다. 누구 하나가 볶음밥을 시키면 '좀 유별난 사람'으로 치부한다. 원래 사람마다 다른 걸 먹고 싶어 하는 것은 자연스러운 일이다. 그런데 우리 국민은 좀처럼 다양성을 인정하지 않는다. 나와 다른 생각을 가진 사람을 보면 다르다고 느끼지 않고 틀렸다고 생각한다. 우리는 '다르다'와 '틀리다'라는 표현을

혼동해서 사용하는 경우가 많은데, 우리의 의식 속에 '다른 것=틀린 것'이라는 생각이 자리 잡아서가 아닌가 생각된다. 이런 현상에는 여러 가지 이유가 있을 것이다. 한국전쟁 통에 두 이데올로기 중 하나를 택해야 했던 배경도 있고, 군대 문화와 교복 문화도 그중 하나일 수 있다. 건축가의 시선으로 보면 우리나라 국민이 다양성을 인정하지 못하는 성향을 띠는 데는 학교 건축이 큰 역할을 한다. 어린이가 집을 떠나서 첫 12년 동안 경험하는 공간이 학교다. 그런데 학교 교실과 건물은 건국 이래 바뀌지 않았다. 여전히 학교는 수십 개의 똑같은 상자형 교실을 모아 놓은 하나의 네모난 교사동과 하나의 운동장으로 구성되어 있다.

한국에서 담장이 있는 대표적인 건축물을 꼽자면 두 가지가 있다. 학교와 교도소다. 둘 다 담을 넘으면 큰일 난다. 필자의 학창 시절 어느 학교는 학생들의 월담을 막기 위해서 담장에 전깃줄을 설치하기도 했다. 학교와 교도소 둘 다 운동장 하나에 4~5층짜리 건물로 이루어져 있다. 창문 크기를 빼고는 공간 구성상의 차이를 찾아보기 힘들다. 우리나라 학교 건축은 교도소 혹은 연병장과 막사의 구성이라고 볼 수 있다. 이런 공간에서 12년 동안 생활한 아이들은 전체주의적 사고방식을 가질 수밖에 없다. 전국 어디서나 똑같은 크기와 모양의 교실로 구성된 대형 교사에서 12년 동안 키워지는 아이들을 보면 닭장 안에 갇혀 지내는 양계장 닭이 떠오른다. 남들과 똑같은 교복을 입고 똑같은 교실에서 자라난 사람은 똑같은 아파트에 사는 것을 편하

교도소(위)와 학교(아래)의 모습이 별반 다르게 느껴지지 않는다.

게 생각할 것이다. 학교의 전체주의적인 성향은 최근 들어 더 심화되었다. 필자가 학교 다니던 시절은 교복 자율화 시대였다. 지금의 아이들은 중학교 때부터 똑같은 교복을 입고 다닌다. 과거에는 도시락을 싸 가지고 다니면서 다른 친구 도시락 반찬도 함께 먹으면서 우리 엄마가 얼마나 요리를 못하는지도 알 수 있었다. 그런데 지금은 똑같은 옷을 입고 똑같은 식판에 똑같은 밥을 배급받아 먹는다. 우리나라에서 똑같은 옷을 입고 똑같은 식판에 똑같은 밥을 배급받아 먹는 곳은 교도소와 군대와 학교밖에 없다. 학교는 점점 교도소와 비슷해져 가고 있는 것이다. 그나마 군대는 2년이면 제대하지만 학교는 12년을 다녀야 한다. 공간적으로나 여러 가지 면에서 우리는 12년 동안 아이들을 수감 상태에 두고 있다고 봐야 한다. 우리는 어쩌면 고등학교 졸업생에게 꽃다발을 주기보다는 두부를 먹여야 할지도 모르겠다.

인격이 형성되는 시기에 이런 시설에서 12년을 보낸다면 그 아이는 어떤 어른으로 자라게 될까? 똑같은 옷, 똑같은 식판, 똑같은 음식, 똑같은 교실에 익숙한 채로 자라다 보니 자신과 조금만 달라도 이상한 사람 취급하고 왕따를 시킨다. 이런 공간에서 자라난 사람은 나와 다르게 생각하는 사람을 인정하지 못하게 될 것이다. 평생 양계장에서 키워 놓고는 닭을 어느 날 갑자기 닭장에서 꺼내 독수리처럼 하늘을 날아 보라고 한다면 어떻겠는가? 양계장 같은 학교에서 12년 동안 커 온 아이들에게 졸업한 다음에 창업하라고 요구하는 것은 닭으로 키우고 독수리처럼 날라고 하는 격이다. 대형 학교 건물 안의 똑같은 교실, 숫자만 다른 3학년 4반에서 커 온 아이들은 대형 아파트의

304호에 편안함을 느낄 것이다. 그런 곳에서 살다가 나중에 똑같은 납골당에 나란히 안치될 것이다. 우리의 아이들은 태어나서 죽을 때까지 전체주의적인 공간에서 지내게 된다. 이런 곳에서 자라난 아이들은 대기업과 공무원과 대형 쇼핑몰을 더 편안하게 생각한다. 지금의 학교 건축은 다양성을 두려워하는 어른을 양산해 낼 수밖에 없다. 우리 사회의 문제를 해결하기 위해서는 학교 건축의 변화가 시급하다. 우선 학교의 역사를 한번 살펴보자.

학교 종이 땡땡땡

필자의 친구 중 하나는 90년대에 아버지 직장 때문에 인도네시아로 이사를 갔다. 그 친구네 집은 인도네시아로 가서 운전사를 다섯 명이나 고용했다고 했다. 차가 다섯 대나 되냐고 물어보니 차는 두 대뿐이라고 했다. 그런데 왜 운전사가 다섯 명인가 물어보니, 이유인즉 다섯 명 정도 고용을 해야 두 명 정도가 출근한다는 것이다. 그때까지만 해도 인도네시아 사람들이 농경 사회의 생활 태도를 가지고 있어서 시간에 맞춰 출근하는 문화가 자리 잡지 못했던 것이다. 수렵 채집이나 농경 사회에서는 바이오리듬에 맞추어 생활했다. 수렵 채집의 시대에는 먹을 것이 떨어져서 배가 고프면 사냥을 나가고, 농경 사회에서는 해 뜨면 나가서 일하고 해 지면 들어와 쉬고, 여름에는 일하고 겨울에는 쉰다. 그러던 사람들이 어느 날 갑자기 직장에 출근하게 되었으니 적응이 안 되었던 것이다. 시간에 맞춰 산다는 것은 그만큼 '자연스럽지' 못한 것이다. 우리나라도 70년대까지만 해도 '코리안 타임'이라는 말이 있었다. 30분 정도 늦게 약속 장소에 나오는 것을 말한다. 이 역시 농경 사회의 바이오리듬에 맞춰 사는 것에 익숙했기 때문이다. 알다시피 우리는 과거에 '자시', '축시', '묘시' 식으로 두 시간 단위로 나누어진 시간표에 맞춰 살았다. 해시계도 구경하기 힘들던 시대에 30분 정도는 오차 한계에 들어가는 시간이었다. 그러니 오랫동안 30분 지각은 아무렇지도 않게 생각했다.

서구의 산업혁명 시기에도 마찬가지 문제가 있었다. 산업혁명 이전에 바이오리듬에 맞춰 살던 사람들이 갑자기 9시까지 출근해야 했다. 당연히 어려웠고 적응이 쉽지 않았다. 결석과 조퇴가 허다했다. 그래서 9시까지 공장에 출근하는 사람을 길러 내기 위해 어려서부터 교육할 필요가 생겼다. 이렇게 만들어진 것이 '초등학교'다. 초등학교에서 많은 것을 배우지만 사실 가장 중요한 가르침은 '9시까지 등교'하는 것이다. 학생들은 12년 동안 9시 등교를 훈련받고 받아들이게 되고, 졸업 후에는 자연스럽게 9시까지 출근하는 사람이 된다. 어렸을 적에 학교에 가서 처음으로 배운 노래는 「학교종」이다. "학교 종이 땡땡땡, 어서 모이자. 선생님이 우리를 기다리신다." 학생들은 이 노래를 부르면서 학교 종이 치기 전에 등교해야 한다고 훈련받는다. 국어 교과서에서 제일 먼저 배우는 글도 "철수야 영희야 학교 가자"였다. 우리가 학교에서 배우는 것은 실은 9시까지 출근해서 50분 일하고 10분 쉬는 생활 리듬이라고 봐야 한다. 근대화가 시작되면서 정부는 학교교육을

런던 세인트판크라스 기차역. 근대화 시기 기차역에는 시계를 높게 달아 놓았다.

의무로 만들고 시민들을 교육시켜 직업을 가지게 했다. 동시에 낮 시간에 학생들을 학교에서 지내게 함으로써 부모들이 일할 수 있게 했다. 이처럼 학교는 사회 유지를 위한 장치다.

근대화 및 산업화와 함께 사람들은 시계에 맞춰 살아야 했다. 당시 일반인들은 고가의 시계를 가질 수 없었기 때문에 친절하게 높은 건물인 시청이나 의회당, 학교, 기차역에 시계를 높게 달아 놓았다. 사람들은 건축뿐 아니라 소설을 통해서도 영향을 받았다. 여러분은 어려서 한 번쯤은 『셜록 홈즈』라는 추리소설을 읽어 보았을 것이다. 홈즈는 '알리바이'로 범인을 잡는다. 가령 살인 사건이 일어난 시간이 저녁 8시라는 것을 알았다면 용의자들이 저녁 8시에 무슨 일을 했는지 알아낸 후 알리바이가 없는 자를 범인으로 지목한다. 이처럼 똑똑한 주인공이 시계를 이용해 범인을 잡는 모습에 익숙해진 독자들은 시간을 지키고 시계를 이용하는 것이 멋있다는 것을 무의식적으로 받아들이게 되는 것이다. 근대 시기 건축가는 시계탑을 단 건물을 짓고 작가는 소설을 써서 사회 시스템의 유지에 영향을 미쳤다. 그렇게 해서 성공한 나라가 영국과 프랑스다. 학교 외에 산업화 시대에 만들어진 또 다른 시스템으로 전화기, 자동차, 비행기가 있다. 이 네 가지 발명이 새로운 근대사회를 만들었다. 백 년의 시간이 흘렀다. 백 년 전 전화기는 송화기와 수화기가 따로 달린 모습이었다. 지금의 스마트폰과 비교해 보면 같은 기계장치인가 하는 의문이 들 정도다. 심지어 요즘 어린아이들은 전화기를 나타내는 수화기 모양의 심볼이 뭘 뜻하는지 모른다고 한다. 왜냐하면 이 아이들이 태어나서부터 본 전화기는 사각형의 휴대폰밖에 없기 때문이다. 자동차도 바퀴가 네 개 달렸다는 것 빼고는 다 바뀌었다. 비행기도 쌍엽기에서 건물만 한 제트기로 변했다. 그런데 학교의 모습은 예나 지금이나 똑같다. 특히나 우리나라 학교 건물은 더욱 그렇다. 아버지가 다닌 학교와 내가 다닌 학교와 자녀가 다니는 학교가 똑같다.

지식은 책에서, 지혜는 자연에서

과거에는 이러한 학교가 큰 문제가 되지 않았다. 왜냐하면 1970～1980년대에 학교를 다닌 우리 세대만 해도 방과 후에는 집에 가서 마당과 골목길에서 뛰놀았기 때문이다. 우리 세대는 자연에서 시간을 보낼 수 있었지만 지금의 아이들은 다르다. 신혼부부들은 대부분 첫 번째 집으로 아파트를 선택한다. 그러니 요즘 아이들은 대부분 아파트에서 태어난다고 봐야 한다. 아파트에는 마당이나 골목길이 없다. 이들은 마당 대신 거실에서 TV를 보고, 골목길 대신 복도에서 시간을 보낸다. 학교에 가면 교실에서만 지내고, 방과 후에는 상가에 있는 학원에 보내진다. 이동할 때도 봉고차에 실려 이동한다. 이들의 생활을 보면 24시간 중 거의 대부분을 실내 공간에서 보낸다. 우리나라 아이들의 삶의 공간에는 자연이 없다. 하늘을 볼 시간이 거의 없는 것이다. "지식은 책에서 배우고, 지혜는 자연에서 배운다"라는 말이 있다. 그런데 우리 아이들은 자연을 만날 기회가 없다. 지혜를 배울 수 없는 것이다. 아이들의 삶에 필요한 것은 자연이다.

통계를 보면 지난 40년간 학생 1인당 사용하는 실내 면적은 7배가 늘어났다. 각종 특별활동실, 체육관, 식당, 강당, 도서관 같은 시설들이 늘어났기 때문이다. 실내 면적은 늘어났는데 학교 부지 면적은 그대로다. 그렇다 보니 학교는 점점 고층화되고 있다. 운동장 하나만 남겨 놓고 나머지 땅에는 4～5층짜리 교사가 들어선 모습이다. 학교가

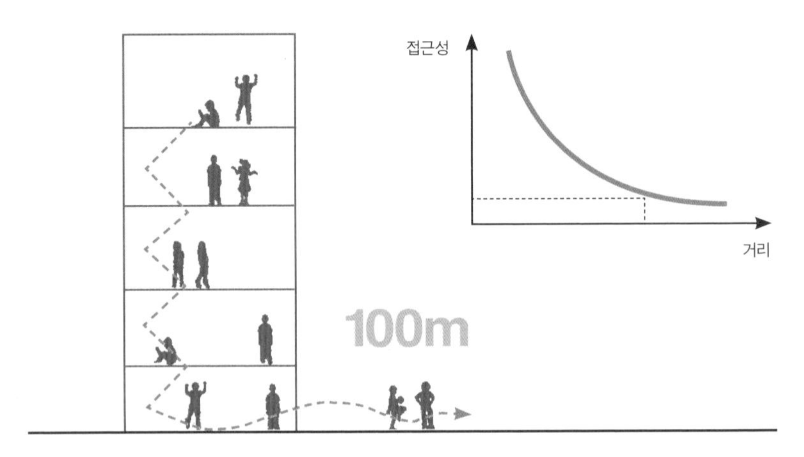

고층일 때 마당과의 접근성

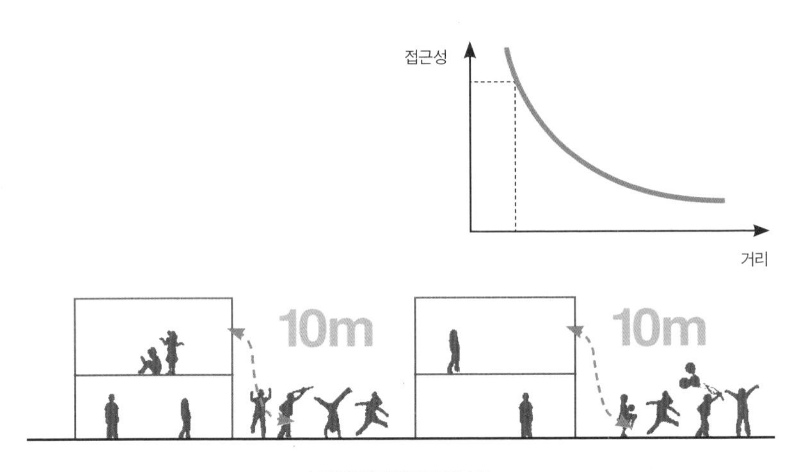

저층일 때 마당과의 접근성

학교가 고층일 때와 저층일 때 마당과의 접근성. 저층일 때 마당과의 접근성이 훨씬 좋다. 교사 1층에는 교무실 대신 학생 교실이 있어야 한다.

점점 고층화되면서 또 다른 문제가 생겼다. 학교에서는 40~50분 수업하고 10분 쉰다. 10분 쉬는 시간에 네 개 층 계단을 뛰어 내려가서 운동장에서 2, 3분 쉬고 다시 뛰어 올라올 아이는 없다. 그러다 보니 아이들은 쉬는 시간에도 모두 교실에서 지낸다. 무려 12년 동안이나 말이다. 학교 건물은 저층화되어야 한다. 그래야 10분 쉬는 시간 동안 잠깐만이라도 바깥 공기를 쐬면서 하늘을 볼 수 있다. 안타깝게도 우리 학교에는 그럴 여유가 없다. 그런데 다행스럽게 최근 들어 기회가 생겼다. 학생 수가 줄면서 빈 교실들이 생기기 시작한 것이다. 우리는 이럴 때 빈 교실을 다른 용도로 쓸 것이 아니라 교실을 부수어 테라스라도 만들어 줘야 한다. 그렇게 해서 아이들이 10분 쉬는 시간에 잠깐씩 자연을 접할 수 있게 해 주어야 한다. 그게 안 된다면 옥상이라도 개방해야 한다. 회사원이 나오는 드라마를 보면 중요한 대화가 이루어지는 공간은 항상 옥상이다. 그곳이 자연을 만날 수 있는 공간이어서 그렇다. 그런데 우리 아이들에게는 이 옥상조차 허락되지 않는다. 옥상이 위험해서 개방하기 어렵다면 1층 교무실이라도 꼭대기 층으로 올려 보

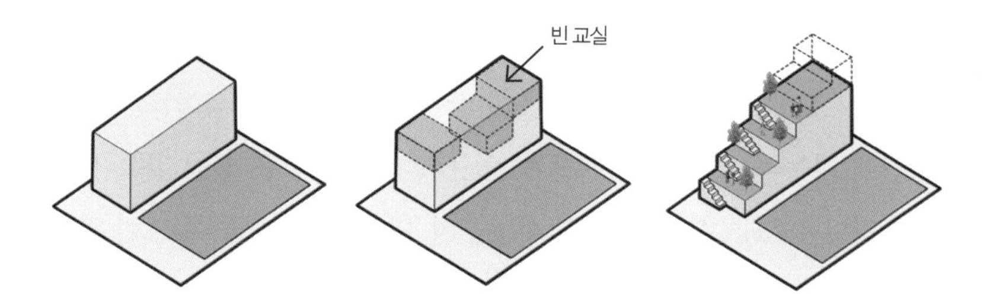

빈 교실의 남는 공간을 활용하면 외부 공간을 만들 수 있다.

내고 1층은 아이들의 공간으로 만들어야 한다. 야외 공간과 가장 접근성이 좋은 1층에 떡하니 교무실이 지키고 있으니 2층의 아이들조차 밖에 나가기 어려운 것이다.

필자는 전작인 『도시는 무엇으로 사는가』에서 현대인들이 TV를 많이 보는 이유가 마당이 없어서라고 말했다. 마당에서는 사계절이 바뀌고 날씨가 변하고 시시각각 다른 태양빛이 들지만 거실에는 변화가 없다. 변함없는 벽지와 항상 똑같은 형광등 조명뿐이다. 그렇다 보니 사람들은 유일하게 화면이 변하는 TV를 쳐다보고 있는 것이다. 마찬가지 이유로 우리 아이들은 스마트폰과 게임에 빠진다. 우리 아이들의 생활에는 외부 공간이 없다. 그 말은 자연의 변화를 느끼지 못한다는 뜻이다. 1년 열두 달, 12년 동안 실내 공간에서만 지낸다고 생각해 보라. 항상 똑같은 교실에 갇혀 지내는 아이들은 본능적으로 변화를 추구할 수밖에 없다. 왜냐하면 인간은 수십만 년 동안 수렵 채집의 시기와 농업시대를 거치면서 항상 자연에서 생활해 왔기 때문이다. 우리 유전자는 변화하는 환경에 적응하고 반응하도록 진화되어 왔다. 자연의 변화에 잘 적응해서 살아남은 사람들의 후예가 우리다. 그런데 우리 아이들의 삶 속에는 변화하는 환경인 '자연'이 없기 때문에 이들은 본능적으로 그런 환경과 공간을 찾을 수밖에 없다. 우리가 아이들을 실내 공간에 가두다 보니 그들이 갈 수 있는 변화의 공간은 게임 같은 사이버공간밖에 없는 것이다. 특히 사냥꾼의 후예인 남학생들이 그런 경향을 더 많이 띤다. 필자는 게임을 하는 아들을 보고 있노라면 저 아이가 나뭇가지 사이로 들이치는 빛이나 바람의 변화, 계절의 다채로움을 느끼지 못해서 계속해서 움직이는 컬러 모니터만 보고 있는 게 아닌가 하는 슬픈 생각에 잠기게 된다. 우리 아이들이 생활하는 공간에 자연을 돌려줘야 한다.

축구와 공부

또 다른 문제가 있다. 우리 학교는 대략 남녀 각 15명씩 총 30명 정도가 한 반을 구성하고 있다. 이중에서 대여섯 명 정도의 남학생이 축구를 잘하고 좋아한다. 그런데 그 20퍼센트 정도 되는 학생들이 그나마

큰 단일 건물과 축구장으로 이루어진 학교

남아 있는 외부 공간인 운동장을 다 쓰고 있다. 그렇다 보니 얌전한 남학생들과 여학생들은 갈 곳이 없다. 이 학생들은 조용히 나무 아래에서 혼자 책을 보고 싶기도 할 것이고, 잔디밭에 앉아서 햇볕을 받으며 친구와 수다 떨고 싶기도 할 것이다. 그런데 문제는 그러려고 하면 여기저기서 축구공과 야구공이 날아온다는 것이다. 약 80퍼센트 정도의 학생들은 갈 곳이 없다. 자그마치 12년 동안이나 말이다. 요즘 학교에서 '짱'을 먹는 아이들은 축구를 잘하거나 공부를 잘하는 아이들이다. 이유는 단순하다. 학교에 축구하는 운동장과 공부하는 교실밖에 없기 때문이다. 이 둘을 못하는 아이들은 12년 동안 지옥 같은 학교를 다니는 것이다. 여러분의 자녀가 축구도 못하고 공부도 못한다면, 그 아이가 학교에 가 주는 것만으로도 고마워해야 한다. 그들은 정말 힘든 시기를 참고 있는 것이다.

스머프 마을 같은 학교

필자는 새로운 학교를 만드는 시도를 해 본 적이 있다. 공모를 통해 총괄 건축가가 되었고, 어느 신도시에서 유치원, 초중고등학교, 복합 커뮤니티센터, 공원을 한 블록으로 묶어서 총괄적으로 디자인하는 프로젝트를 진행했다. 이때 주요 콘셉트는 아이들에게 자연을 돌려주자는 것이었다. 우선 중고등학교 운동장을 가운데에 위치한 숲 공원으로 옮기는 계획을 세웠다. 이렇게 되면 아이들은 지금처럼 방음벽 옆에서 축구를 하는 것이 아니라 숲속 나무에 둘러싸여 뛰놀 수 있게 된다. 이 운동장은 방과 후에 자연스럽게 지역 주민들이 와서 사용하게 된다. 학생들은 체육 시간에 먼지 날리는 운동장을 뺑뺑이 돌며 뛰는 대신, 숲속에 놓인 조깅 코스에서 뛸 수 있다. 1킬로미터, 1.5킬로미터, 2킬로미터 등 다양한 종류의 코스가 있다. 자신의 취향과 체력에 맞춰서 다양한 길을 선택해서 뛰거나 걸을 수 있다. 이렇게 운동장이 가운데 공원으로 빠지게 되면 학교 부지가 여유로워져서 비로소 학교는 저층화될 수 있다. 필자는 서너 개의 교실을 모아서 1, 2층 주택 같은 크기의 교실동을 만들고, 그 앞에는 각기 다른 모양의 마당이 있는 스머프 마을 같은 학교를 디자인하였다. 학교 건물은 주택만 한 크기로 분절되어야 한다. 과거 아파트와 주택에서 몇 번 번갈아 가면서 살아 보았지만 시간이 지나도 마음에 남는 추억은 모두 주택에 있을 때의 기억뿐이다.

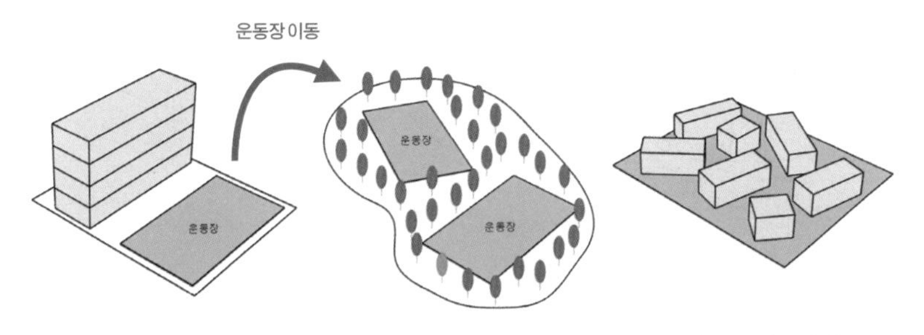

학교 내 큰 면적을 차지하고 있는 운동장 근린공원 내로 학교 운동장 이동 학교 건물의 분절 가능

운동장의 이동으로 학교 건물의 분절과 저층화가 가능해진다. 또한 기존 학교에서 큰 면적을 차지하고 있던 운동장을 주변 근린공원으로 옮기면 학생들과 시민들이 함께 운동장을 사용할 수 있다.

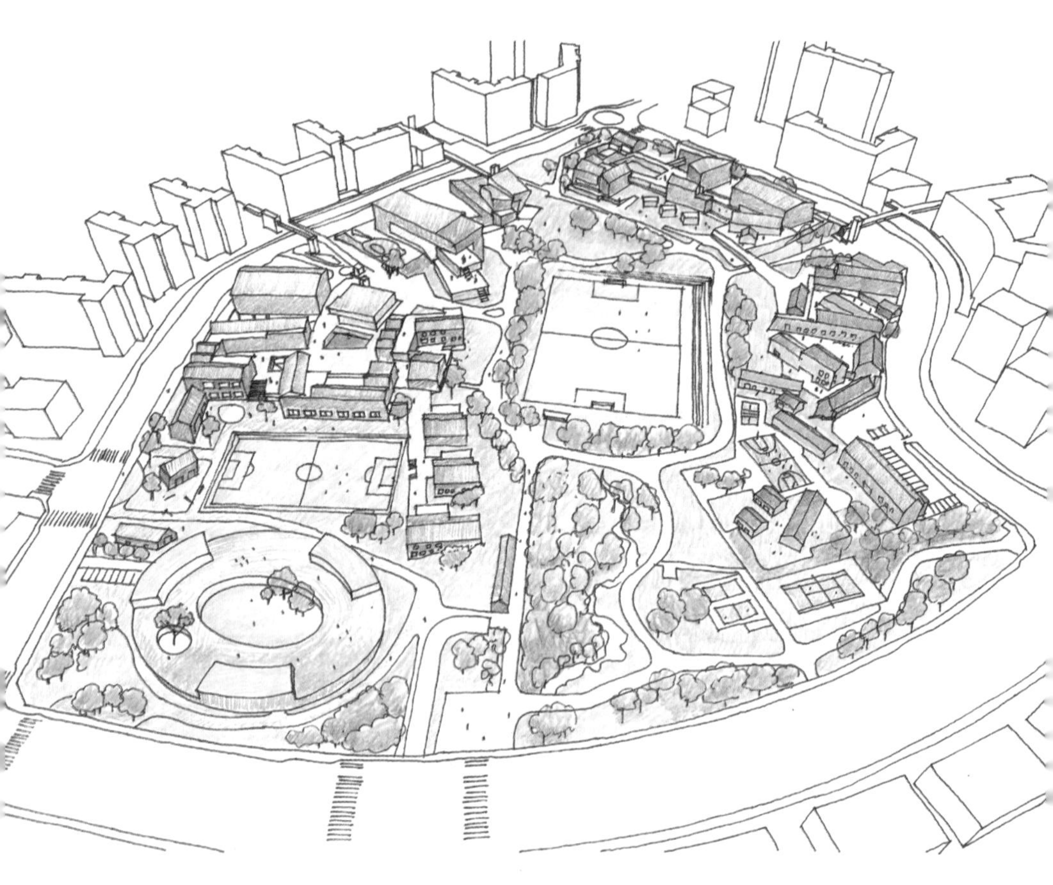

스머프 마을 같은 학교

아파트는 내 집 같다는 생각이 잘 들지 않는데, 그 이유는 아파트 건물이 너무 크기 때문이다. 수십 채의 집이 모여 하나의 건물을 이루는 아파트는 나의 감정과 연동되지 않는다. 하지만 주택은 마당에서 여러 가지 추억을 쌓을 수 있는 과하지 않은 크기의 건물이기에 '내 집'이라는 생각이 든다. 우리의 학교 건물은 보통 한 사람 몸 크기의 580배 정도 된다. 이런 건물은 너무 커서 우리 아이들이 정을 붙이기 어렵다. 이런 건물은 일종의 '시설'로 느껴진다. 대부분의 인격 형성이 이루어지는 시기의 아이들이 이런 시설에서 지내고 있는 것이다.

학교 건물은 저층화되고 분절되어야 한다. 아이들은 사람 몸의 50배 정도 크기의 주택 같은 교사가 여러 채 있고 그 앞에 다양한 모양의 마당이 있는 공간에서 커야 한다. 그래서 1학년 때는 삼각형 모양의 마당에서 놀다가, 2학년이 되면 연못 있는 마당에서 놀고, 3학년이 되면 빨간색 경사 지붕이 있는 교실 앞마당에서 놀 수 있어야 한다. 그래야 이 아이들이 다양하고 아름다운 추억을 가진 정상적인 인격으로 클 수 있을 것이다. 지금의 아이들은 거의 대부분 획일화되고 커다란 아파트 건물에서 산다. 적어도 학교에서만큼은 그런 전체주의적 '시설' 같은 건물에서 벗어났으면 좋겠다. 지금의 아이들은 학교 정문에 들어서면 운동장과 하나의 건물, 주로 'ㄱ(기역)' 자로 만들어진 교사 건물의 풍경을 본다. 운동장을 가로질러 백 미터를 뛰어가도 보이는 풍경은 똑같다. 그 옆으로 뛰어가도 학교는 똑같아 보인다. 똑같은 공간에서 12년을 지내는 아이들이 정상적인 인격으로 성장하기를 바라는 것은 무리다. 우리 아이들이 같은 반 친구를 왕따시키고, 폭력적으로 바뀌는 것은 학교 공간이 교도소와 비슷해서다. 학생들에게 생겨나는 병리적인 사회현상은 교도소에서 일어나는 현상과 비슷하다. 사람은 건축 공간의 영향을 받기 때문에 학교에는 다양한 건물군과 다양한 모양의 마당이 있어야 한다. 몇 발자국만 옮겨도 변화하는 마을 같은 풍경 속에서 아이들이 자라나게 해 주어야 한다.

건물은 낮게, 천장은 높게

학교의 저층화에 대해서 좀 더 살펴보자. 건축과 관련된 사회학을 연구한 로버트 거트만에 의하면 '1, 2층 저층 주거지에 사는 사람들은 고층 주거지에 사는 사람보다 친구가 세 배 많다'고 한다. 그런 생각을 해 본 적이 있는가? 똑같은 미국 사회인데 유독 혁신 기업들은 서부 캘리포니아에서만 나온다. 애플과 구글도 캘리포니아에서 만들어졌다. 동부에서 혁신적인 기업이 나온 사례는 드물다. 여러 가지 이유가 있겠지만, 앞선 연구 결과를 근거로 유추해 본다면 캘리포니아는 지진 때문에 고층 건물이 적기 때문이다. 대부분의 건물이 저층으로 만들어지다 보니 친구는 세 배 많아지고, 세 배나 더 많은 생각의 시너지 효과가 나올 수 있었던 것이 아닐까.

스티브 잡스가 서부에서 살았기 때문에 그 까칠한 성격에도 워즈니악 같은 친구를 사귈 수 있었고 차고에서 애플을 만들 수 있었는지도 모른다. 잡스가 뉴욕에 살았다면 친구도 별로 없고 애플도 없었을 것 같다. 만약에 어느 회사가 동부 맨해튼에 사옥을 짓는다고 하면 30층짜리 사옥을 지을 것이다. 회사가 30등분 되는 것이다. 사람들이 엘리베이터를 타고 다른 층에 있는 사람을 만나러 가는 경우는 적다. 하지만 만약에 그 회사가 캘리포니아에 사옥을 짓는다면 애플 사옥처럼 4층짜리 건물을 지을 것이다. 회사는 4등분밖에 안 되니 더 많은 친구가 생겨나고 더 좋은 아이디어들이 나올 수 있을 것이다. 지진이라는 현상은 저층형 건물을 만들고 더 많은 생각의 시너지 효과를 낼 수 있는 환경을 만들었다.

어느 제약 회사에서 신약을 잘 개발하는 연구원의 특징을 조사한 적이 있다. 그들의 모든 습성을 조사해 본 결과 창의적인 사람들은 자신과 상관없는 사람들과 쓸데없는 이야기를 많이 한다는 점이 밝혀졌다. 예를 들면 청소부와 떠든다든지, 자신의 업무와 상관없는 다른 부서의 사람들과 잡담을 많이 한다는 것이다. 다양한 생각을 접할 수 있는 사람들이 새로운 생각에 열린 마음을 가지고 창의적인 생각을 할 수 있는 것이다. 지금처럼 고층화된 학교에서 교실에 갇혀 지내는 아이들에게 정상적이고 다채로운 교우 관계를 기대하기는 어렵다. 항상 똑같은 교실이라는 시끄럽고 먼지 날리는 실내 공간에서 쌓는 교우 관계와 계절과 날씨의 변화가 있는 자연 속 공간에서 만들어 가는 우정 중 어떤 것이 더 좋은 영향을 미칠지는 뻔하다. 변화하는 자연 속에서 인간관계를 쌓은 사람이 어른이 돼서도 다양한 사람과 생각을 교류하고 소통할 수 있을 것이다.

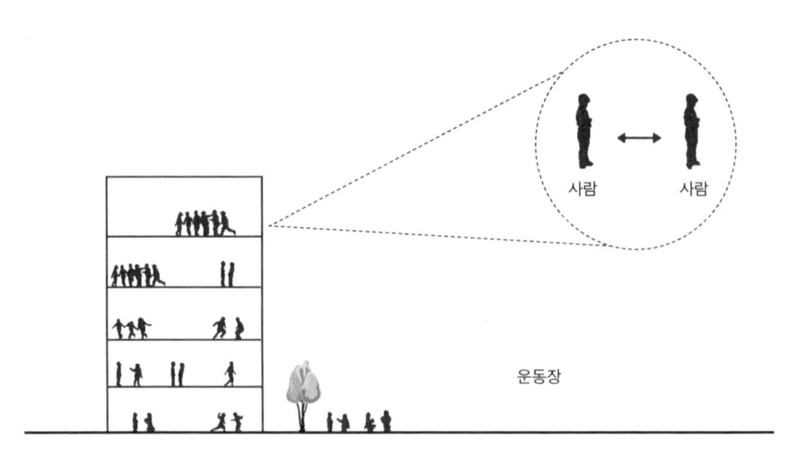

사람과 사람만 만나는 학교

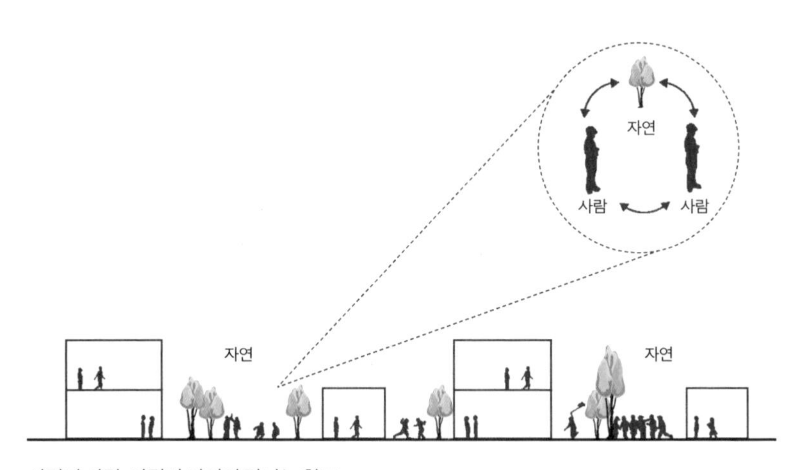

사람과 사람, 사람과 자연이 만나는 학교

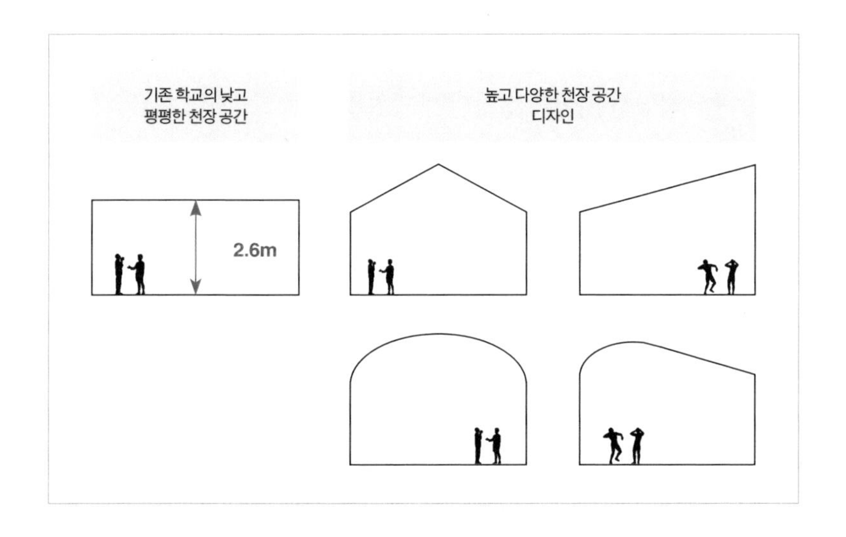

교실의 낮은 천장고도 문제다. 미네소타대 경영학과 조운 메이어스-레비 교수의 연구 결과에 의하면 3미터 이상 높이의 천장이 있는 공간에서 창의적인 생각이 나온다고 한다. 2.4미터, 2.7미터, 3미터의 천장이 있는 공간에서 시험을 치르게 했는데, 3미터 천장고에서 시험을 친 학생이 낮은 천장고의 학생에 비해 창의적 문제를 2배나 더 많이 풀었다는 연구 결과다. 이처럼 높은 천장이 있는 공간은 창의력을 향상시킨다. 그런데 우리 아이들의 교실 높이는 교육부에서 지정한 2.6미터로 동일하다. 필자를 비롯한 중년 이상의 분들은 마당이나 골목길 같은 천장이 없는 공간에서 많이 생활했지만 요즘 아이들은 2.4미터 높이의 아파트와 허리를 구부려야 할 만큼 낮은 1.5미터 높이의 봉고차와 2.6미터 높이의 교실과 2.5미터 높이의 상가 학원 천장에 짓눌려 산다. 우리는 창의적인 아이들을 기형적인 공간을 통해서 점점 망가뜨리고 있는 것이다. 그러면서 "우리 아이들이 왜 창의적이지 않지?" 하면서 아이들을 창의력 학원에 보내고 창의력 학습지를 풀게 한다. 우리의 학교에는 3미터가 넘는 경사 지붕의 교실도 있어야 하고 둥그런 천장의 교실도 있어야 한다. 아이들이 다양한 모양의 천장이 있는 교실에서 공부하고 생각하게 해야 한다.

바뀌지 않는 학교 건축

필자는 앞서 말한 신도시 프로젝트에서 학교 교사 건물을 분절시키고 저층화해서 다양한 주택과 다양한 마당이 있는 마을 같은 학교를 디자인했다. 이 디자인을 본 교육부 관계자들은 마당 구석에서 폭력이 일어나면 어떻게 하냐는 우려를 표명하며, 그런 학교에서는 학생들을 관리하기가 어렵다고 반대했다. 이분들은 학생들을 감시하고 통제하고 싶어 한다. 학생들이 친구가 없고, 서로 왕따시켜도 내 학교 안에서만 잘 감시해서 문제없으면 된다는 생각이다. 그렇기 때문에 아이들은 학교를 벗어난 곳에서 친구를 때리고 왕따시킨다. 이들은 친구가 늘어나고 왕따가 자연스럽게 사라지는 학교를 만들기보다는 교도소처럼 한 건물에 모든 아이들을 넣고 감시할 수 있기를 바란다. 아마도 마당이 있는 저층형 교실에서 아이들이 자라난다면 친구가 세 배쯤 늘어나고 왕따는 자연스럽게 사라질 것이다. 그뿐 아니라 실제로 다양한 외부 공간이 있는 학교에는 오히려 사각지대가 없다. 공간이 열려 있고 어디서 자신을 지켜보고 있을지 모르기 때문에 학교는 더욱 안전해진다. 학교 담장을 없애고 학교 주변에 문방구, 카페, 야채 가게 같은 상점을 배치해서 지역 주민들이 학교를 쳐다볼 수 있게 해 주면 더 안전한 학교가 될 것이다. 하지만 지금의 우리 학교는 외부 세계나 외부 자연과 격리된 곳, 실내에서 감시하기 좋은 곳으로 진화해 왔다. 아이들을 보호한다는 명목하에 아이들을 가둬 두는 실정이 된 것이다.

학교 교사를 여러 채로 분절시키는 계획을 이야기하자 교육부 담당자는 "모르셔서 그러는데 요즘 아이들은 특별활동 시간도 많고 이동이 많아서 비 오는 날 교실 이동 중에 비를 맞게 돼서 안 됩니다"라고 말했다. 그래서 1층에 지붕 있는 아케이드를 만들어 우산 없이도 이동할 수 있게 해 주겠다고 했다. 그러자 "겨울에 추워서 안 됩니다"라고 말했다. 그래서 2층에 실내 복도를 만들어서 연결하는 디자인을 했다. 그러자 1층 아이들이 불편해서 안 된다고 하나의 건물로 모두 연결해 달라고 요구했다. 결국 외부 공간을 접할 수 없는 쇼핑몰을 만들어 달라는 것이다. 그들이 칭찬하는 학교 설계를 본 적이 있는데, 교실 간 이동하는 복도 폭이 3미터 가까이 됐다. 왜 이렇게 넓냐고 물었더니 "어휴, 아이들이 쉬는 시간에 복도에서 뛰놀기도 해야죠"라고 했다. 아이들이 밖에서 놀아야지 왜 복도에서 놀아야 하는가? 교실을 분절시켜 어떻게든 아이들이 자연이 있는 외부 공간을 접할 수 있게 해 주어야 한다는 생각은 이들에겐 오히려 위험한 생각이라며 비판받는다. 교실을 분절시켜 건축하면 공사비가 많이 들어서 안 된다고 하는 교육부가 실제로 짓는 학교 건물을 보면 넓은 복도 같은 불필요한 공용 공간이 많고, 모든 교사가 자가용을 가지고 와서 주차할 수 있는 지하 주차장을 만들려고 한다. 차라리 실내 면적을 줄이고 다양한 외부 공간을 만들어 주어야 한다고 관계자들을 몇 달에 걸쳐 설득하자 그다음에는 "좋은 줄은 알겠는데 우리는 공립학교이기 때문에 어느 한 학교만 좋아지면 형평성이 깨져서 안 된다"는 논리로 반대했다. "좋은 아이디어는 사립학교에 가서 펼치시라"는 이야기도 덧붙였다. 실화다. 필자는 교육감을 만나게 해 달라고 요청했다. 새로운 학교 디자인을 설명하자 교육감은 크게 반겼다. 이런 시설은 신도시가 생기기 시작한 10년 전에 만들었어야지 왜 지금까지 만들지 않았을까 하는 안타까움도 덧붙였다. 그러자 반대하는 교육부 직원이 이런 학교 디자인은 교실 간 이동이 많은 최근 교육과정에는 맞지 않다고 비판했다. 이에 옆에 있던 한 교육 담당 교사가 자신이 교육과정을 바꿔서라도 이런 학교에서 아이를 키우고 싶다고 했다. 그분은 이런 색다른 학교 공간을 원하는 교장 선생님과 교사를 따로 모집해서 운영해 보고 싶다고도 했다. 끝까지 반대하는 사람들은 교육부 내의 시설 담당자들이었다. 이들은 변화를 싫어한다.

필자는 총괄 건축가였기 때문에 마스터플랜을 작성한 후 공모전을 통해 구체적인 설계안과 설계사무소를 선택해야 했다. 공모전이 열렸고 전국에서 내로라하는 수십 개의 건축설계 사무소들이 모여서 여덟 개의 안을 제출해 주었다. 필자의 마스터플랜을 가장 잘 이해하고 발전시킨 훌륭한 안이 출품되기도 했다. 그 학교가 지어지면 우리나라 학교 건축에 큰 변화가 생길 것 같은 안이었다. 하지만 그 훌륭한 출품작은 본심사에서 1차로 떨어졌다. 두 번째로 좋은 안은 2차로 떨어졌다. 심사위원 여덟 명 중 네 명은 끝까지 새로운 학교를 원치 않았다. 책에서 더 자세한 이야기를 할 수는 없지만, 독자들은 학교의 변화가 힘든 이유를 상상해 보기 바란다. 지금의 공립학교 건축계에서 스스로의 변화를 기대하기는 어렵다. 수십 년간 해 오던 관성으로 그들만의 리그가 형성되어 있다. 마치 한국의 주공아파트 디자인이 항상 비슷하듯이 학교 건축도 마찬가지다. 이들은 각종 디자인 규제를 정해 놓는다. 물론 처음에는 100점 만점에 50점 이하 수준의 학교를 피하기 위해 만든 디자인 가이드라인이었다. 그런데 이 가이드라인이 너무 많아져서 50점 이상 수준의 학교 디자인은 나오기 힘들게 되었다. 이게 우리나라 학교 건축의 현실이다. 그리고 이 규제는 점점 늘어나서 자기들만의 생태계가 만들어졌고 외부인들은 들어오기 어려운 리그가 되었다.

우리나라 공립학교는 단군 이래 제대로 된 건축상을 받은 적이 없다. 제대로 된 훌륭한 건축가가 공립학교를 지었다는 이야기도 들어본 적이 없다. 왜냐하면 모든 공립학교 설계는 공모전을 통해 결정되고 그들만의 고착된 심사 기준이 있기 때문이다. 관 발주의 거의 모든 건축이 그러하듯이 디자인을 잘해도 편법을 쓰지 않는 설계 사무소의 계획안은 채택되지 않는다. 그중에서도 변화가 없는 건축의 갑은 교육부의 공립학교다. '공평'이라는 미명하에 거제도의 학교부터 서울 강남의 학교까지, 대구, 광주, 대전, 부산 할 것 없이 대한민국의 모든 공립학교가 전부 비슷하다. 그 이유는 교육부에서 중앙 통제를 하고 있어서다. 이들 학교는 심지어 관할 행정구역에서 건축 허가를 받지 않고 교육부의 허가를 받는다. 그렇게 이들은 완벽한 '그들만의 리그'를 만들었다.

이들은 공평과 평등이라는 이유로 모두가 똑같은 공간에서 공부해야 한다는 전체주의적인 학교 건축물을 양산하고 있다. 평등과 전체주의는 종이 한 장 차이다. 평등한 사회를 만들겠다는 목적은 숭고하나 그 방법이 잘못되었다. 이들은 평등을 획일화를 통해 이루려 한다. 평등은 다양성을 통해 이루어야 한다. 만약에 내가 5천 원짜리 맥도날드 햄버거를 먹는데 당신이 만 원짜리 수제 햄버거를 먹는다면 나는 기분이 나쁠 것이다. 우리 둘 다 똑같은 크기와 종류의 음식을 먹는데 가격만 다르기 때문이다. 하지만 당신이 만 원짜리 수제 햄버거를 먹을 때 내가 5천 원짜리 쫄면을 먹는다면, 나는 별로 기분 나쁘지 않을 것이다. 각기 다른 두 종류의 음식 모두 나름의 가치가 있기 때문이다. 이처럼 다양성은 행복의 가능성을 높인다. 똑같은 옷을 입고 똑같은 밥을 먹고 똑같은 학교 건물에서 공부한다고 평등한 세상은 아니다. 그런 세상은 북한 같은 전체주의 세상이다.

새로운 학교 건축이 미래다

프랑스에서는 학교 건축물이 건축상을 받는다. 프랑스 아이들은 건축상을 받은 공간에서 좋은 인성을 가진 창의적인 아이로 자라날 뿐 아니라 향후 다른 건축을 보는 안목도 좋아질 것이다. 왜 우리나라 아이들은 그런 다양하고 좋은 학교에서 자라나면 안 되는가? 왜 마당이 있고, 쉬는 시간에 나무 그늘에서 친구와 이야기할 수 있는 학교를 만들 수 없는가? 왜 이 땅의 모든 학생이 똑같은 학교 건물에서 자라고, 전교생이 똑같은 옷을 입어야 하는가? 아이들에게 다양성 없는 건축 공간을 제공하고서 왜 그들에게 창의적인 생각을 기대하는가? 창의적인 아이까지는 바라지도 않는다. 그저 정상적인 아이로 자랄 수 있는 공간이 필요하다. 우리는 아이들을 좀 더 다양성을 받아들일 줄 아는 도전의식 있는 인간으로 키워야 한다. 그러려면 학교 건물은 더 작은 규모로 분동되어야 하고, 그 앞에는 다양한 모습으로 놀 수 있는 갖가지 모양의 작은 마당과 외부 공간이 있어야 한다. 지금은 축구하는 아이들 외에는 외부 공간을 사용하지도 못한다. 여건이 안 되면 테라스라도 만들어야 한다. 다양한 형태와 높이의 천장과 다양한 모양의 교실 평면도 필요하다. 우리 아이들의 학교는 대형 건물보다는 스머프 마을 같은 느낌이 나야 한다. 운동장 주변의 담장을 허물고 가까이에 가게를 두어 주변의 감시를 통해 안전한 운동장을 만들어야 한다. 그래서 방과 후 시민들이 운동장을 광장처럼 사용하고 마을 주민 전체가 아이들을 키우는 학교가 되어야 한다. 대한민국의 학교 건축이 바뀌지 않는다면, 우리의 학교는 다양성을 인정하지 않고 도전 정신이 없고 전체의 일부가 되고 싶어 하는 국민만 양산할 것이다.

학교에서 체육관 짓고, 건물에 색칠 좀 알록달록하게 하고, 입면에 곡선 좀 넣었다고 우리 학교가 좋아지는 것은 아니다. 실내 공간은 풍요로워졌지만 실제로는 학교가 점점 더 교도소와 비슷해졌다. 해남 땅끝 마을까지 이 이야기가 닿아서 많은 사람이 학교 건축의 문제점에 공감하고 개선을 요구하는 날이 오길 바란다. 우리의 학교 건축이 바뀌고 나서야 우리 사회의 미래가 있다.

2장

밥상머리 사옥과
라디오 스타

잡스의 차고

우리나라에는 왜 창의적인 천재들이 나오지 않을까? 건축가 입장에서 고민해 보았다. 1장에서 언급했듯이 실험에 의하면 3미터 이상의 높은 천장이 있는 공간에서 창의적인 생각이 많이 나온다고 한다. 그 이유는 사람 키보다 위로 기능 없이 비어 있는 공간이 우리에게 생각할 여유를 주기 때문일 것이다. 다르게 말하면 모든 공간에 각각 어떤 기능이 주어지면 우리에게 생각할 여유가 없어진다. 과거 주택의 마당은 특정 기능 없는 빈 공간이었다. 계절과 날씨가 바뀌면서 만들어지는 마당의 변화는 우리에게는 '생각이라는 빵'을 만들 때 필요한 밀가루나 버터 같은 재료였다. 변화는 우리를 생각하게 만든다. 그래서 유명한 철학자들이 산책을 하면서 사색을 한 것이 아닐까 생각된다. 하지만 우리는 지금

마당 대신 아파트 거실의 변화 없는 인테리어 속에서 TV를 켜면 쏟아지는 정보에 질식하며 살고 있다. TV는 마치 내가 말할 틈을 안 주고 계속 해서 떠드는 친구와 같다. 마당이 주는 자연의 변화가 내 해석이 필요한 요리하기 전의 재료라면 TV 속 이야기는 가공식품과도 같다. 가공식품이 있으면 내가 요리할 가능성이 없어진다. 우리에게 밀가루와 버터가 주어지면 각자 다른 빵을 만들지만, 만들어진 빵이 주어지면 먹고 살만 찐다. 지금 우리의 주거 공간은 인스턴트식품 같다.

혁신의 아이콘 같은 기업 애플을 보자. 1장에서 말했듯이 지진이 많은 환경 때문에 저층형 주거지가 만들어지고 덕분에 애플이 태동했는지도 모른다. 하지만 아무리 저층형 주거지라고 해도 거기에 차고가 없었다면 애플도 없었을 것이다. 40년 전 캘리포니아의 스티브 잡스가 살던 집에는 차고라는 '여유' 공간이 있었다. 차고는 주차 공간이자 창고지만 차를 밖에 세우고 물건을 치우면 애플의 사무실 겸 공장이 될 수 있었다. 필자의 아들이 잡스 같은 천재라고 하더라도 지금 살고 있는 작은 아파트에는 차고 같은 잉여 공간이 없어서 애플을 못 만들 것 같다. 현재 대부분의 국민이 사는 집은 천장이 낮고 여유 공간이 없다. 아파트 광고를 보면 구석구석 비는 공간이 없어 효율이 높다고 자랑하는데, 오히려 낭비되는 허술한 공간이 없는 집은 창의성을 질식시킨다. 앞으로 더 많은 사람이 1인 가구가 되어 초소형 원룸에 살게 된다면 대한민국의 창의성은 더 묻혀 버릴 것이다. 주택에서 아파트로, 아파트에서 원룸으로 향하는 반창의적 주거 환경의 흐름을 틀어서 새로운 주거 형식을 만들어 내야 한다. 그것이 창의성으로 먹고살아야 하

1 애플 차고 2 구글 차고
3 디즈니 차고 4 아마존 차고
5 휴렛패커드 차고

는 대한민국에서 우리가 해야 할 건축 분야의 과제다.

천재를 키우는 공간

신문에서 조지 호츠라는 미국의 천재 이야기를 읽은 적이 있다. 그는 17세에 애플의 야심작인 아이폰의 잠금 장치를 출시 한 달 만에 풀어 세상을 놀라게 했다. 28세 때는 알파고처럼 '딥러닝' 기능을 갖춘 무인차 인공지능을 개발해 세상을 또 한 번 놀라게 했다. 구글이 수년간 수억 달러를 들여 개발한 무인차 주행 기술을 26세의 젊은이가 두 달 만에 개발했다고 하니 진짜 천재임에는 틀림없다. 왜 미국에는 이처럼 천재가 많이 나올까. 지난 30년을 돌이켜 보면 스티브 잡스, 빌 게이츠, 마크 주커버그, 세르게이 브린, 일론 머스크에 조지 호츠까지, 여섯 명의 천재가 배출되었으니 줄잡아 5년에 한 명 꼴로 등장한 것이다. 이런 천재는 왜 유독 미국에서 잘 나타나는 것일까?

보통 다른 나라에 비해 미국의 장점으로 꼽히는 것이 '다양성'이다. 미국은 다민족 국가다. 다양한 문화가 모여서 만들어 내는 충돌이 사고 패턴의 새로운 변종을 만들어 내기에 적합한 환경을 만든다. 미국에 살았을 때 가장 감동적이었던 일은, 다양한 피부색의 수백 가지 민족적 배경을 가진 사람들이 모여서 하나의 언어인 영어로 소통하는 것이었다. 서로 다른 악센트와 억양으로 하는 영어 소통이 더욱 멋있기까지 하다. 이런 환경 자체가 '다양성과 소통'을 가르친다. 건축가의 시각에서 보면 민족의 다양성뿐 아니라 삶의 터전이 다양한 것도 부럽다. 미국은 도시와 시골이 공존하는 국가다. 그뿐 아니라 도시들도 다들 제각기 특색이 있다. 샌프란시스코와 LA가 다르고, LA와 뉴욕은 둘 다 대도시지만 다른 나라라고 느껴질 만큼 문화가 다르다. LA는 계란 프라이처럼 퍼져 있는 자동차 중심의 도시인 반면, 뉴욕은 초고밀화된 보행자 중심의 도시다. 도시가 다양하다 보니 다양한 종류의 사람들이 자신에게 맞는 환경에서 자라날 가능성이 많아진다. 반면 우리나라는 전 국민의 60퍼센트가 똑같은 아파트에 산다. 친절하게도 몇몇 건설사가 각 평수대로 전형적인 아파트 평면을 만들어 놓았다. 1장에서 강조했듯이 우리나라의 청소년은 대부분 비슷한 아파트에 살고 비슷한 학교와 학원에서 공부하고, 뛰어놀 곳 없는 도시에서 비슷한 생김새의 아이들과 자란다. 이런 획일화된 보편적인 삶의 공간이 어떤 천재들에게는 창의성을 죽이는 공간일 것이다. 우리나라에 천재가 나오려면 다양한 교육과 더불어 다양한 종류의 주거 공간과 삶의 형태가 필요하다.

어느 방송 프로그램에 나갔을 때의 일이다. 방송의 주제는 '어떻게 하면 서울을 더 아름다운 도시로 만들 수 있는가'였다. 방청객 질문 시간에 초등학교 1학년 정도 되어 보이는 어린이가 이런 질문을 했다. "우리가 사는 도시를 더 아름답게 만들기 위해서 저 같은 어린이가 할 수 있는 일은 무엇일까요?" 그 질문에 답을 할 수가 없었다. 왜냐하면 내가 아는 바로는 그들은 시간이 없기 때문이다. 요즘 어린이들은 어른보다 더 바쁘다. 필자가 사는 아파트에는 우리 큰아들이 놀던 놀이터가 하나 있었다. 그런데 요즘 아이들은 방과 후에도 학원 가느라 워낙 바쁘다 보니 놀이터에서 시간을 보내는 아이들이 점점 없어졌다. 그러다가 결국 아파트 부녀회는 놀이터의 그네와 미끄럼틀을 없애고 그 자리에 장터를 만들었다. 중학생이 된 아들은 자신들의 공간이 없어진 것에 분노했다. 아무리 지금은 자주 가지 못하는 장소라 하더라도 추억이 깃들어 있고 가끔은 친구들과 밤에 그네 타면서 이야기하곤 하는 자신들만의 공간을 어른들이 빼앗아 갔다고 말했다. 아이들은 놀이터에 갈 시간도 빼앗기고 그들만의 공간도 빼앗긴 것이다. 화가 난 아들의 모습은 마치 댐 건설로 물에 잠긴 수몰 지역 난민 같았다.

도시를 좋게 만들려면 추억이 만들어질 만한 장소가 많아야 한다. 그런 장소를 만드는 데 가장 천부적인 재능을 가진 이들이 어린아이들이다. 어릴 적을 생각하면 어떻게 그렇게 숨겨진 공간과 버려진 땅을 찾아서 재미난 놀이터로 만들었을까 하는 생각이 든다. 빈 골목길은 축구장이나 야구장을 비롯한 각종 놀이터가 되었고, 비가 오면 물이 고인 웅덩이에서도 여러 가지 재밌는 놀이를 했다. 숨래잡기는 창의적으로 공간을 찾는 기가 막힌 놀이다. 술래잡기를 하면서 아이들은 문 뒤쪽이나 장롱과 벽 사이 등 자기 몸의 크기와 모양을 상상하며 공간을 찾는다. 아이들은 '시간'만 있으면 '공간'을 찾아서 '장소'로 만든다. 아이들은 천재 건축가다. 그런데 우리는 그들에게 시간을 주지 않는다. 시간이 없으니 공간을 찾지 못하고, 그러다 보니 우리 주변에는 점점 의미 있는 장소가 사라지는 것이다. 아이들에게 시간을 주자. 그래야 아이들에게 이 도시가 더 좋은 공간이 될 것이다.

그렇다면 어른들의 공간은 어떤가? 어른들이 가장 많은 시간을 보내는 곳은 아무래도 회사 공간일 것이다. 우리 어른들의 공간인 회사 공간, 그중에서도 사옥이라는 건축 형태에 대해 살펴보자.

어떤 사옥이 바람직한가

사옥은 말 그대로 '기업의 집'이다. 그래서 사옥은 '기업'이 만들어진 후에야 인류 역사에 나타난 건물 형태다. 기업의 역사는 초기 가내수공업부터 시작됐을 것이다. 이때는 주요 교통수단이 걷는 것이어서 소비자들이 많이 모이기 힘들었고 따라서 시장의 규모가 작았다. 집집마다 찾아가서 파는 방물장수가 있던 시절이다. 소규모 가내수공업 기업의 사옥이라고 한다면 대부분 주거와 연결된 경우가 많았다. 대표적인 것이 일본 교토에 있는 형태다. 길가에는 가게가 있고 뒤쪽으로는 공장이 있으며 2층에 주인이 사는 구조를 띠고 있다. 짧은 거리에 많은 상점이 들어서려니 도로와 면한 필지 부분이 좁았고 대신 뒤쪽으로 길었으며, 옆 건물과는 붙어 있는 도시 구조가 만들어졌다. 비슷한 시기에 범선을 이용해 더 큰돈을 벌던 기업들도 있었다. 이들은 바다를 이용해 대규모 무역을 했으며 기업의 규모도 키울 수 있었다. 피렌체의 메디치 가문이 이 방식으로 엄청난 부를 축적했던 기업이다. 도자기를 독점 수출해서 큰돈을 벌었던 중국 황실도 이중 하나다. 하지만 이런 기업은 전 지구적으로 극소수였다.

이후 증기기관차의 발명으로 큰 변화가 생겼다. 증기기관차 덕분에 먼 거리를 빨리 갈 수 있게 되었다. 상인 입장에서는 내 물건을 멀리까지 팔 수 있게 된 것이다. 덕분에 많은 기업이 빠르게 규모를 키울 수 있었다. 19세기 후반에는 엘리베이터가 개발되면서 도시가 고밀화되었다. 이제 굳이 기차나 마차를 타고 이동하지 않아도 내 물건을 살 수 있는 사람이 주변에 많아졌다. 공간 구조가 기업가들에게 더욱 유리해진 것이다. 이때부터 우리가 들어 본 기업가들의 이름이 나오기 시작한다. 록펠러, 카네기, 포드 같은 전설적 기업가들이 이 시기에 나타났다. 지금은 많은 다국적기업이 전 세계의 경제, 정치, 사회, 문화를 쥐락펴락하고 있다. 군사력을 제외하고는 세계적 다국적기업들이 웬만한 국가보다 더 큰 영향력을 행사하는 시대다. 그래서 과거 최고 권력자였던 왕이나 교황이 궁궐과 대성당을 짓던 것처럼 지금은 다국적기업들이 대형 사옥을 짓는다. 우리나라에도 대기업 두 곳이 백 층 넘는 사옥을 지었거나 짓고 있다. 전 세계의 대형 사옥들을 살펴보면 다양한 형태를 띠고 있다. 어떤 기업은 낮고 넓게 자리 잡고 있고, 어떤 기업은 초고층을 선호한다. 과연 이 사옥들은 건축적으로 그 기업의 문화에 어떻게 영향을 주는지 살펴보자.

고층형 사옥

사옥의 가장 일반적인 형태는 고층 건물이다. 대표적인 것이 뉴욕에 있는 자동차 회사 사옥인 크라이슬러 빌딩이다. 1930년에 완공된 이 빌딩은 얼마 후에 엠파이어스테이트 빌딩이 지어져서 비록 세계 최고층 타이틀을 11개월 만에 내주어야 했지만 당시에 유행했던 아르데코 양식[1]의 첨두는 지금도 뉴욕에서 가장 아름다운 빌딩 첨두로 평가된다. 이 같은 고층 건물은 엘리베이터와 강철의 도입이 없었다면 불가능했을 디자인이다. 고층 건물로 지어진 사옥은 보는 이로 하여금 경외심이 들게 한다. 높은 건물은 누군가가 무거운 건축 재료를 높이 올려서 구축한 결과물이다. 그런 건축 행위는 힘든 일이다. 그래서 높은 건물은 그 건물을 지은 회사의 힘을 느끼게 해 준다. 하지만 여러 층으로 나누어진 고층 사옥은 내부 간의 소통을 막는 단점이 있다. 기업이 사옥을 지었을 때 좋은 점은 직원들이 모여 생각을 교류하는 중에 나타나는 시너지 효과다. 그런 이유에서 페이스북이나 애플 같은 최첨단 IT 기업들도 재택근무가 아닌 사옥 근무를 고집한다. 하지만 초고층 사옥에서는 층과 층 사이를 엘리베이터를 통해서만 이동할 수 있다. 엘리베이터를 탄다는 것은 오래 기다렸다가 좁은 상자에 타서 그 안에 갇혀 있다가 문이 열리면 나가는 그다지 기분 좋지 않은 비연속적인 공간 체험이다. 층간의 소통이 줄어들 수밖에 없다. 공동체 의식도 만들어지기 어렵다. 1장에서 고층 주거지에 사는 사람보다 1, 2층짜리 주택가에서 자라난 사람이 친구가 세 배나 많고 강한 공동체 의식을 가진다는 연구

크라이슬러 빌딩

결과가 있다고 말한 바 있다. 일반적으로 고층형 사옥에 있으면 공동체 의식이 생기기 어려운데 이러한 고층 건물의 단점을 해결한 사옥이 런던의 '로이드 빌딩'과 홍콩의 '홍콩상하이은행HSBC 사옥'이다.

밥상머리 사옥

금융 회사 사옥인 이 두 건물은 일반적인 고층 건물과 다르다. 일반적인 고층 건물은 가운데에 엘리베이터 코어core[2]가 있고 주변으로 난창을 통해 밖을 쳐다보게 되어 있다. 그런데 이 두 건물은 공간 구성이 반대로 되어 있다. 고층 건물이지만 엘리베이터 코어가 주변에 흩어져 배치되어 있고 중앙에는 비어 있는 큰 보이드void[3] 공간이 있어서 각 층은 중정이 있는 'ㅁ' 자 같은 모양이다. 이렇게 될 경우 서로 다른 층끼리 쳐다볼 수 있다. 예를 들어 10층에서 일하는 직원이 자기 자리에서 아트리움[4] 건너편의 8층부터 12층까지의 사원들과 시각적으로 소통하는 일이 가능하다. 중앙에 있는 텅 빈 수직의 공간이 전체 층을 아우르면서 공동체 의식이 형성되기 쉽다. 이처럼 서로 바라볼 수 있는 대형 공간은 조직의 문화에 영향을 끼친다. 밥상에 둘러앉아 마주 보며 밥을 먹는 식구가 더 돈독한 가족애를 갖고 있는 것과 마찬가지다.

이런 원리를 이용한 것이 로마의 콜로세움이다. 로마는 정복지마다 콜로세움 같은 원형경기장을 지었다. 콜로세움은 둥그런 형태로 관

대표적 밥상머리 사옥인 로이드 빌딩 내부

또 다른 형태의 밥상머리 사옥인 아모레퍼시픽 사옥의 야외 조경

객이 서로 마주 보는 구조다. 다 같이 검투사 경기를 보면서 하나의 공동체를 만드는 것이다. 미국은 이를 계승해 각 도시마다 농구, 야구, 미식축구, 아이스하키 경기장을 짓고, 각 계절마다 사람들을 서로 쳐다볼 수 있는 경기장에 모아 놓음으로써 국민 통합을 꾀한다. 로이드 빌딩과 홍콩상하이은행 사옥은 고층 건물로 외관상으로는 기업의 존재감을 강조하면서 내부적으로는 유대감을 형성하는 좋은 형태의 사옥이다. 이 건물들이 '밥상머리 사옥'이라면 가운데에 엘리베이터 코어가 있는 대부분의 사옥은 등 돌리고 밥 먹는 모양새라고 할 수 있다. 하지만 중정형 사옥이 누구에게나 항상 좋은 것만은 아니다. 직원들이 퇴근하는 시간이 늘 사내 다른 직원들에게 노출된다는 단점도 있다. 간부가 더 높은 층에 있으면 부하 직원들의 많은 부분을 감시할 수 있게 되어 직급이 낮은 직원들은 선호하지 않을 수 있다. 그래서 위계질서가 분명한 회사에는 어울리지 않겠지만 창의적인 환경을 만들고 싶다면 추천할 만한 사옥 유형이다.

로이드 빌딩처럼 완전 개방형의 사무 공간이 부담스러우면 중간 형태도 있다. 용산의 아모레퍼시픽 사옥이 좋은 예다. 필자가 우리나라에서 가장 훌륭한 사옥으로 꼽는 건물이다. 이 사옥은 적절하게 공동체 의식을 만들 수 있게 중간중간 야외 중정이 있는 보이드 공간을 도입하였다. 사무 공간들을 적절하게 멀리 떼어 놓아 다른 층 사람들이 퇴근하는 모습을 가깝게 보기도 어렵다. 유리창의 수직 루버(햇빛 가리개)는 직사광선을 막는 동시에 적절하게 사무실 내부의 사생활도 보호해 준다. 원활한 층간 소통을 위해 벽으로 둘러싸인 비상계단이 아닌 실내 개방형 계단을 평면 중간중간 배치시켰다. 아모레퍼시픽 사옥은 마당이 있는 한옥을 3차원 오피스 사옥으로 잘 재해석한 공간 구조를 가지고 있다.

수평적 사옥

일반적으로 사옥은 고밀화된 도시에 위치하기 때문에 불가피하게 고층으로 지어진다. 하지만 경우에 따라서는 저층형 사옥도 있다. 기술력 중심의 IT 기업들의 사옥이 그렇다. 대표적인 사례가 애플, 페이스북, 구글이다. 이들 대표적인 IT 기업 삼인방의 사옥은 모두 저층형 구조를 띤다. 건축적 관점에서 보면 높은 층에 있을수록 자신을 노출시키지 않으면서 내려다볼 수 있어서 권력을 가진다. 그래서 일반적으로 전통적 기업은 꼭대기 층에 회장실을 둘 수 있는 고층형 사옥을 선호한다. 그런데 비교적 젊은 사원들로 구성된 IT 기업은 수평적 구조를 강조하고 저층형 사옥을 선호한다. 게다가 이들 IT 삼인방은 캘리포니아 실리콘밸리에 있다. 뉴욕 맨해튼은 단단한 암반의 섬이고 땅이 제한적이어서 고층 건물이 올라갈 수밖에 없다. 반면 캘리포니아는 지진이 많고 땅이 남아도는 사막지대여서 고층의 고밀도 도시가 형성되지 않는다. 이러한 지리적 조건 때문에 LA는 계란 프라이처럼 퍼져 있어서 아침저녁으로 러시아워 교통대란이 있는 것으로 유명하다. 지진이 많은 사막지대라는 배경과 젊은 벤처기업이라는 조직 문화는 수평형 사옥을 만들어 냈다.

수평적 사옥은 중심점이 있는 방사상 구조로 되어 있지 않는 한 어느 곳이나 같은 권력의 위계를 가지는 공간 구조다. 하지만 단점도 있다. 수평적 사옥은 자율적이고 창의적으로 보이기는 하나 높지 않아서 멀리서 바라보는 외부인들에게 깊은 인상을 주기는 힘들다. 또한 저밀화된 지역에 위치하고 있어 주변 도시 조직을 이용하기 어렵다는 단점도 있다. 뉴욕 크라이슬러 빌딩의 사원들은 문만 열고 나오면 도시 전체를 자신의 캠퍼스로 이용하는 데 반해 저층형 사옥의 직원들은 그 내부에서 다 해결해야 한다.

이제 수평적 사옥들 중 특이한 사옥 이야기를 해 보자. 다름 아닌 '애플 사옥'이다.

애플 사옥의 장단점

(앞서 소개한 홍콩상하이은행 빌딩을 설계한) 영국의 세계적인 건축가 노먼 포스터가 설계한 4층 높이 애플 사옥은 동그란 도넛 모양으로, 중앙에 거대한 숲이 조성되어 있다. 페이스북과 애플 사옥 모두 수평 구조지만 애플 사옥의 특별한 점은 공간이 순환 구조라는 것이다. 동그란 모양과 상자 모양 사옥의 차이를 살펴보자. 상자 모양은 왼쪽 구석에서 오른쪽 구석으로 이동한 후에 다시 자기 자리로 가려면 되돌아가야 한다. 하지만 동그란 도넛 모양의 경우는 한 방향으로 계속 가면 다시 제자리로 돌아온다. 이는 심리적으로 큰 차이를 낳는다. 계속해서 순환

할 수 있는 애플 사옥 같은 경우 심리적으로 훨씬 더 넓게 느껴진다. 비슷한 예로 일본의 아사히야마 동물원은 적은 양의 물로 펭귄에게 넓게 느껴지는 우리를 짓기 위해서 동그란 모양으로 순환할 수 있는 수족관을 만들었다. 애플 사옥은 막다른 벽이 없기 때문에 직원들이 심리적으로 무한한 공간처럼 느낄 수 있는 구조다.

하지만 실패한 부분도 있다. 가운데 숲은 직원들이 자연과 밀접하게 지낼 수 있도록 만들어 놓았을 것이다. 하지만 이 숲은 바라보기는 좋지만 실내 공간에서 너무 멀어서 자주 나가게 될지는 의문이다. 먼 곳의 커다란 녹지는 사실 바라보는 대상은 될지언정 내 바로 앞의 다섯 평짜리 마당보다 쓸모가 적다. 동그란 형태의 사무실은 어디를 가나 동일한 내부 구조를 가지고 있어서 변화가 없을 것이다. 자연 채광은 캘리포니아에서는 독이기에 긴 차양으로 모두 차단했는데, 그래서 애플 사옥에서는 태양의 위치가 바뀌어도 내부에서 변화를 느끼기 어렵다. 이런 문제를 해결하기 위해서는 자연과의 경계를 무너뜨려야 한다. 애플 사옥의 경우 외부는 그대로 두더라도 가운데 숲과 접한 부분은 우리나라 남해안의 리아스식 해안처럼 자연과 접하는 면을 늘리고 다양한 형태로 작게 분절된 자연 공간을 가깝게 배치하는 것이 더 낫다. 테라스나 발코니를 도입하는 것도 좋다. 2, 3층에서 직접 숲으로 내려가는 직통 외부 계단을 둘 필요도 있다. 건물 중간중간에 작은 중정을 도입하는 것도 고려해 볼 만하다. 사옥의 공간 구조는 향후 수십 년간 그 회사의 조직과 사회, 의사 결정에 지대한 영향을 미치게 된다. 그렇기에 사옥 설계는 회사의 미래를 만드는 중요한 결정이다.

현재 애플 사옥

애플 사옥의 중정 쪽 입면 리모델링 제안

라디오 스타 건축

최근 들어서는 자기 자리가 따로 정해져 있지 않은 사무실도 나오고, 심지어 어느 한 곳에 사무실을 두기보다는 단기간에 사무 공간을 빌려 쓰는 '위워크WeWork' 같은 비즈니스 모델도 성황을 이루고 있다. 지금까지는 보증금을 내고 한 사무 공간을 연 단위로 계약하는 시스템이었다면, 이제는 월 단위로 계약이 가능하고 동시에 여러 개 지점을 필요에 따라 사용할 수 있는 방식으로 변하고 있다. 그렇다면 왜 이러한 변화가 생겨난 것일까? 그것은 IT 기술의 발달로 전통적인 공간의 의미가 바뀌고 있기 때문이다. 새로운 기술은 우리가 세상을 인지하는 방식을 바꾼다. 우리의 생각이 바뀌면 우리 주변을 구성하는 공간을 바꾸게 된다. 우리는 자고 나면 새로운 기술이 만들어지는 세상에 살고 있다. 스마트폰이 나오면서 사람들은 이제 굳이 PC 앞에 앉아서 인터넷을 보지 않는다. 장소의 제약을 받지 않고 인터넷 공간에 접속하는 일이 가능하다. 이제 자율 주행 자동차가 나오면 이동하면서도 일을 할 수 있다. 지금까지는 대중교통을 이용할 때만 일할 수 있었다면 이제는 사적인 자동차 공간 안에서도 일과 여가를 즐길 수 있게 될 것이다. 그러면 공간의 의미는 또 바뀌게 된다.

필자는 〈라디오 스타〉라는 예능 프로를 즐겨 본다. 예전의 TV 프로그램들은 한 명의 MC가 사회를 보고 이끌어 가는 경우가 많았다. 한 명 더 있다면 진행을 보조하는 MC가 있는 정도였다. 허참의 〈가족오락관〉, 차인태의 〈장학퀴즈〉가 대표적이다. 그런데 〈라디오 스타〉는 특이하게도 네 명의 MC가 있다. 김국진, 윤종신, 김구라, 차태현, 이렇게 네 명의 MC가 티격태격하면서 프로그램을 이끈다. 이처럼 최근 추세는 〈라디오 스타〉처럼 여러 명의 진행자가 프로그램을 이끄는 것이다. 〈런닝맨〉, 〈1박 2일〉, 〈나 혼자 산다〉, 〈해피 투게더〉가 그런 스타일이다. 〈해피 투게더〉의 경우 과거 신동엽, 이효리 두 명의 MC가 이끈 적도 있는데, 최근에는 여덟 명까지 늘어났다. 얼마 전 방영되었던 〈알쓸신잡〉은 다섯 명의 출연진이 각본도 없이 떠드는 스타일이다. 영화에서도 슈퍼 히어로가 떼로 나오는 〈어벤져스〉가 인기다. 이렇게 여러 명의 MC가 진행하는 TV 프로그램이나 여러 명의 주인공이 등장하는 히어로 영화는 현대사회의 탈중심 현상을 보여 주는 한 예다. 과거에는 어느 것 하나가 중심이 되고 나머지는 배경이 되는 식의 수직적 위계가 있는 사회였다면 지금은 여러 개의 중심이 있는 수평적 구조가 특징이다. 컴퓨터를 예로 들자면 과거에는 하나의 중앙 컴퓨터가 있었다면 지금은 여러 대의 개인용 컴퓨터가 병렬로 연결되어 있는 인터넷 시대인 것이다.

이처럼 탈중심의 시대적인 흐름은 최신 건축에도 나타나고 있다. 대표적인 작품이 일본의 '가나자와 미술관'이다. 기존의 미술관은 중앙 홀과 거기서 연결된 중앙 복도가 있고 복도를 중심으로 전시장들이 붙어 있는 형식이다. 반면 가나자와 미술관은 다양한 크기와 모양의 전시장들이 불규칙적으로 흩어져 있는 모습을 띠고 있다. 이 미술관에는 딱히 중앙 홀이라 부를 만한 공간이 없다. 전시장들의 간격도 제각각이어서 복도들은 마치 강북의 골목길처럼 얼기설기 엮여 있다. 이런

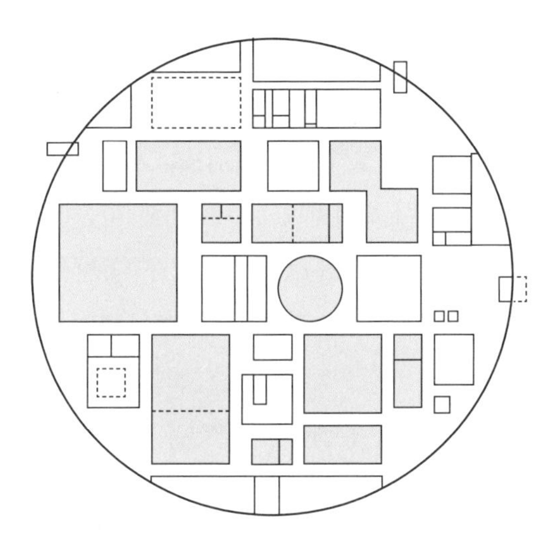

사나SANNA의 건축은 탈중심의 공간 구성을 잘 보여 준다. 가나자와 미술관의 평면도(위)는 마치 많은 히어로가 등장하는 〈어벤져스〉 영화 포스터(아래)의 모습과 비슷해 보인다.

골목길 같은 관계망을 어려운 말로 '리좀'이라고 부른다. 리좀rhizome은 감자나 고구마 같은 식물의 뿌리 모양을 지칭하는 말인데, 건축에서는 골목길 망처럼 여러 갈래로 엮여 네트워크를 이루는 것을 말한다. 여러 개의 방이 위계 없이 흩어져 있는 가나자와 미술관의 모습은 마치 여러 명의 MC들이 사회를 보는 〈라디오 스타〉나 많은 히어로가 등장하는 〈어벤져스〉 같다. 이 미술관은 '사나SANNA'라는 건축설계 사무소가 디자인했다. 이들의 다른 작품인 일본 도쿄의 '모리야마 하우스'의 평면과 독일 에센에 있는 '촐페라인 경영-디자인 학교'에선 창문 모양에서도 탈중심의 구성이 보인다. 과거 건축에서 창문은 바닥에서의 높이도 일정하고 위층과 아래층 창문의 위치도 줄이 맞춰져 있었다. 하지만 촐페라인 경영-디자인 학교의 입면 속 창문은 그 크기, 위치, 간격이 제각각이다. 사나의 건축은 이처럼 탈중심의 구성을 공간적으로 보여 주고 있다.

경계의 모호성

〈라디오 스타〉가 여러 명의 MC로 정신없는 진행을 보여 준다면 〈마리텔〉이라는 예능 프로는 한술 더 뜬다. 이 프로그램에서는 시청자가 실시간 댓글을 올리면서 진행자의 행동을 유도한다. 〈마리텔〉은 시청자가 작가이자 MC가 되기도 하는 프로그램이다. PD나 작가가 직접 방송에 출연하기도 한다. 방송인과 시청자와 제작자의 경계가 모호해지기 시작한 것이다. 〈라디오 스타〉가 '탈중심'의 현대사회를 보여 준다면 〈마리텔〉은 현대사회의 '경계의 모호성'을 보여 준다. 현대사회에서는 화장실에서 볼일을 보면서도 휴대폰으로 전화를 받고 업무를 처리할 수 있다. 이럴 경우 그 공간이 화장실인지 사무실인지 모호해진다. 우리는 카페에서 친구와 수다를 떨기도 하지만 공부를 하기도 한다. 카페는 친구와의 만남의 장소도 되고, 도서관도 되고, 사무실도 될 수 있다. 사무실에서 컴퓨터로 친구와 채팅을 하면 그 공간은 사무실이면서 동시에 사적 공간도 된다. 우리는 지금 하나의 공간이 여러 가지 중복된 기능으로 사용되는 시대에 살고 있다. 과거에는 사무실은 사무실, 카페는 카페, 도서관은 도서관으로 확연하게 기능이 분리되어 있었지만 지금은 아니다. 모바일 기기의 발전으로 특정 공간이 어느 하나만의 기능을 수행하는 시대는 지났다. 따라서 사용자의 용도에 따라 공간을 나누는 것이 무의미해지고 있다. 휴대폰도 과거에는 버튼과 스크린으로 구분되어 있었다면 지금의 스마트폰은 화면이 스크린이 되기도 하고 키보드가 되기도 한다. 이처럼 현대사회에서는 하나가 다중적인 기능을 갖는다. 경계의 모호성은 공간과 기기를 넘어 인간에게까지 확대된다. 점점 남녀의 구분이 없어지고, 노인과 청년의 구분도 사라진다. 적어도 패션상으로는 구분이 잘 안 간다. 나이가 들어도 꽃중년들은 배가 안 나오고, 20년 전에 '미시'라는 신조어가 나오더니 지금 50대 영화배우 김성령 씨는 20대의 미모와 구분이 되지 않는다. 과거에는 50대 여배우를 대표하는 이미지로 〈전원일기〉의 김혜자 씨가 떠올랐다면 지금은 그렇지 않다.

롤렉스 러닝 센터 내부

건축에서는 이러한 경계의 모호성이 층간 구분이 모호해지는 현상으로 나타난다. 때로는 하나의 큰 공간에 여러 개의 다른 기능이 중첩된다. 과거에는 복도와 방이 명확하게 나누어져 있었다면 이 새로운 공간에는 벽이 없어서 복도와 방의 구분이 모호하다. 한쪽에서는 책상에서 일을 하고 그 옆으로는 사람이 다니고 의자 배치를 다르게 하면 큰 세미나실이 되는 식이다. 최근 마이크로소프트사는 사무실에서 개인 자리를 없애고 매일매일 다른 자리에 자신의 휴대용 컴퓨터를 가지고 가서 일하도록 유도하는 사무실 공간을 만들기도 했다. 이러한 경계의 모호성을 잘 보여 주는 대표적인 작품이 스위스 로잔공과대학 캠퍼스에 위치한 '롤렉스 러닝 센터'다. 이 건물도 사나의 작품으로, 층간 구분과 방의 구분이 어려운 특징을 띠고 있다. 1층을 걷다 보면 2층으로 올라가게 되고, 또 걷다 보면 다시 1층으로 내려온다. 평면상으로 어디까지가 1층이고 어디서부터 2층인지도 모호하고, 어디가 강당이고 어디서부터 전시장인지, 어디가 복도이고 어디가 방인지 구분이 없다. 층간의 구분, 방과 복도의 구분이 없는 공간 구성이다. 이러한 경계의 모호성을 처음으로 보여 준 작품은 '요코하마 페리터미널'이다. FOA라는 건축설계 사무소가 국제 공모전을 통해 선보인 이 디자인은 1990년대 중반에 건축계에 큰 충격을 주었다. 이 프로젝트에서도 각각의 층은 마치 주차장 램프처럼 연결되어 있어 층간의 구분이 모호하다. 또 다른 사례는 미국에 있는 '시애틀 도서관'이다. 이 도서관의 서고 부분은 마치 경사지 램프로 연결된 주차장 건물을 연상케 한다. 실제로는 3층 높이의 서고지만 경사지로 연결되어 있기 때문에 방문객

요코하마 페리터미널

시애틀 도서관 전경(위)과 내부 구조(아래)

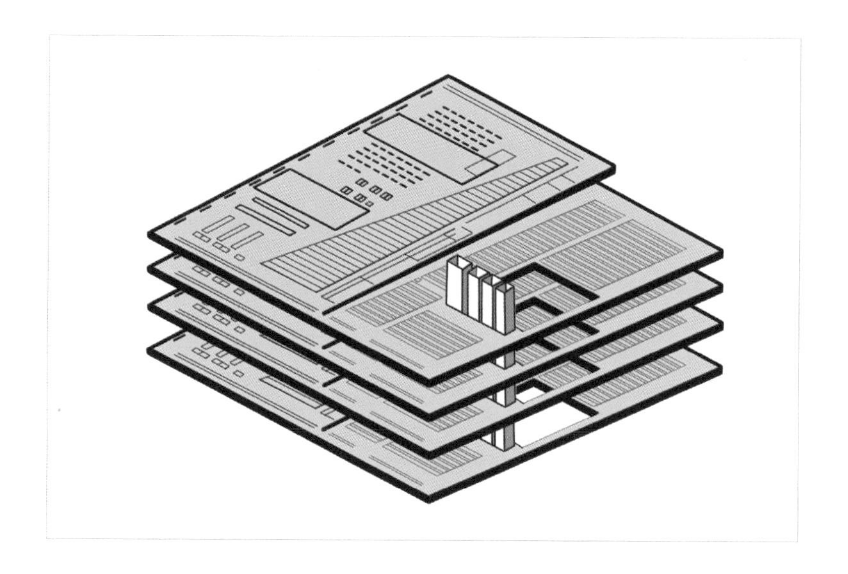

이 책을 찾을 때 계단을 이용하거나 엘리베이터를 타지 않고도 산책하듯이 걸으면서 서고를 살펴볼 수 있다. 한마디로 한 층에 모든 책이 다 놓인 공간 구성인 것이다.

시대정신과 건축 공간

경계의 모호성은 기계와 인간의 구분에서도 드러난다. 유발 하라리는 과거에는 모든 것이 인간 중심이었다면, 오늘날은 동물을 인간과 비슷한 급으로 바라보는 가치관이 지지를 받는다고 말한다. 오늘날 사람들은 동물을 우리에 가두는 동물원을 비판하고 동물의 권리도 주장한다. 하라리는 이러한 동물의 권위 상승을 인공지능의 발달 때문이라고 설명한다. 과거 인간은 동물 중에서 가장 뛰어난 지능으로 동물과 차별화되는 의미를 가졌다. 하지만 지금은 인공지능이 퀴즈 게임이나 바둑에서 인간을 이기는 시대가 되었다. 인간은 더 이상 지구상에서 가장 똑똑한 동물이라는 독보적인 자리를 지킬 수 없게 되었다. 인공지능은 지능으로 먹이사슬의 꼭대기에 위치했던 인간을 지금의 자리에서 끌어내려 동물과 같은 계단에 서 있으라고 말한다. 인간은 지난 수십 년간 인간의 존엄성을 확보해 주었던 종교의 권위도 없앴다. 인간은 점점 동물과 동등해져 가고 있다. 그래서 인간들은 동물이 된 자신들의 존엄성을 지키기 위해 동물의 존엄성을 높이고 있다는 이야기다. 동물과 인간이 비슷해지는 이러한 시대에 한쪽에서는 '기술적 인본주의자'들이 인간을 기계와 동화시키려고 노력 중이다. 일론 머스크는 뇌와 컴퓨터 네트워크를 연결함으로써 인간의 지능적 한계를 없애려고 한다. 기계가 우리 위에 있으니 인간을 기계와 한 범주로 묶으려는 시도인 것이다. 스마트폰에서 시작된 '기계-인간' 동화의 움직임은 언젠가는 인간의 뇌가 인터넷과 연결되는 시대까지 갈 것으로 보인다. 어느 방향이든 인간은 동물과 기계 사이에서 경계의 해체를 경험하고 있다. 이러한 경계의 모호성이 〈마리텔〉 같은 예능 프로에서도 나타난 것이다.

현대사회의 특징들은 TV 방송 매체에서 잘 드러난다. 왜냐하면 방송은 많은 사람이 보기 때문이다. 방송은 대중이 원하는 것을 반영한다. 대중의 요구는 곧 그 시대의 정신이다. 그래서 방송 프로그램에는 시대정신이 반영된다. 건축도 마찬가지다. 건축은 인간이 하는 일 중에서 가장 큰돈이 들어가는 일이다. 최초의 디자인은 한 명의 건축가의 머리에서 나올지 몰라도 적어도 그 디자인이 건축되어 우리 눈에 보이려면 공사비 대출을 해 주는 은행, 건축주, 시공자, 허가권자들의 동의가 필요하다. 방송과 마찬가지로 건축물도 여러 명의 공통의 가치관이 반영되어 지어지기 때문에 시대정신을 반영한다. 그렇기 때문에 만약 우리가 사는 도시가 아름답지 않다면 그것은 어느 한 사람의 잘못이 아니다. 그 안에 사는 많은 사람의 건축적 이해와 가치관의 수준이 반영된 것이다. 좋은 도시에 살고 싶은가? 나부터 좋은 가치관을 갖는 데서 출발해야 한다.

3장

힙합 가수가
후드티를 입는 이유

쥐 이야기

중학교 때인가 생물 시간에 배운 이야기가 있다. 과학자가 생쥐의 개체 수 증가를 연구하는 이야기였다. 제한된 공간 속에 사는 생쥐에게 물과 먹이를 잘 공급해 주면 생쥐의 개체 수는 폭증하게 된다. 하지만 어느 수준에 이르면 자신들이 초래한 환경오염과 그로 인한 스트레스 때문에 자연스럽게 개체 수 증가가 멈춘다는 이야기다.

요즘 뉴스에서 정치권 이야기를 제외하고 나면 두 가지 키워드가 보인다. '인구 고령화'와 '인공지능'이다. 건축은 기본적으로 사람들의 라이프스타일이 바뀌면 그것에 맞추어서 변화한다. 인구 고령화와 인공지능이 앞으로 도시와 건축을 어떻게 바꾸게 될지 살펴보자. 인구 고령화는 청년들이 아이를 낳지 않으면서 생겨나는 문제다. 필자도 아이를 둘이나 낳아 키우는 부모지만 솔직히 우리나라의 과열된 교육 문제, 비싼 주택 가격, 미세먼지를 생각하면 이런 세상에 아이를 낳고 싶어 하지 않는 청년들이 이해가 되고도 남는다. 인구 감소 현상은 앞에서 언급한 쥐의 실험과 양상이 똑같다. 제한된 공간 내에서 인구 폭증으로 인한 환경문제 때문에 자연스럽게 개체 수 증가가 멈추게 된 것이다. 그러니 결혼이 늦어지고 아이를 낳지 않는 현상은 아주 '자연스러운' 것이다. 이 문제에는 두 가지 해결책이 있다. 하나는 지구의 크기를 키우는 것이고 다른 하나는 인구를 줄이는 것이다. 한반도나 지구를 키울 수는 없고, 인구가 줄어드니 경제가 죽는다고 난리다. 둘 다 안 된다면 우리는 세 번째 방법을 찾아내야 한다. 그렇다면 지금의 공간을 좀 더 효율적으로 사용하여 스트레스를 낮추는 방법은 어떨까? 그것은 건축이 할 수 있는 부분이기도 하다.

1인 가구가 사는 도시

우리나라는 현재 1인 가구가 꾸준히 늘어나고 있다. 2016년 통계청 자료에 따르면 전체 가구 중 1인 가구가 2020년까지 30퍼센트에 이를 것이라는 예상이 있다. 불과 10년 전만 하더라도 4인 가구가 가장 많은 주거 형태였는데 지금은 단연 1인 가구가 많다. 왜 이렇게 된 것일까. 두 가지 이유가 있다. 하나는 나이 드신 분들이 이혼이나 사별로

고시원

교도소 독방

혼자 사는 경우가 많아졌고, 다른 하나는 결혼하지 않는 청년이 많아서다. 내용을 들여다보면 혼자 사는 것이 문제라기보다는 이들 중 절반가량이 경제력이 약한 계층이라는 것이 문제다. 건축적으로 본다면 혼자 사는 사람들은 작은 집에 살게 된다. 그리고 현대사회는 실내 공간 중심으로 형성되어 있다. 그렇다 보니 작은 집에 사는 1인 거주자의 삶의 질은 떨어지게 마련이다.

과거 우리의 삶을 돌아보면 집은 무척 작았다. 하지만 대신 마당이나 골목길 같은 도시의 외부 공간을 사적으로 사용하거나 가까운 이웃들과 함께 공유하며 여유롭게 살았다. 필자의 경우도 작은 주택에 살았지만 골목길에서 친구들과 뛰놀고 대문 앞에 앉아 이야기 나누고 마당의 꽃밭과 작은 연못에서 놀았기 때문에 집이 작아서 답답하다는 생각은 해 본 적이 없다. 하지만 2018년 현재 우리나라 인구의 60퍼센트는 골목길도 없고 마당도 없는 아파트에 살고 있다. 아파

도시의 카페는 주거 공간의 부족을 메우는 공간이다.

트의 경우에도 10년 전에는 4인 가구가 주류였고, 중산층은 30평형대 아파트에 사는 것이 기준이었다. 이 경우 한 사람은 자신의 방과 더불어 거실/부엌 공간을 사용하게 된다. 일인당 약 20평가량의 공간을 사용하는 것이다. 하지만 요즘 1인 가구는 원룸에 살게 되면서 8평 이하의 공간 안에 들어가게 되었다. 일인당 사용 공간이 3분의 1로 줄어든 것이다.

과거에는 자기 방을 열고 나가면 거실이라는 공공의 공간에서 다른 사람, 즉 가족을 만날 수 있었다. 하지만 지금의 1인 가구는 여유 공간을 찾을 수 없는 원룸에 갇혀 살고, SNS를 이용해 사람을 만난다. 사용하는 공간보다 더 작은 손바닥만 한 스마트폰을 쳐다보며 살게 된 것이다. 부모와 살면 친구를 집에 초대할 수 없고, 원룸에 살면 공간이 작아 초대할 수가 없다. 상황이 이렇다 보니 어디 편하게 앉아서 친구와 이야기를 나누려면 한 끼 식사비 정도로 비싼 커피 값을 지불하고 카페에 앉아야 한다. 우리가 사는 현대사회는 공간을 즐기려면 돈을 지불해야 한다. 그게 집값이든 월세든 카페의 커피 값이든 마찬가지다. 과거에는 소유하지 않아도 즐길 수 있는 공간들이 많았지만 이제는 '몇 평'으로 계산되는 공간을 얼마나 소유하고 있느냐가 그 사람의 삶의 질을 평가하는 척도가 되었다. 그래서 우리는 열심히 일해서 한 평이라도 넓은 집으로 이사 가고 싶어 한다. 그런데 아이러니하게도 세상의 흐름은 지금 거꾸로 1인 가구의 작은 집으로 향하고 있다.

뉴요커가 좁은 집에 살아도 되는 이유

전 세계에서 가장 작은 집에 사는 사람들은 누구일까? 선진국 중에는 아마도 단위 면적당 부동산이 가장 비싼 뉴욕에 사는 사람들일 것이다. 하지만 '뉴요커'들의 라이프를 살펴보면 그렇게 비참하게 느껴지지 않는다. 그 이유는 공간 소비의 측면에서 뉴요커들은 아주 넓은 면적을 영유하며 살기 때문이다. 집 크기는 몇 평 되지 않지만 그들은 일단 센트럴 파크나 브라이언트 파크 같은 각종 공원들이 촘촘하게 박혀 있는 도시에 살고 있다. 그리고 걸어서 그 공원들을 오가며 즐긴다. 여름철에는 브라이언트 파크에서 영화를 보고 겨울철에는 스케이트를 탄다. 유니언 스퀘어에서 열리는 장터에서 유기농 먹거리를 사고 센트럴 파크에서 조깅과 일광욕을 즐긴다. 최근 들어서는 하이라인 같은 신개념 고가도로 위의 공원을 산책하면서 저녁노을과 맨해튼의 도시경관을 동시에 즐기기도 한다. 게다가 모마MoMA 같은 세계적인 미술관들도 매주 금요일 저녁에 가면 공짜로 즐길 수 있다. 한마디로 뉴요커들의 삶은 자신들이 세 들어 사는 작은 방에 갇혀 있지 않다. 그들은 도시 곳곳에 펴져 있는 재미난 공간들을 거의 무료로 즐기면서 살 수 있다. 뉴요커들도 1인 가구가 대부분이지만 그들은 외롭다거나 무료하다고 느끼지 않는다. 오히려 강 건너 뉴저지에 사는 4인 가족보다 더 활기 넘치게 산다.

우리도 1인 가구가 늘어나는 변화에 맞는 우리만의 라이프스타일을 만들어야 한다. 돈이 많은 사람만 갈 수 있는 공간들로 채워 갈 것이 아니라 시민들이 무료로 편하게 이용할 수 있는 곳들이 다양하게 많아져야 한다. 그리고 그곳들은 자동차가 아니라 걸어서 갈 수 있을 만한 거리에 분포되어 있어야 하고, 서로 연결되어야 한다. 대표적인 공공시설인 공원을 한번 살펴보자. 뉴욕과 비교해서 서울의 문제점은 공원들이 서로 너무 떨어져 있다는 것이다. 뉴욕의 타임스 스퀘어에서 브라이언트 파크까지는 걸어서 6분이면 간다. 그리고 거기서 7분만 더 걸으면 32번가 근처의 헤럴드 스퀘어가 나온다. 그리고 몇 분만 걸으면 하이라인 파크나 유니언 스퀘어가 나온다. 반면 서울의 공간들은 너무 흩어져 있다. 이 말은 서울이라는 대도시의 규모에 비해 매력적인 외부공간이 부족하다는 것을 뜻한다. 이를 좀 더 수치적으로 살펴보자.

중력의 법칙과 공원의 거리

뉴욕 맨해튼의 경우 10킬로미터 내에 10개의 공원이 배치되어 있다. 이들은 센트럴 파크, 브라이언트 파크, 타임스 스퀘어, 하이라인 파크, 헤럴드 스퀘어, 매디슨 스퀘어, 유니언 스퀘어, 워싱턴 스퀘어, 워싱턴 마켓 파크, 주코티 파크 등이다. 이 공원들은 평균 1.04킬로미터 정도 떨어져 있고 공원 간의 보행자 평균 이동 시간은 13.7분이다. 반면 서울의 경우는 15킬로미터 내에 인지도 있는 공원이 9개 있다. 이들은 하늘 공원, 선유도 공원, 여의도 공원, 여의도 한강 시민공원, 효창공원, 남산 공원, 청계천, 서울숲 공원, 보라매 공원 등이다. 이들 공원 간의 평균 거리는 4.02킬로미터이고 공원 간의 보행자 평균 이동 시간은 한 시간 1분이었다. 이 데이터에 근거해 보면 뉴욕 시민은 자신이 있는 위치에서 7분 정도만 걸으면 어느 공원이든 걸어갈 수 있으며 그 공원이 지겨우면 13.7분 정도만 걸으면 다른 공원에 갈 수 있다는 것을 알 수 있다. 반면에 서울 시민의 경우에는 보통 30분 정도는 걸어야 공원에 다다를 수 있다. 그리고 그 공원에서 다른 공원으로는 걸어서 한 시간이 걸려야 갈 수 있다. 한마디로 편하게 걸어갈 만한 곳에 공원이 없다는 것이다. 차를 가지고서야 공원에 갈 수 있는데, 정작 공원 주변에는 주차장이 없다. 대중교통을 이용하려면 작정하고 반차 정도는 써야 공원에 갈 수 있다는 얘기다. 그러니 그 공원이 우리 삶과 밀접한 관련을 맺지 못한다.

물리학에서 중력 에너지의 영향은 거리의 제곱에 반비례해서 줄

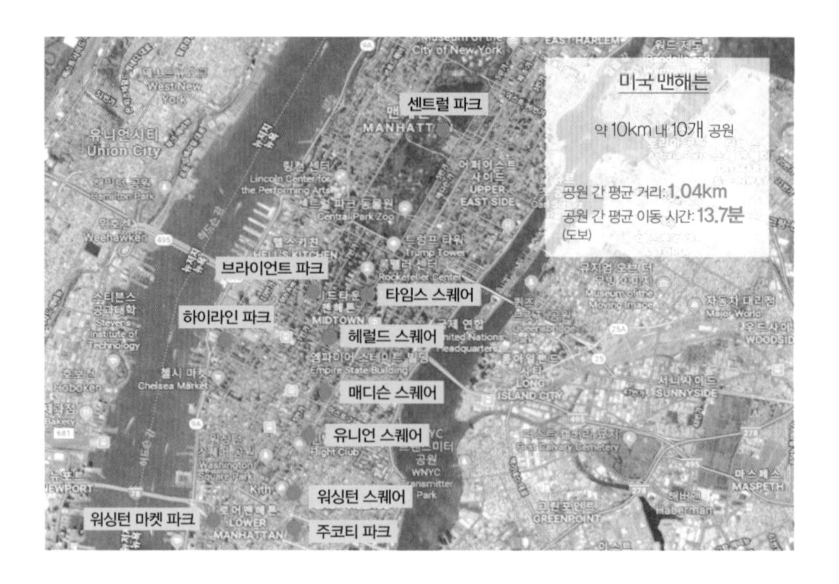

맨해튼과 서울의 공원 간 거리 비교

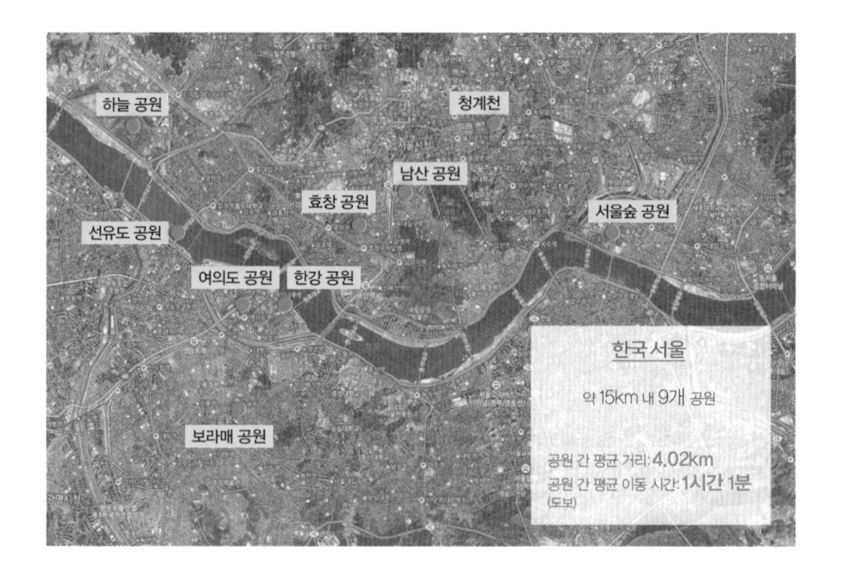

어든다고 배웠다. 예를 들어 지구와 달의 거리가 지금의 2배로 늘어나면 중력의 영향은 4분의 1이 된다는 식이다. 이와 동일하지는 않겠지만 건축 공간에서도 이 중력의 법칙은 비슷하게 적용될 수 있다. 아무리 좋은 공원이 있다고 하더라도 거리가 멀면 그 쓰임새는 줄어든다. 중력의 공식이 공원의 쓰임새에도 적용된다면 다음과 같은 계산이 나올 수 있다. 예를 들어 4천 평짜리 공원이 있다고 하자. 그 공원이 한 시간을 걸어가야 하는 4킬로미터 밖에 떨어져 있으면, 그것은 마치 2킬로미터 떨어진 곳에 있는 1천 평짜리 공원과 쓰임새가 비슷한 것이라고 볼 수 있다. 마찬가지로 1킬로미터 떨어진 곳에 있는 250평짜리 공원과 쓰임새가 같으며, 5백 미터 떨어진 곳에 있는 60평 정도의 공원과 비슷한 효과를 낸다. 그러니 아주 작은 마당이라고 하더라도 내 방 앞에 있는 마당은 몇 킬로미터 밖의 수천 평 공원과 비슷한 효과를 가진다고 볼 수 있다. 공원이 우리 가까이 있어야 하는 이유다.

우울한데 엘리베이터나 탈까?

1인 가구가 되면 개인이 사용하는 공간이 줄어들고, 우리나라의 경우에는 공원 같은 공공 공간도 부족하다. 이 같은 정주할 수 있는 공공 공간의 부족을 해결하는 것은 앞서 말했듯 각종 카페들이다. 우리나라가 전 세계에서 단위 면적당 가장 많은 카페를 보유한 이유는 결국 우리 국민들에게 앉아서 쉴 곳이 없기 때문이다. 우리보다 상황이 좋은 뉴욕은 더 좋은 곳이 되기 위해 노력하고 있다. 뉴욕시는 최근 들어 센트럴 파크, 타임스 스퀘어, 헤럴드 스퀘어 등 각종 공원과 광장을 연결하는 보행자 네트워크를 강화하고 있다. 브로드웨이의 차선을 줄이고 보행자 도로, 자전거 도로, 의자가 놓인 공간을 확장했다. 걷고 싶은 거리로 연결되는 공원 네트워크를 강화한 것이다.

그렇다면 왜 걸어서 가는 것이 중요한가? '같은 5분이면 지하철로 연결되어도 되지 않는가?'라고 의문을 가질 수 있다. 교통기관을 이용하지 않고 걸어서 갈 수 있는 것이 중요한 이유는 경험은 연속되어야 하기 때문이다. 골목길의 옆집 친구 집에 갈 때와 엘리베이터를 타고 다른 층의 친구에게 갈 때의 느낌은 다르다. 우리 중 누구도 '우울한데 엘리베이터나 타자'고 말하는 사람은 없다. 하늘을 보고 햇볕을 받으며 골목길을 걸으면 기분 좋지만 답답한 상자인 엘리베이터를 타고 가는 경험은 유쾌하지 않다. 몇 십만 년의 경험이 유전자에 각인되어 우리는 주광성 동물이 되었다. 교통기관을 타면 답답한 실내 공간 속 기억 때문에 경험이 단절된다. 그래서 우리는 다른 장소로 가고 싶어 하지 않게 되고 자신의 현재 공간 속에 갇히게 된다. 우리의 도시에는 보행자 중심으로 연결되는 네트워크가 필요하다. 일인 주거는 여러 가지 사회 경제적인 이유로 피할 수 없는 대세가 되어 가고 있다. 이런 환경 속에서 우리 삶의 질이 떨어지지 않고 더 행복해지려면 도시 전체를 내 집처럼 즐길 수 있어야 한다. 보행자 중심의 네트워크가 완성되고 촘촘하게 분포된 매력적인 '공짜' 공간이 많아지는 것이 건축적인 해답이 될 수 있다.

보행 친화적 서울 만들기

필자는 전작에서 사람들이 걷고 싶어 하는 성공적인 가로는 '지하철역과 공원 사이를 연결하는 1.5킬로미터 정도의 거리'라고 이야기한 적이 있다. 만약에 필자가 서울시의 도시계획을 손본다면 다음과 같이 할 것이다. 서울시 지도를 펼치고 모든 지하철역에 점을 찍는다. 그리고 현재의 공원과 미래에 공원이 될 만한 곳을 찾는다. 만약에 대형 공원뿐이라면 공원을 잘게 나누고 공원이 필요한 곳과 현재의 땅을 맞바꿔 여러 곳에 분포하겠다. 이런 식으로 1.5킬로미터 간격으로 '공원-지하철역-공원-지하철역'의 네트워크가 만들어진다면 서울시는 연속적으로 걷고 싶은 거리로 연결된, 소통이 활발한 도시가 될 것이다. 경우에 따라서는 차선폭을 좁히고 선형 공원을 만드는 것도 유효하다. 지금 서울은 성곽 주변으로 산책로를 만들고 있다. 아주 좋은 정책이라고 생각한다. 하지만 아쉬운 것은 이 성곽을 문화재로 취급하기 때문에 주변에 상업 시설이 들어가지 못한다는 점이다. 상업 시설 없이 산책로만 있는 곳에 누가 가겠는가? 시간이 많은 사람만 간다. 이 말은 현재 우리의 서울에는 시간 많은 사람이 산책하는 길은 많지만 일상 속에서 즐길 수 있는 보행자 도로는 찾아보기 힘들다는 것이다. 녹도綠道와 상업 가로를 분리시켜 생각하면 안 된다. 우리처럼 야근을 많이 하는 국민도 세상에 없다. 그러니 은퇴하기 전에 누가 여유롭게 이런 산책로를 누릴 수 있겠는가? 일상과 자연이 함께 공존하는 공간을 만들어야 한다. 이렇게 우리 주변의 공간을 개선하기 위해서는 우선 공간을 읽을 수 있는 눈을 가져야 한다.

도시의 공생활과 사생활

건축가들은 공간을 어떻게 바라볼까? 필자는 공간의 성격을 XY축으로 분할된 사분면으로 나누어 네 가지로 구분한다. 사분면 X축의 왼쪽은 머물러 있는 정주 공간이고, 오른쪽으로 갈수록 이동하는 공간이 된다. 여러분이 앉아 있는 거실 소파가 있는 공간은 X축의 왼쪽에 있고, 자동차가 다녀야 하는 도로는 X축의 오른쪽에 위치한다. 아주 빠르게 차가 다니는 고속도로가 X축의 가장 오른쪽에 위치한 공간일 것이다. Y축은 아래로 갈수록 사적인 공간이고 위로 갈수록 공적인 공간이 된다. 우리의 화장실은 Y축의 맨 아래쪽 끝일 것이고, 공원은 Y축의 가장 꼭대기가 된다. 모든 건축 공간은 이 XY축으로 만들어진 사분면 안에 어딘가에는 들어가게 되어 있다. 예를 들어서 차도 옆의 인도는 공적이면서 이동하는 공간이다. 그러니 인도는 1사분면에 속한다. 침실은 정주하는 공간이면서 사적인 공간이다. 그러니 침실은 3사분면에 속한다. 거실은 정주하는 공간이면서 공적인 공간이다. 2사분면이다.

도로의 경우가 특별한데, 도로는 이동하는 공간인데 공적이기도 하고 사적이기도 하다. 차도는 일단 차가 없으면 갈 수 없는 공간이다. 자동차를 통해서만 차도라는 공간을 사용하게 되는데 버스를 타고 가는 사람에게 차도는 공적인 공간이지만, 자가용을 타고 가는 사람에게 차도는 사적인 공간이 된다. 우리 국민은 지난 40년간 꾸준하게 자가용의 소유를 늘려 왔다. 그 이유는 도시의 도로를 나만의 사적인 공간으로 만들기 위해서다. 내가 차를 소유하면 전국의 모든 도로는 나의 사적인 공간이 된다. 현재 우리의 차도는 실제로는 사적인 이동 공간으로 변화하고 있는 중이다. 차도는 1사분면에서 4사분면으로 이동 중인 것이다.

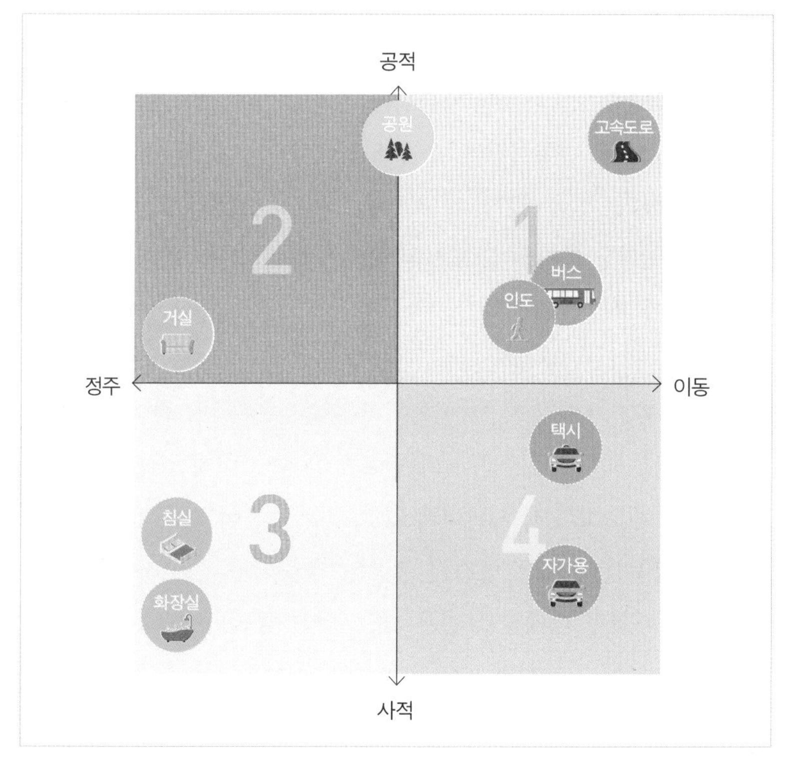

공간의 사분면

모텔 대실

과거에 골목길은 동네 이웃이나 친구들과 함께 놀기도 하고 이야기하는 공간이었다. 쓰임새를 보면 마당은 사적인 정주 공간이고 골목길은 공적인 정주 공간이었다. 하지만 지금의 골목은 주차 공간이 되었다. 공간적으로 승용차는 밖에서 안을 보기 힘들고 허락 없이 들어갈 수 없는 작은 사적 공간이다. 우리는 차 안에서 조용히 혼자 음악을 들을 수도 있고 친구와 이야기를 할 수도 있다. 승용차는 방 같은 공간이다. 그래서 골목길에 주차된 차는 이전에 공적인 공간이었던 골목길을 사적인 공간으로 변형시킨다. 우리 도시에서 차도가 차지하는 면적은 점점 넓어졌다. 차도 면적이 넓어진다는 것은 전체적으로 이동 공간이 늘어난다는 것을 의미한다. 도시의 시민 입장에서 본다면 정주하는 공간을 그만큼 빼앗긴 것이다.

사적 공간의 비율이 늘어나는 것은 슬픈 일이다. 왜냐하면 어떤 공간이 누군가의 사적 공간이 되면 내가 갈 수 없어지기 때문이다. 그러니 서울 같은 대도시가 이렇게 넓고 고층 건물이 많아져도 사실 내가 가서 정주할 수 있는 공간의 총량은 더 줄어든 것이 사실이다. 자가용으로 채워진 테헤란로 같은 대로 역시 공적이라기보다는 사적인 공간이다. 우리 도시의 삶에서 공적인 정주 공간은 과거에 비해 거의 다 사라지고 없다. 한강 시민공원 정도만 남은 듯하다. 도시 내에서 내 소유의 공간이 부족한 사람들은 머무를 공간을 찾아다닌다. 그

주차된 승용차는 공적 공간이던 골목길을 사적 공간으로 변형시킨다.

래서 사람들이 주말마다 산에 가는 것이다. 왜냐하면 도심 속에는 정주할 공간이 없어서다. 그런데 안타까운 것은 우리나라 대부분의 녹지 공원은 경사져 있다는 점이다. 경사졌다는 것은 앉아 있지 못하고 계속 이동해야 하는 공간이라는 뜻이다. 엄밀하게 말하면 경사면 때문에 산은 머무를 수 있는 공간이 아니다. 그러니 서울 주변에 아무리 좋은 산이 많아도 우리는 공적인 정주 공간에 목이 마른 것이다. 공공의 정주 공간이 사라지니 우리가 공간을 점유하려면 사적으로 돈을 내야 하는 사회가 되었다. 카페를 비롯해 비디오방, 노래방, 찜질방도 마찬가지다. 모텔이 가장 재미있다. 특이하게 우리나라에서는 모텔방을 하루 종일 빌리는 경우는 적다. 대신 몇 시간씩 빌리는 '대실'을 한다. 시간 단위로 내 방을 만드는 것이다. 이처럼 갈 곳이 적은 우리나라에서는 시간당 공간을 빌리는 비즈니스가 발달해 있다.

힙합 가수가 후드티를 입는 이유

자율 주행이 실현되면 정말로 사람들이 자동차를 소유하지 않고 택시처럼 빌려 타게 될까? 자가용을 단순히 이동 수단으로만 생각하면 그렇다. 하지만 자가용은 이동 수단 외에도 사적인 공간으로 이해되기도 하기 때문에 주택 가격이 비싼 지금 젊은이들은 집을 사기 전에 자동차부터 산다. 이 복잡한 현대사회에서 자가용은 가장 효율적인 안식처가 된다. 자가용은 이동 가능한 '내 방'이다. 그렇다면 자가용을 사기 힘든 사람들이 사적인 공간을 만들기 위한 다른 방법은 무엇일까?

우선 '후드티'가 있다. 힙합 가수들은 후드티를 많이 입는다. 수건을 머리에 둘러쓰고 후드를 쓰기도 한다. 이러한 행위는 시선을 차단해서라도 자신만의 공간을 가지려는 노력이다. 후드티는 미국에서도 흑인 힙합 문화의 상징이다. 미국에서 평범한 흑인 학생이 후드티를 입고 나갔다가 경찰 총에 죽은 사건이 있었는데, 후드티를 입으면 도시 빈민층의 우범자로 보기 때문이다. 왜 그런 선입견이 생겼을까? 건축적으로 보면 후드티를 입는 사람들은 자신의 공간을 가지기 어려운 도시 빈민들이다. 이들은 어떻게든 자신만의 공간을 확보하기 위해 시선을 차단하고 자신의 영역을 만들려고 한다. 지붕이 있는 공간을 소

힙합 가수가 후드티를 입은 모습

유하지 못하니 모자를 쓰고, 후드를 뒤집어쓴다. 주변이 안 보이니 머리를 좌우로 두리번거려야 한다. 이런 행동이 힙합의 무브(움직임)다. 후드티를 입고 주변을 두리번거리는 행동은 자신만의 사적인 공간이 없을 때 자연 발생적으로 만들어진 행동 패턴이다. 손을 좌우로 넓게 흔드는 것도 힙합 춤의 형태다. 자신의 공간을 확보하려는 액션이다. 이 모든 것이 자신의 공간을 구축하려는 가장 저렴한 방식이다.

여기서 조금 더 돈이 있는 사람은 헤드폰을 쓴다. 힙합 문화에서는 커다란 헤드폰을 끼고 다닌다. 그런 헤드폰은 '나는 세상의 소리를 듣지 않겠다'라는 사회에 대한 저항을 상징적으로 보여 주는 것이다. 청소년기 아이들이 헤드폰을 끼고 다니는 것도 마찬가지다. 큰 헤드폰은 '나를 내버려 두라'는 무언의 메시지다. 벽으로 소리가 차단된 공간을 가질 수 없는 사람이 가장 손쉽게 청각적으로 독립적인 공간을 만드는 방식이 헤드폰이다. 우리는 청각, 시각, 촉각, 후각을 통해서 외부 세계와 소통한다. 이런 감각들 중 일부를 제어하면 외부와 차단된 사적인 공간을 만들 수 있다. 헤드폰은 그중 청각 제어 장치다. 우리가 지하철에서 이어폰으로 음악을 듣는 것은 공적인 공간에서 사적인 공간을 만들려는 몸부림이다. 여기서 더 나아가 세상의 촉각을 차단하고 나만의 세계에 있고자 하는 사람들은 장갑을 착용한다. 마이클 잭슨은 평소 한 손에 장갑을 끼고 다녔다. 이는 세상과 자신을 구분하는 패션 장치다.

나를 드러내지 않고 다른 사람을 엿보는 것을 '관음증'이라고 한다. 그리고 이런 관음증은 본능이자 권력을 나타낸다. 훔쳐볼 수 있는 사람은 보이는 대상이 되는 사람보다 더 권력을 가지는 것이다. 도시에서 자동차 안의 공간은 일부러 불을 켜지 않으면 항상 밖보다 어둡다. 어두운 자동차 안에 있으면 나를 드러내지 않고 다른 사람을 관찰할 수 있다. 자가용은 관음증을 충족시켜 주는 장치다. 익명으로 댓글을 쓸 때 폭력적이 되는 것처럼, 자동차 안에서는 숨어서 자신을 감출 수 있기 때문에 사람들이 운전할 때 더 난폭해지는 것이다. 자가용이 없을 때 관음증을 가장 손쉽게 만족시킬 수 있는 방법은 선글라스를 쓰는 것이다. 언론에서 사람의 신상을 드러내지 않고 싶을 때 흔히 사진 속 사람들의 눈에 검정색 테이프를 붙인다. 사람의 눈은 이처럼 그 사람이 누구인지 알 수 있게 하는 가장 중요한 부분이다. 그래서 눈을 가려 주는 어두운 선글라스는 밖은 볼 수 있지만 내가 누구인지는 모르게 하는 가장 효율적인 장치다. 자동차, 헤드폰, 장갑, 선글라스는 복잡한 세상 속에서 내 공간을 만들려는 장치들이다.

화장실 개수

화장실이 하나인 집에서는 종종 첫째 아이가 화장실에 들어가면 둘째가 빨리 나오라고 재촉하는 풍경이 연출된다. 왜 사춘기 청소년들은 화장실을 가지고 자주 싸울까? 사춘기 아이들은 부모로부터 독립하고 싶어 한다. 그래서 자기 방문을 잠그고 커튼도 친다. 그러면 공부하는지 감시하고 싶은 부모는 자꾸 문을 열라고 한다. 그래서 사춘기 아이들의 최후 수단은 화장실에 가서 문을 잠그는 것이다. 적어도 화장실만큼은 생리적인 이유로 개인의 사생활이 보장되는 공간이기 때문이다. 역사를 보면 '소도'라는 공간이 있었다. 범죄를 저질러도 소도로 도망가면 처벌을 피할 수 있는 치외법권의 공간이었다. 사춘기 아이에게 화장실은 소도 같은 공간이다. 요즘 주택의 평면도를 보면 화장실이 점점 늘어나는 추세다. 중형 아파트의 경우 예전에는 두 개였다가 최근 지어지는 고급 주택들은 방마다 따로 화장실과 샤워실을 두는 경향이 있다. 이처럼 현대 건축은 사적인 내부 공간의 면적을 늘려 가는 추세다.

여러 사람이 한 집에서 함께 화장실을 사용하는 방법은 두 가지가 있다. 화장실을 계속 늘리는 것과 아니면 화장실에 들어와도 문제가 되지 않는 인간관계를 만드는 것이다. 현대사회는 화장실을 계속 늘리는 방식, 즉 사적 공간을 끊임없이 만드는 방향으로 가고 있다. 이런 변화의 방향은 건축을 넘어 도시까지 확장된다. 현대 도시는 사적인 공간으로 가득하다. 앞서 말했듯이 공간적으로 자가용은 밖에서 안을 볼 수 없고 함부로 들어갈 수 없는 작은 방 같은 사적 공간이다. 과거에 사적 공간과 공적 공간의 중간적 성격이었던 골목길에는 자동차가 주차되어 있다. 자동차가 차지하는 도로와 주차장이 넓어진다는 것은 도시 내에 사적 공간이 차지하는 비율이 높아진다는 것을 의미한다. 같은 면적의 집에서 화장실이 차지하는 비중이 높아지면 반대로 거실 같은 가족의 공공 공간은 줄어든다. 우리는 도로 면적이 넓어지는 것이 효율적이고 빠른 도시로 진화하는 길이라고 여겨 왔다. 하지만 도로가 넓어지고 자가용이 많아지면서 실제로는 사적인 공간이 넓어졌을 뿐 우리가 쓸 수 있는 공적인 정주 가능 공간은 줄어들어 왔다. 제한된 도시 공간에서 윤택한 삶을 살기 위해서는 이 시대에 맞는 사적 공간과 공적 공간의 황금 비율을 찾아내야 한다.

중학생과 편의점

편히 쉴 수 있는 공간의 부족은 청소년들의 삶에도 영향을 미친다. 중학교 2학년인 둘째 아들은 저녁에 학원 마치고 돌아오는 길에 편의점에서 친구들과 놀다가 늦게 들어와 엄마에게 꾸중을 듣곤 한다. 중학생들은 왜 편의점을 찾는가? 요즘 학생들은 항시 감시를 받으면서 살기 때문이다. 예전에는 선생님과 학부모가 많아야 일 년에 한두 번 만났다. 학교와 가정의 공간이 분리되어 있었기 때문에 공간적으로 자녀 세대의 자유와 독립이 가능했던 시절이다. 요즘은 아이들이 학원에 5분만 늦어도 학부모에게 문자가 도착한다. 학원은 고객인 학부모들과 공조하여 전방위로 학생을 감시한다. 텔레커뮤니케이션의 발달로 아이들은 공간적으로 부모로부터 벗어날 수 없게 되었다. 마치 1990년대에 삐삐가 보급되면서 직장인들이 상사에게 더 시달리게 된 것과 일맥상통한다. 핵가족 형태도 청소년에게는 불리한 구조다. 대가족 집안에서는 부모가 자녀를 야단치면 조부모가 옆에서 말려 주고 견제해 주었다. 권력 구도가 견제 가능한 순환형 3권 분리 체계였다. 반면 지금은 부모/자녀 양강 대립 구도다. 요즘은 부모 중 한 명이 자녀를 야단칠 때 다른 한 명이 말리면 부부 싸움만 난다. 아이들에게 학교, 학원, 집 모두 부모 감시하의 공간인 것이다. 청소년에게는 감시에서 벗어난 사적 공간이 필요하다. 그래서 대학생이 스타벅스에 가듯 10대들은 편의점에 간다. 천 원에 과자 한 봉지를 사면 편의점에서 친구들과 놀 수 있기 때문이다. 게다가 편의점은 점원과 CCTV 덕분에 안전하다. 중학생들의 가벼운 주머니 사정으로 자신들만의 안전한 공간을 가질 수 있는 곳이 바로 편의점이다. PC방도 이들의 용돈 내에서 빌릴 수 있는 공간이다. 1,500원가량이면 한 시간 동안 PC방을 전세 낼 수 있다. 학원과 집에서 그들만의 사적 공간을 가질 수 없는 아이들은 PC방이나 편의점에 삼삼오오 모여 부모의 감시를 벗어난 자신들만의 공간을 구축하고 있다.

가격대별로 누릴 수 있는 사적 공간

현실 세계에서 공간을 완전히 소유할 수도 없고, 공부로 일등을 할 수도 없는 청소년들은 점점 게임 속 사이버공간으로 내몰리고 있다. 지금은 작디 작은 스마트폰 스크린 속 공간으로 숨고 있다. 이런 안타까운 현실을 보면 차라리 30년 전 학교에서 밤 10시까지 붙잡혀 있던 야간 자율 학습실이 그리울 정도다. 지금 생각해 보면 야간 자율 학습실은 청소년기에 공식적으로 부모를 떠나 있을 수 있게 해 준 우리들만의 거실이었다. 우리나라에서 비용 대비 공간을 빌리는 순서는 가장 저렴한 편의점부터 PC방, 카페, 노래방, 모텔 순서다. 우리의 주거 공간에 사적 공간이 부족하기 때문에 청소년은 편의점과 PC방으로 가고 대학생은 카페와 모텔로 가고, 직장인은 차를 산다.

툇마루 계단실

현대 도시가 삭막한 이유 중 하나는 도시의 건물에 중간 지대 역할을 하는 '사이 공간'이 없어서다. 사이 공간이란 한옥의 처마 아래 툇마루 같은 공간을 말한다. 툇마루는 방 안에 있는 사람이 신발을 신지 않고 외부 공간으로 나올 수 있는 곳이다. 비오는 날 우리는 처마 밑 툇마루에서 비를 피하면서 외부 공간을 즐길 수 있었다. 우리나라의 경우 집의 내부 공간과 외부 공간은 신발을 신느냐 벗느냐로 나뉜다. 신을 벗으면 실내, 신으면 외부다. 그런데 툇마루는 신발을 벗었지만 동시에 바깥 공기에 접하는 공간이다. 내부와 외부 두 가지 성격을 다 가지고 있다고 말할 수 있다. 마당 주변으로 있는 사이 공간인 툇마루와 대청마루 덕분에 마당에 서 있어도 따뜻한 느낌을 받게 된다. 현대 도시에서 이 사이 공간의 역할은 발코니가 한다. 발코니에 널린 빨래나 그 위에서 쉬는 사람들의 풍경이 도시의 얼굴을 따뜻하게 해 준다. 그러나 우리나라의 경우에는 '발코니 확장법' 때문에 발코니가 멸종됐다. 그래서 더 이상 건물의 표정이 없다. 마스크를 쓴 사람 얼굴 같은 유리창만 있다.

이런 문제를 해결할 간단한 방법 하나를 소개하고자 한다. 최대한의 공간 확보를 위해서 발코니의 실내화가 불가피하다면 저층 근린 생활 건물의 경우 계단실이라도 벽 없이 개방시킬 것을 제안해 본다. 빌딩이 상자같이 답답한 이유는 정문으로 들어가면 건물의 어느 부분도 거리와 접하지 않기 때문이다. 그러나 만약 계단실을 개방한다면 사람이 계단 위에 앉아 바람 쐬며 쉴 수도 있고 계단참이 발코니나 테라스가 될 수도 있다. 그리고 계단 위 사람들의 모습 덕분에 비로소 건물은 거리와 소통하게 된다. 이렇게 외기에 열린 계단실은 '수직의 골목길'이 될 것이다. 계단실을 개방하면 2개 층 이상을 사용하는 사람들이 추운 날 층간을 이동할 때 대청마루를 건너는 정도의 불편이 있겠지만, 그 정도 불편을 제외하면 개방형 계단실은 도시의 풍경을 좋게 만들고 생활 공간을 확장할 수 있는 간편한 방법이다. 건축주들은 한번 고려해 보면 좋겠다. 신축 시 개방형 계단실은 공사비도 줄여 줄 것이다.

1인 가구와 단기 임대 주거

1인 가구가 늘어나는 것은 우리나라 부동산 지도를 바꿀 것이다. 해방 이후 우리나라의 근대화와 더불어 부동산에 불변의 법칙이 하나 생겼다. 학군이 좋은 곳이 집값이 비싸다는 것이다. 불과 얼마전까지만 해도 일반적인 국민은 서른 살을 전후해 결혼을 했고 아이를 한두 명 낳고 아이 학교 근처에 뿌리를 내리고 살아왔다. 특별히 주거 이동이 많

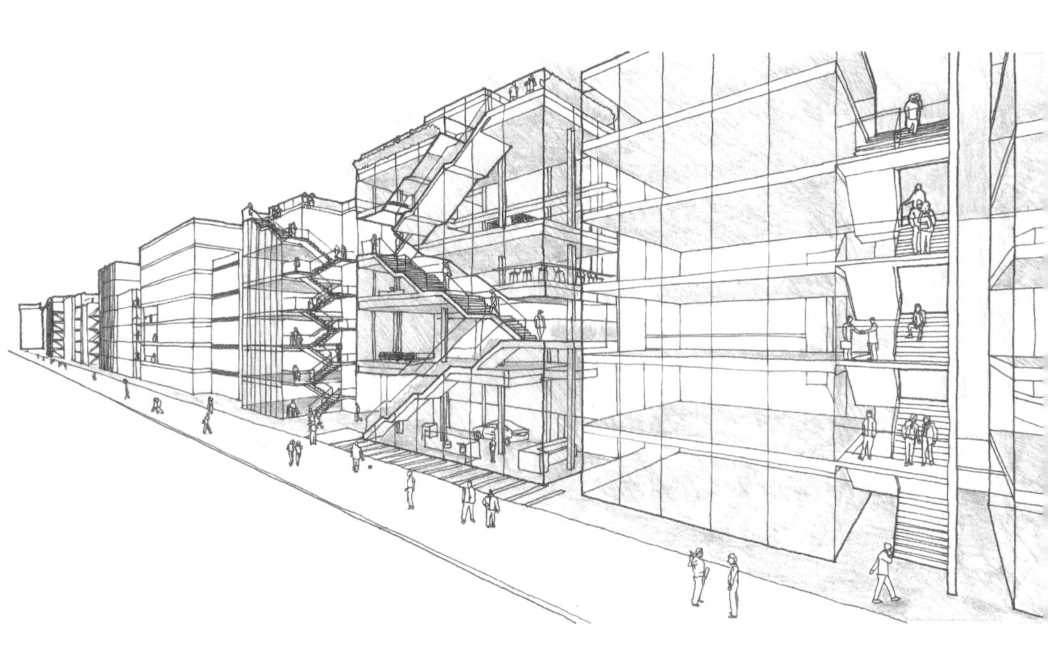

툇마루 계단실의 모습. 계단실을 개방하면 계단참은 발코니나 테라스가 될 수 있다.

은 직업을 갖는 경우를 제외하고는 아이들이 학교를 다니는 중에는 이사를 자제하는 것이 통상적인 삶의 형태였다. 그래야 아이들의 교우 관계와 인격 형성에 도움이 된다고 생각했기 때문이다.

그런데 만약에 비혼으로 혼자 살고 더 이상 아이를 가지지 않는 사람이 많아지는 사회라면 어떻게 될까? 사람들은 더 이상 한 곳에 오랜 기간 살 필요가 없어진다. 우리나라 전세 계약의 일반적인 기간은 2년이다. 2년 단위로 계약해도 별 문제가 없을 정도로 우리의 삶은 정적이었다. 그런데 1인 가구가 늘어나면서 지금은 그런 추세가 변하고 있다. 최근에 호황을 누리는 '셰어하우스' 사업을 보면 계약 기간이 자유다. 사무실도 연 단위가 아니라 달 혹은 주 단위로 계약하는 단기 임대가 늘어나고 있다. 인테리어와 가구까지 다 완비되어 있는 곳에 옷이나 컴퓨터만 가지고 가면 되는 집과 사무실로 바뀌고 있다. 단기 임대가 늘어나고 더 이상 자녀들의 학교에 얽매이지 않는다면 집에 대한 우리의 의식은 많이 바뀔 것이다. 그런 세상이 오면 사람들은 어쩌면 6개월은 금호동 옥탑방에 살다가, 한 2개월은 도곡동 타워팰리스의 펜트하우스에서 방 하나를 빌려 살아 보다가, 봄철 3개월은 마당이 있는 어느 주택에서, 휴가 기간에는 로마에 있는 아파트를 빌려서 살 것 같다. 지금은 이러한 삶의 형태를 가진 사람이 적지만, 지금 추세로 1인 가구가 늘어나고 부동산 임대 시스템이 그쪽으로 편리하게 바뀐다면 아마도 더 많은 사람이 집을 소유하기보다는 빌리는 식으로 바뀔 것이다. 사실 우리가 이렇게 한 곳에 오랫동안 정착해 살기 시작한 것은 농사를 짓기 시작한 9천 년 전부터고, 아이들이 초등학교에

꼭 다니기 시작한 것도 백 년 남짓한 삶의 형태다. 그 이전에는 수십만 년 동안 수렵 채집을 하면서 이동하면서 살았던 게 인간이다. 지금의 디지털 유목민 같은 삶이 유전적으로는 더욱 맞는 삶의 형태인지도 모른다. 가까운 미래에는 굳이 비싼 동네에 집을 소유하기보다는 그 공간을 잠깐 경험해 보는 것으로 만족할지도 모르겠다. 우리는 이미 소유보다는 그냥 인스타그램 사진을 많이 남기는 것이 더 중요한 세상에 살고 있지 않은가? 경험을 하고 사진으로 남기는 것을 중요하게 생각하는 이 시대에 어쩌면 한 집에서 몇 년씩 사는 것은 어울리지 않는 삶의 형태일지도 모른다.

4장

쇼핑몰에는
왜 멀티플렉스 극장이
있는가

도시와 익명성

현대 도시는 어쩌면 인류 역사의 엄청난 성취일 것이다. 역사를 통틀어 이렇게 고밀화되고 빠르게 움직이고 재미난 것이 많은 세상을 구축한 적이 없다. 이는 정치사회적으로 안정되어 있어야 가능할 뿐 아니라 기술적으로도 각종 상하수도 시스템, 전기 시스템, 교통 시스템 등이 받쳐 주기 때문에 가능한 일이다. 그렇기에 현대 도시는 인류 문명의 성취를 보여 주는 결과물이다. 그런데 현대 도시의 찬란한 성과 뒤에는 어두운 그림자도 함께 만들어졌다. 자본은 점차 대형화되어 가고 그에 따라 건축할 수 있는 건물의 크기도 점점 커져 갔다. 반면 사람의 크기는 그대로니 우리는 상대적으로 스케일scale 면에서 점점 더 소외감을 느끼고 있다. 교통수단은 점점 더 빨라지는데 걸음걸이나 달리는 속도는 그대로인 인간은 주변의 빠른 속도에 비해 상대적으로 더 느려지고 주눅이 든다. 인간 몸의 진화 속도는 멈추어 선 것처럼 보이는데 주변 환경이 커지고 빨라지기 때문에 사람들은 더욱 괴리감을 느끼는 것이다. 물론 내가 자동차를 탈 때는 빨리 이동할 수 있기 때문에 내 능력이 향상된 것처럼 느끼게 되지만 자동차 옆을 걷고 있는 사람 입장에서는 차이가 더 커질 뿐이다. 사회경제적 시스템이 점점 발달할수록 모든 사람은 대체 가능한 존재가 되어 간다. 점점 소립자가 되어 가는 것이다. 하나의 기계처럼 잘 돌아가는 도시 조직 내에서 인간은 소외될 수밖에 없다. 이 도시는 내가 없어도 굴러가는 것처럼 느껴진다.

하지만 이러한 부정적인 부분만 있는 것은 아니다. 도시의 규모가 커질수록 인간은 소외되지만 동시에 익명성에 따른 자유를 얻기도 한다. 과거 농경 사회에서는 한 사람이 태어나서 죽을 때까지 반경 10킬로미터를 벗어나지 않았다고 한다. 그렇다 보니 마을 사람들은 서로 다 아는 사이였다. 이런 작은 마을에서는 일거수일투족이 감시를 당하고 뉴스거리가 될 수 있다. 반면 지금의 도시민들은 어디를 가든 내가 모르고 나를 모르는 사람들에게 둘러싸여 있다. 그래서 우리가 해외여행을 가서 느끼는 그런 편안함이 일상 속에 있는 것이 사실이다. 누군가는 이런 모습을 '군중 속의 외로움'이라고 했지만, 사실 이는 '군중 속의 자유'이기도 하다. 1980년대에 우리가 아파트로 이사 갔던 큰 이유 중 하나는 주부가 문을 잠그고 외출하는 게 가능했기 때문이다. 이는 다른 말로 하면 내가 집에 있으나 없으나 무슨 일을 하든지 주변인들이 간섭하지 않는 자유를 가졌다는 뜻이다. 그게 우리의 도시 생활이다.

공공의 적, 상가 건물

인구가 늘고 고밀화되면 아파트 형식의 고층 주거는 피할 수 없는 선택일지도 모른다. 하지만 아파트를 만들면서도 도시를 더 낫게 만들 수 있는 디자인은 얼마든지 있다. 현재의 아파트 디자인의 문제점 중 대표적인 것은 대규모 단지화다. 좀 더 정확하게 말하면 대규모 단지가 되면서 만들어지는 담장이 문제다. 새로 재개발된 아파트 단지를 보면 자동차는 모두 통합된 지하 주차장으로 들어가 있다. 지상에는 오로지 보행자와 녹지만 있다. 얼핏 보면 아주 살기 좋은 모습이다. 하지만 문제는 이 아파트 단지를 둘러싸고 있는 담장이다. 아래 사진에서 보는 이 아파트 단지의 북측 담장은 길이가 6백 미터 정도 되는데, 그중에서 유일한 입구가 지하 주차장으로 들어가는 입구다. 나머지는

아파트 단지를 둘러싸고 있는 담장

모두 담장이다. 이는 아파트라기보다는 성에 가깝다. 단지에 살지 않는 일반 시민들이 관통해서 걸어가기에는 불가능한 철옹성이다. 6백 미터의 인도는 입구가 없기 때문에 사람들이 걷고 싶어지지 않는다. 필자의 책 『도시는 무엇으로 사는가』의 첫 장에 나오는 내용을 잠깐 소개하겠다.

사람이 어떤 거리를 걷고 싶은 마음이 들려면 거리의 '이벤트 밀도'가 높아야 한다. 이벤트 밀도란 1백 미터를 걸어가면서 내가 선택해서 들어갈 수 있는 가게 입구의 숫자다. 서울의 유명한 거리 다섯 개를 조사해 본 결과 우리가 보통 걷고 싶다고 하는 거리에는 1백 미터당 30개 이상의 선택 가능한 가게 입구가 있다. 다양한 가게 입구의 숫자는 마치 다양한 TV 채널의 숫자와 비슷하다. 나에게 다양한 선택권이 주어진다는 것은 나에게 권력이 주어진다는 것이다. 또 다양한 가게가 있으면 나는 그 거리에 여러 번 가도 매번 다른 경험을 할 수 있다. 경우의 숫자는 가게 입구가 늘어날수록 기하급수적으로 늘어난다. 집에서 1백 개 넘는 TV 채널을 돌려 본 사람들은 안다. 과거에 비해 많은 채널이 있지만 예나 지금이나 볼 만한 채널은 별로 없다. 그래서 밤에 퇴근 후 TV를 켜면 재미난 방송을 찾으며 채널을 계속 돌린다. 그러다가 어느 순간 그 변화 자체가 재밌어지는 경험을 해 보신 분들이 있을 것이다.

거리를 걷다가 만나는 가게의 변화는 바뀌는 TV 채널과 마찬가지다. 명동이나 신사동 가로수길을 걷는 것은 마치 2.5초당 한 번씩 채널이 바뀌는 것과 비슷하고 테헤란로는 11초당 한 번씩 채널이 바뀌는

원스톱 쇼핑이 가능한 아파트 단지 코너의 상가 건물

것에 비유될 수 있다. 당연히 가게 입구가 많은 곳이 다채로운 경험을 주는 걷고 싶은 거리가 된다.

그런데 6백 미터에 입구가 하나, 그것도 주차장으로 들어가는 입구라면 그 거리는 당연히 걷고 싶지 않은 거리가 된다. 왜 이런 담장이 만들어졌을까? 이유는 아파트 단지 코너에 원스톱 쇼핑이 가능한 '상가' 건물이 있기 때문이다. 보통 지하철역과 가까운 쪽에 상가가 배치된다. 약 5층 정도 높이의 상가 건물 안에는 각종 식당, 병원, 약국, 미장원, 카페 등이 모두 들어가 있다. 이 상가에 한번 들르면 만사가 해결된다. 여기서 밥 먹고 차 마시고 머리 자르고 병원도 간다. 그러다가 다른 사람을 만날 일이 있으면 지하 주차장에 가서 차를 타고 다른 동네의 아파트 단지 상가로 가면 된다. 그러다 보니 길거리에는 점점 자동차가 늘어난다. 자동차가 늘어나면 도로 교통 전문가는 자동차 도로를 더 넓게 많이 만들어야 한다고 주장한다. 그리고 건축 심의 관계자는 건물을 신축할 때 더 많은 주차장을 만들라고 요구한다. 도시가 점점 커지지만 사실은 그 안의 많은 부분은 자동차를 위한 도로와 주차장이 차지하고 있다. LA 같은 경우는 전체 도시 연면적[5]의 절반가량이 자동차와 관련된 면적이라는 이야기가 있을 정도다. 그러니 우리는 항상 공간 부족에 시달리며 사는 것이다. 이러한 현상은 최근 들어 점점 더 심해지고 있다.

쇼핑몰에 멀티플렉스 극장이 있는 이유

얼마 전에는 국내 최대 규모의 쇼핑몰이 하남시에 생겼다. 그뿐 아니다. '동양 최대', '국내 최대', '서울 최대' 크기를 자랑하는 쇼핑몰 광고 문구를 자주 보게 된다. 이러한 것들 모두 우리 생활을 편리하게 해 주는 건축 장치다. 1970년대 아파트 상가에서 시작된 원스톱 쇼핑의 요구는 결국 이런 초대형 몬스터를 만든 것이다. 문제는 이러한 쇼핑 시설에 가려면 자동차를 타고 가야 한다는 것이다. 자동차를 타고 대형 쇼핑몰에 가는 것이 우리의 일상이 되었다. 그런 도시 구조가 되다 보니 자동차 회사와 대형 유통 회사가 돈을 많이 버는 구조가 된 것이다. 결국 우리가 만든 도시 구조가 그러한 기업들만 키워 주는 구조라는 이야기다. 여기서 '골목길 상권을 살리자' 같은 정치적인 이야기를 하

대형 쇼핑몰의 멀티플렉스 극장

고 싶은 게 아니다. 우리가 선택한 라이프스타일이 그런 도시 공간 구조를 만들어 내고, 우리에게 선택권이 없는 한 방향으로 도시가 진화하게 만들었다는 점을 상기시키고 싶은 것이다.

이런 시스템은 건강하지 못한 시스템인데, 여기에는 여러 가지 이유가 있다. 첫째, 엄청난 에너지를 소비하는 공간 시스템이다. 과거처럼 외부 공간인 길을 따라 가게가 배치되어 있는 구조라면 냉난방을 하는 공간은 가게 내부로 제한된다. 그런데 지금은 백화점과 쇼핑몰의 복도까지 냉난방을 해야 한다. 또 자동차를 타면서 소비하는 에너지도 많다.

둘째, 우리 삶에서 자연을 빼앗아 간다는 점이다. 우리는 지금 대부분 실내에서 생활한다. 집에서 나와 실내 주차장으로 내려가 거기 세워져 있는 자동차 실내로 들어갔다가 다시 사무실의 지하 주차장에 내려서 사무실로 올라간다. 비오는 날 우산 없이도 비 한 방울 안 맞고 지낼 수 있다. 더운 여름에도 땀 흘리지 않을 수 있고 추운 겨울에도 코트 없이 지낼 수 있게 편리하게 만들어진 도시 속에 살고 있다. 모든 공간이 인공적으로 조절된 공간에서 지낸다는 것은 자연으로부터 격리되어 있다는 것을 말한다. 여름철에 땀 안 나게 시원한 에어컨 바람이 나오는 방에서 지내다가 땀을 흘리려고 다시 사우나를 찾는 것이 우리다. 우리가 지금 등산을 자주 가고 골목길 상권을 찾는 이유는 이런 자연이 있는 외부 공간에 대한 그리움 때문일 것이다.

대형 쇼핑몰에는 변화하는 자연이 없다 보니 사람을 끌어들이기 위해서는 계속해서 변화를 만들어야 한다. 그래서 쇼핑몰은 몇 년에 한 번씩 대대적인 인테리어 리모델링을 한다. 그리고 더 잦은 변화를

미디어

자연

위해 수시로 변화하는 콘텐츠인 멀티플렉스 극장을 도입한다. 계절이 바뀌는 대신 상영하는 영화를 바꿔 주는 것이다. 서울의 대표적인 쇼핑몰인 코엑스몰에는 메가박스가 들어가 있다. 요즘에는 그것도 부족해서 대형 서점이나 도서관을 유치하거나 만든다. 코엑스몰에는 영풍문고가 있고 최근에는 '별마당 도서관'을 만들었다. 쇼핑몰에 대형 서점이나 멀티플렉스 극장이 필요한 것은 변화하는 자연이 없기 때문이다. 현대사회의 공간적 특징은 "변화하는 미디어가 자연을 대체하고 있는 것"이라고 한마디로 요약할 수 있다.

다도해 같은 도시

또 이 시스템이 건강하지 못한 가장 큰 이유는 도시 공간의 단절이다. 우리는 언제부턴가 어느 동네가 부자 동네고 어느 동네가 집값이 싼 동네인지 구분하기 시작했다. 이러한 지역적인 차이는 점점 더 세분화되고 있는 추세다. 처음에는 강남과 강북으로 나뉘더니, 이제는 강남 지역도 강남구, 서초구, 송파구로 나뉘고, 그 안에서도 논현동, 청담동, 잠원동, 압구정동 등으로 세분화된다. 같은 동 안에서는 아파트 단지별로 나뉜다. 서울이라는 도시는 마치 다도해처럼 여러 개의 섬으로 나누어진 것 같다. 그 섬과 섬 사이를 자동차를 타고 이동하는 셈이다. 공간적인 관점에서 보면 이렇게 나누어지게 된 이유는 우리가 자동차나 지하철로 이동하고 있기 때문이다. 자동차나 지하철을 타면 실내로 들어갔다 나오게 되어 경험이 단절된다. 경험이 단절되면 동네는 나뉘게 된다. 그래서 도시는 지하철역에 따라 구분된다. 이를 피하려면 경험을 연속되게 해 주어야 하는데, 걷는 것이 가장 좋은 방식이다. 우리가 유럽 여행을 갈 때 비행기를 타고 파리에서 로마로 가는 것과 기차를 타고 가는 것은 완전히 다르다. 그 이유는 비행기를 타는 일은 중간 풍경은 보지 못하고 이 공항에서 떠서 다음 공항에 내리는 경험이고 기차를 타면 계속해서 내 눈높이에서 주변을 보며 이동하기 때문에 기후나 풍경이 변화하는 과정을 느낄 수 있기 때문이다. 마찬가지로 우리가 하나가 되기 위해서는 우선 공간이 하나가 되어야 한다. 그러기 위해선 걷기 중심으로 공간이 연결되어야 한다. 우리는 지역별로 너무 나뉘는 것을 해결하기 위해 자동차 번호판에서 지역 이름을 지우고, 주소 체계도 도로명 주소로 바꾸었다. 하지만 이는 근본적인 해결책이 아니다. 그렇다면 어떻게 해야 할까?

'배달의 민족'이 바꾸는 도시

도시가 좋은 이유는 사람이 모여서다. 도시의 어디에 사람이 모이는가? 가게가 있는 곳에 모인다. 가게는 불특정 다수가 갈 수 있는 공간이다. 도시가 좋아지려면 성공적 상업 가로, 미술관, 공원 같은 불특정 다수가 갈 수 있는 장소가 많아져야 한다. 그중에서도 상업 가로는 외부 공간과 실내 공간이 적절하게 어우러진 공간으로, 도시만이 제공하는 특별한 공간이다. 도시를 활력 있게 만드는 상업 공간을 어디에 어떻게 배치하느냐가 그 도시 공간의 성격을 결정한다. 저층의 선형으로 적절하게 분포된 상업 공간이 도시를 걷고 싶게 만든다. 문제는 우리의 경제활동은 무한하지 않다는 점이다. 한 사람이 하는 경제행위는 제한적이기에 우리가 사는 전체 도시 공간에서 상업 공간은 극히 일부분이다.

우리나라는 많은 비율의 상업 활동이 온라인에서 이루어지고 있다. 이 말은 우리 도시에서 가게의 많은 부분이 사라지고 있다는 의미다. 그나마 남아 있는 가게들은 식당뿐이다. 그래서 우리 사회에서 요리사들의 위상이 높아진 것이다. 백종원 씨는 이제 요리사라기보다는 부동산 개발업자다. 그의 프랜차이즈 식당들이 들어가는 지역은 새로운 상권이 형성되고 땅값이 올라간다. 하지만 이런 식당들도 곧 많이 사라질 것이다. '배달의 민족'이 너무 열심히 일하기 때문이다. 배달 앱은 우리나라 도시의 풍경을 바꿀 것이다. 만약에 음식점 매출의 절반 이상이 배달로 이루어진다면 가게가 굳이 비싼 임대료를 내고 1층에 위치할 이유가 없어진다. 배달 중심의 가게는 면적이 클 필요도 없고 지하실이나 3층에 임대를 얻을 수도 있다. 그렇게 되면 1층 가로에서 볼 수 있는 재미난 가게들은 더 줄어든다. 필자가 즐겨 시켜 먹던 홍대 앞 중국집은 알고 보니 배달만 하는 곳으로, 지하에 위치하고 있었으며 앉는 자리는 없이 부엌만 있었다. 이렇게 가게들이 지상층에서 줄어들면 도시는 더욱 삭막해지고 자동차 중심의 거리만 더 많아질 것이다. 인구 천만 도시 서울에서도 주거와 사무실을 제외한 소비, 상업 용도의 연면적이 차지하는 비율은 몇 퍼센트 되지 않는다. 그렇다 보니 한 곳에 쏠리면 다른 곳은 죽게 되어 있다. 얼마 안 남은 상업 시설을 잘 써야 우리 도시가 소통이 잘되는 도시가 될 것이다.

점 대신 선으로

이상적인 도시를 만들려면 5층짜리 상가를 분해해서 거리에 길게 늘어선 단층짜리 연도형 가게를 배치해야 한다. 연도형 가게들은 거리에 활기를 주고 사람들을 걷게 만들어 도시를 살리는 '무기' 중 하나다. 그런데 현재는 그런 가게들을 상가라는 한 '점'에 모아 놓았기 때문에 사람들은 걷지 않고 자동차를 타고 한 '점'에서 다른 '점'인 상가 건물로 이동한다. 이렇듯 대형 아파트 상가 건물은 도시를 '점조직'으로 만들고 있다. 도시에 필요한 것은 '점'이 아닌 '선'이다. 선형으로 상업 가로가 조성되어야 사람들이 걸으면서 다른 지역으로 이동할 것이다.

롯데타워 조감도

현대차 GBC 사옥 조감도

강남구 논현동에서 선형의 가게를 따라 걷다 보면 옆 동네 청담동이 나오고 거기서 또 걷고 싶은 거리를 따라 걷다 보면 어느덧 강 건너 왕십리까지도 갈 수 있는 도시가 아름다운 도시다. 그리고 이렇듯 지역 간 차이와 경계 없이 하나로 소통되는 도시가 있는 사회가 살 만한 사회일 것이다. 하지만 안타깝게도 현대 도시는 반대로 대형 유통 회사와 자동차 회사에 유리한 공간 구조를 갖고 있다. 우리나라에 현재 지어졌고, 지어지고 있는 백 층 넘는 건물은 대형 유통 회사를 소유한 롯데 그룹과 자동차 회사인 현대차 사옥이다. 이 두 개의 초고층 타워는 자동차 중심의 이동과 상업 시설의 대형화에 길들여진 우리의 도시 공간이 만들어 낸 것이다.

핫플레이스의 변천과 스마트폰

얼마 전 "요즘 사람들은 왜 북촌 같은 골목길 상권으로 많이 갈까요?"라는 질문을 받았다. 그렇다. 필자가 대학 다닐 때만 하더라도 핫플레이스는 코엑스몰 같은 곳이었다. 당시 코엑스몰은 에어컨이 가장 잘 나오는 곳이었고, 기억하기로는 화장실에 휴지가 걸려 있는 유일한 상가이기도 했다. 하지만 지금의 핫플레이스는 골목이 있는 신사동 가로수길이나 경리단길, 익선동 같은 곳이다. 왜 그럴까? 사람은 본능적으로 오락적 자극을 찾는다. 필자가 어렸을 적에는 자연 공터에서 잠자리나 물방개를 잡으며 뛰놀았던 기억이 있다. 그러다가 TV 시청은 저

익선동 골목길. 요즘 서울의 핫플레이스는 골목길이다.

녁 6시에 나오는 만화영화 보는 게 고작이었다. 세월이 흘러 공터는 줄고 대신 영상 매체의 볼거리는 많아지면서 사람들은 점점 더 모니터 앞에서 많은 시간을 보내게 되었다. 결국 변화하는 모니터를 바라보면서 우리 뇌를 자극하는 시간이 더 많아진 것인데 문제는 이런 영상 매체로 자극을 받다 보면 우리는 점점 더 자연으로부터 멀어지게 된다는 점이다. 골목을 살펴보자. 골목에는 우선 자연이 항상 있다. 골목길과 복도는 둘 다 사람이 걸어 다니는 길이지만 차이점은 골목에는 항상 변화하는 하늘이 있고 복도에는 늘 똑같은 형광등만 있다는 점이다. 골목 상권에서는 몇 발자국만 걸어도 작은 가게들이 줄지어 나타난다. 변화의 밀도가 높다. 옷 가게와 구두 가게에서 구경하면서 물건을 사기도 하고, 배가 고프면 식당에서 음식을 먹을 수도 있고, 피곤하면 카페에 앉아 쉴 수도 있다. 게다가 자연인 하늘을 계속 볼 수 있다. 그뿐 아니라 젊은이들은 거리에 나가면 다른 이성을 접할 기회도 높아진다. 본능적으로 붐비는 곳에 갈 수밖에 없는 것이다.

그럼 혹자는 "골목은 예전에도 그랬는데 왜 지금 찾아가는 사람이 많아졌는가?" 하고 반문할 것이다. 우선은 우리의 주거 형태가 마당이 있는 주택에서 아파트로 바뀐 것이 결정적인 이유다. 우리는 삶에서 외부 자연을 느낄 수 있는 시간이 거의 없다. 그러다 보니 현대인은 외부 공간을 경험하기 위해 골목길 상권으로 이동한다. 그리고 또 하나의 결정적인 이유는 '스마트폰'이다. 예전에는 골목 상권에 나오면 실내에서 보는 영상 매체를 포기해야만 했다. 그러나 지금은 스마트폰으로 모든 영상 매체를 장소에 구애받지 않고 즐길 수 있다. 더 이상 답답한 방에 있을 이유가 없어진 것이다. 이처럼 자연에 대한 욕구, 외부 자극, 사람을 만날 수 있는 기회, 스마트폰이 주는 자유가 합쳐져서 최근 들어 사람들이 점점 더 골목길 상권을 찾게 되는 것이다.

사람 중심의 공간, 골목길

사전에서 골목길의 의미를 찾아보면 '큰길에서 들어가 동네 안을 이리저리 통하는 좁은 길'이라고 정의되어 있다. 현대 도시에서 큰길은 자동차 중심의 교통로로 사용된다. 이에 반해 골목길은 비교적 통과 차량이 적고 걸어서 주변 지역으로 이동할 때 주로 사용되는 도로다. 지금처럼 도시화가 이루어지기 전의 강북 골목길은 사람이 정주하는 공간이었다. 동네 주민의 거실이라고 할 만큼 아주머니들이 모여서 콩나물 다듬고 할머니들이 담소 나누는 장소였고, 아이들이 모여서 노는 공간이었다. 골목길은 무엇보다도 '자연이 있는 외부 공간'이다. 하늘이 보이고, 1년 365일 24시간 달라지는 자연을 만나는 공간이었다. 하지만 1970년대 '마이카' 시대가 열리면서 골목길이라는 공간의 성격이 달라지기 시작했다. 통계에 따르면 1969년 10만 대 정도였던 우리나라 자동차 대수가 2014년에는 2000만 대를 돌파했다. 도로공사와 자동차 회사들이 참 열심히 일한 것 같다. 자동차가 길에 쏟아지면서 사람들이 느리게 사용하던 골목길에서 자동차들이 빠르게 움직이기 시작했다. 이뿐 아니다. 우리나라의 주거 문화도 엄청나게 변했다. 마당이 있고 집 옆에는 골목길이 있던 단독주택에서 복도와 계단실이 있는 아파트로 급격히 변했다. 우리의 삶 속에서 골목길은 점차 사라져 가고 있다.

도시 공간이 사람 중심에서 자동차 중심으로 바뀌면서 남아 있는 골목길도 그 성격이 바뀌게 된다. 우선 좁은 골목길에 사람이 걸어 다닐 때는 골목길을 많이 점유하지 않는다. 하지만 자동차는 폭이 약 2미터, 길이가 5미터 정도 된다. 자동차 한 대만 지나가거나 주차되어 있어도 골목길의 공간을 엄청나게 차지하게 된다. 속도 면에서 사람은 시속 4킬로미터로 걷는 반면 자동차는 그보다 열 배는 빠르게 다닌다. 과거 아이들이 엎드려 놀고 숙제하던 골목길 공간은 지금은 뚱뚱한 자동차가 차지하고 앉아 있다. 예전 골목길에는 집주인 이름이 쓰여 있는 문패가 달려 있었고 손님을 반기는 대문이 있었다면 지금은 필로티 pilotis[6] 공간에 주차장만 있을 뿐이다. 골목길은 더 이상 사람이 아니라 자동차가 정주하는 공간이 되었다. 아파트에 사는 우리가 지금 그리워하는 것은 사람을 만날 수 있던 사람 냄새 나는 골목길 같은 공간이다. 그렇다면 그렇게 좋은 골목길을 되찾는 것이 왜 어려울까? 우선 기술적 어려움이 있다. 현재 우리의 도시는 과거에 비해 엄청난 인구가 모여 산다. 그러다 보니 주택 문제와 교통 및 주차 문제, 각종 전봇대와 전선줄 문제 등 해결해야 할 과제가 산적해 있다. 이러한 도시의 일반적인 문제들을 해결하면서 동시에 골목길을 유지하는 일은 너무 어려운 것이 사실이다. 현대 도시의 문제를 해결하는 가장 경제적이고 쉬운 해결책은 기존의 도시 조직을 다 밀어 버리고 대단위 아파트 단지로 재개발하는 것이다. 하지만 그런 해결책으로는 우리가 무언가 잃고 있다는 느낌을 지울 수가 없다. 골목길이 사라지는 것이 왜 그렇게 큰 변화일까? 과학적으로 한번 살펴보자.

교통수단과 도로망 크기

뉴욕, 강남, 로마의 도로망을 우선 평면적으로 비교해 보았다. 뉴욕의 한 블록의 크기는 평균적으로 가로 250미터, 세로 60미터다. 강남의 블록 크기는 가로 800미터, 세로 800미터고, 로마의 경우 가로 80미터, 세로 70미터다. 이 셋의 크기를 비교해 보면 엄청난 차이가 있어 보인다. 블록 가로 한 면의 길이가 로마보다 뉴욕이 3배가량 길고, 뉴욕보다 서울이 3배가량 긴 것을 알 수 있다. 이렇게 다른 크기의 블록이 형성된 것은 당시에 주로 사용하던 교통수단과 밀접한 관련이 있다. 우선 로마가 만들어진 시대는 주로 걸어 다니던 시대다. 시속 4킬로미터로 로마의 한 블록인 80미터를 걸으면 72초가 소요된다. 뉴욕이 만들어진 시대의 주요 교통수단은 마차였다. 따라서 약 시속 20킬로미터 속도의 마차를 타고 뉴욕의 이쪽 사거리에서 저쪽 사거리까지 이동하면 약 45초의 시간이 소요된다. 서울 강남은 자동차 시대에 만들어진 거리니 시속 60킬로미터의 자동차로 다니면 한 블록을 통과하는 데 48초가 걸린다. 도시의 블록 크기는 크게 차이 나지만 시간 거리로 계산하면 블록의 크기는 대체로 1분 내외의 시간 거리 정도다. 우리의 도시는 이렇게 교통수단에 맞춰서 비슷한 시간 거리 규모로 만들어졌다는 것을 알 수 있다.

이제 로마와 서울 은평구의 골목길을 비교해 보자. 우선 같은 거리의 길을 걷는 동안 갈림길이 나오는 빈도를 비교해 보았다. 로마는 136쪽의 그림과 같이 약 650미터를 걷는 동안 갈림길이 나오는 지점이 7개였다. 각 지점 간 평균 거리는 80미터였고 지점 간 평균 이동 시간은 약 70초였다. 같은 방식으로 은평구의 골목길을 조사해 보았다. 약 600미터를 걷는 동안 갈림길이 나오는 지점은 15군데였다. 지점 간 평균 거리는 37미터고 지점 간 평균 이동 시간은 33초다. 은평구의 골목길은 로마의 골목길보다 2배 정도 높은 빈도수로 갈림길이 자주 나오는 것을 알 수 있다. 이 수치는 어떤 의미가 있을까?

풍경의 변화와 걷기의 즐거움

지인 중에 마포구에서 일하는 사람이 있다. 이분은 금요일마다 세 시간 반 정도 걸려서 마포구에서 압구정동까지 걸어서 퇴근하곤 했다. 어느 날 그가 필자에게 "걸어서 퇴근할 때 어느 구간이 제일 힘든지 아는가?"라고 물었다. 그의 대답은 '마포대교 위'가 가장 힘들다는 것이었다. 마포대교를 건너려면 약 20분가량 걸리는데 걷는 내내 정면에

로마와 은평구의 골목길 비교

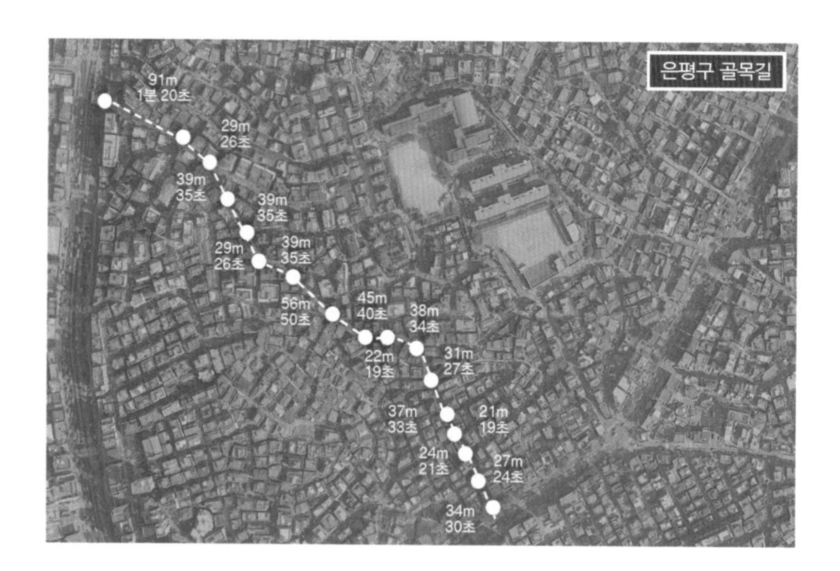

펼쳐진 여의도 풍경이 하나도 안 바뀌어서 지루해서 힘들다는 것이다. 이 이야기에 '우리가 걷고 싶어 하는 거리가 어떤 거리인가'에 대한 답이 있다. 걷고 싶은 환경이 되려면 걸을 때 풍경이 바뀌어야 한다. 그 풍경은 다양한 가게일 수도 있고 샛길로 나오는 다른 길의 풍경일 수도 있다. 그래서 우리는 서울 강남에서는 잘 안 걷게 되어도 뉴욕이나 로마에 가면 즐겁게 걸을 수 있는 것이다. 서울에서도 강북의 북촌이나 삼청동 같은 골목길이 많은 곳을 걸으면 우연한 풍경들이 계속 다양하게 바뀌기 때문에 사람들이 이런 공간에서 걷기를 즐긴다. 우리의 골목길은 로마의 골목길보다 밀도가 두 배나 높은 풍경의 변화가 있는 길이다. 골목길은 사람이 다니면서 자연 발생적으로 만들어진, 사람에게 익숙한 크기와 길이로 나누어진 사람 중심의 길이다.

골목길은 갯벌이다

이번에는 뉴욕, 강남, 로마에 있는 길의 단면을 한번 비교해 보자. 우선 맨해튼 브로드웨이의 단면 좌우에는 17층 정도의 빌딩이 들어서 있다. 이럴 경우 거리의 비어 있는 부분의 단면적은 약 1천 제곱미터 정도가 된다. 한 사람이 차지하는 단면의 면적이 0.7제곱미터 정도라고 본다면 브로드웨이의 공간은 사람의 약 1천5백 배 정도의 크기다. 같은 방식으로 강남 테헤란로를 비교해 보면 사람의 4천 배 정도로 크다. 우리가 테헤란로를 걸으면서 스케일적으로 소외된 느낌이 드는 이

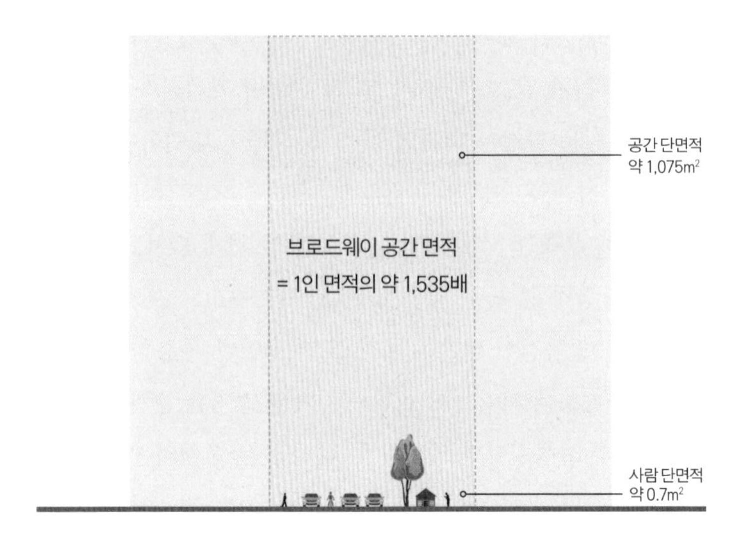

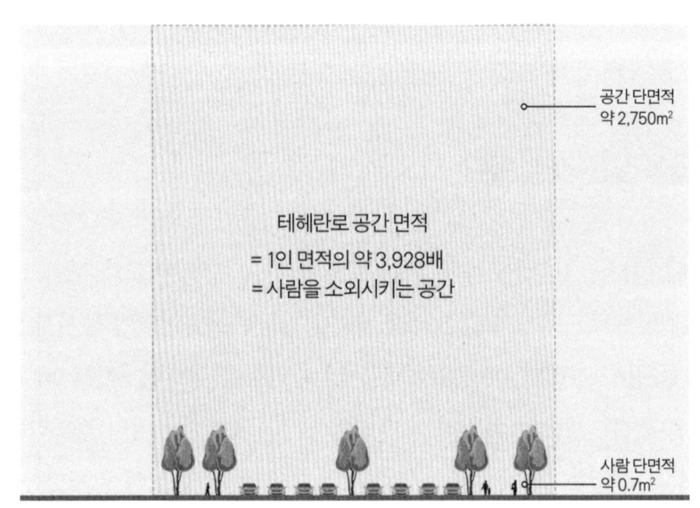

브로드웨이와 테헤란로의 단면적 비교. 테헤란로의 공간은 브로드웨이에 비해 3배 가까이 크다. 테헤란로를 걸으면 소외된 느낌이 드는 이유다.

유가 여기 있다. 로마의 경우에는 사람의 약 130배 크기의 공간 단면을 가진다. 은평구의 골목길은 사람의 약 70배밖에 되지 않는다. 우리가 골목길을 걸을 때는 편안한 느낌을 가지게 되는데 그 이유는 골목길 공간의 크기가 사람보다 그렇게 크지 않기 때문이다. 이런 이유에서 테헤란로를 걸으면 황량한 느낌이 드는 반면, 골목길을 걸으면 심리적으로 건축물이 우리를 포근히 안아 주는 느낌을 받을 수 있는 것이다. 은평구의 골목길은 로마에 비해서 절반 정도의 스케일감을 갖고 있다. 자연 발생적으로 만들어진 우리의 골목길은 사람의 속도에 맞추어진 다양한 체험이 있는 길이고 휴먼 스케일human scale[7]에 가장 가까운 길이라는 것을 알 수 있다.

우리는 어쩌다 보니 이렇게 특별한 골목길의 공간을 얻게 된 것이다. 이는 도시계획자가 만들어 낸 것이 아니다. 구릉 지형에 따라 자연스럽게 형성된 군락에 의해 만들어진 소중한 유산이다. 골목길은 예측 불가능한 다양한 환경이 서식하는 갯벌과도 같은 존재다. 반면 재개발을 통해 지어진 대규모 아파트 단지는 간척지와 같다고 할 수 있다. 우리는 과거 땅을 만들기 위해 갯벌을 메우고 간척 사업을 했다. 지금은 자연의 보고인 갯벌을 메우고 간척지를 만드는 것이 얼마나 우매한 선택인지 알고 있다. 지금 도시에서 갯벌과 같은 골목길이 점차 사라지고 있다. 자연 발생적으로 만들어진 갯벌의 생태계처럼 오랫동안 사람의 생활이 만들어 낸 골목길을 유지하고 보존해야 한다.

그럼 무엇을 유지해야 하는가? 우리는 골목길의 모양을 유지해야 한다. 그 골목길의 모양이 자연 발생적으로 만들어졌으므로 그 모양이

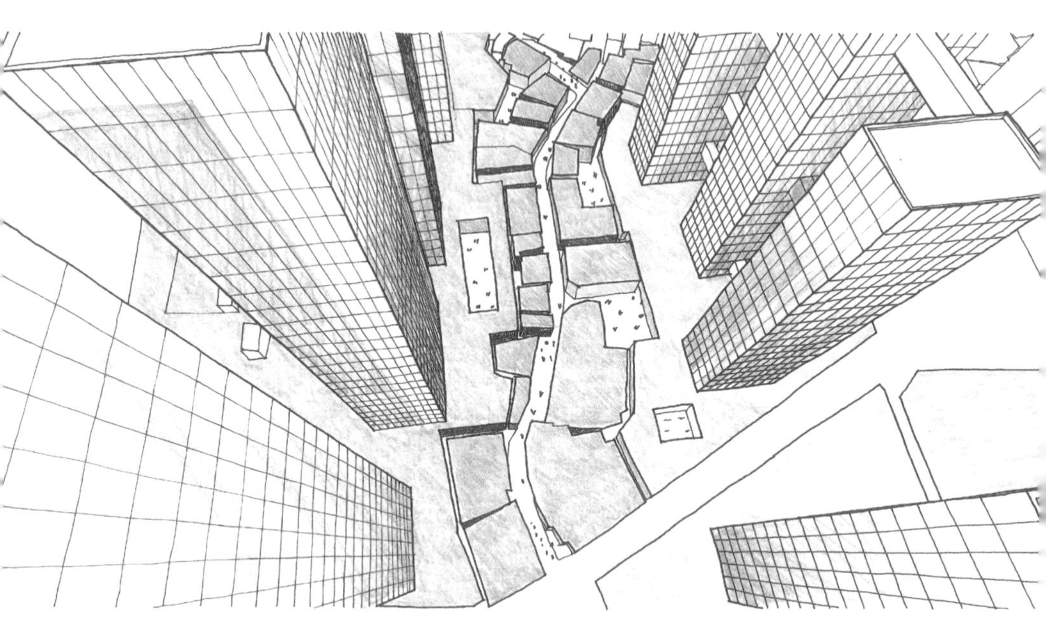

골목길 주변은 단층 건물로 신축하고 그 필지 뒤편에 위치하는 건물은 고층으로 지은 모습. 골목 형태를 유지한 상태에서 재개발하는 좋은 방법 중 하나다.

가치를 가지는 것이다. 재개발을 할 때는 골목길의 모양은 유지한 상태에서 골목길에 접한 건축물들만 적절하게 고층 건물로 신축하면 된다. 혹은 골목길에서 하늘을 많이 바라보게 하기 위해서 골목길 주변은 예전처럼 단층 건물로 신축하고 그 필지 뒤편에 위치하는 건물은 고층으로 짓는 것도 하나의 방법이다. 이때 골목길의 모양만큼 중요한 것은 골목길을 향해 나 있는 가게 입구의 위치와 창문의 위치다. 이러한 입구와 창문의 위치도 유지한 상태에서라면 건물 자체는 신축을 해도 무방하다. 그렇게 하면 예전의 느낌이 나는 골목길을 유지하면서도 동시에 고밀도의 쾌적한 신축 건물을 만들 수 있다. 두 마리 토끼를 다 잡을 수 있는 것이다.

순진한 생각은 버려라

그렇다면 지금 있는 골목길을 그 모양 그대로 유지하고 자동차를 다 없애면 예전의 행복했던 시절로 돌아갈 수 있을까? 그런 순진한 생각은 버려야 한다. 지금 와서 골목길을 유지한다고 해서 〈응답하라 1988〉에 나오는 가족 같은 이웃이 생기지는 않을 것이다. 이언 모리스는 『가치관의 탄생』이라는 책에서 에너지를 취하는 경제 시스템에 따라 가치관이 형성된다고 말한다. 예를 들어 수렵 채집 시대에는 부족이 함께 사냥하고 나누어야 했기 때문에 평등 사회가 만들어졌으며, 농경시대에는 재산 축적이 가능해졌기 때문에 계급사회가 만들어졌다는 식이다. 농경 사회에서는 집단으로 노동을 해야 한다. 모내기나 탈곡을 같이 한다. 그 시절에는 냉장고도 없어서 먹고 남는 것은 나누어 먹어야 했다. 그래야 내가 부족할 때 이웃으로부터 음식을 나누어 받을 가능성이 있기 때문이다. 이런 경제 시스템과 기술 수준에 따라 농경시대의 우리는 이웃과 공동체를 형성할 수밖에 없었다.

우리나라는 1980년대 중반까지는 농경 사회의 영향력하에 있었다. 어렸을 적 함께 살았던 필자의 할머니는 평생 농사를 지었던 분이다. 그러다 보니 서울로 와서도 이웃과 친밀하게 지내셨다. 그러나 현대는 이언 모리스의 분류상 화석연료의 시대다. 이웃집 사람과 나는 다른 직업을 갖고 있다. 남은 음식은 냉장고에 보관했다가 먹어도 된다. 이웃이 굳이 필요하지 않다. 그래서 아침에 아파트 대문 앞의 신문을 주울 때 앞집 사람을 만날까 봐 걱정한다. 엘리베이터에서 다른 층 사람과 마주치는 것도 부담스럽다. 시대가 바뀌면서 사람들은 개인주의적 성향을 더 많이 띠게 되었다. 그래서 골목길이 있는 주택가에 살아도 예전의 농경시대 같은 지역 공동체는 만들어지지 않을 것이다. 현대인에게는 내 신분이 드러나는 골목길보다는 익명성이 보장되는 쇼핑몰이나 공원 같은 대형 공공 공간이 편안하게 느껴진다. 하지만 편안하다고 다 좋은 것은 아니다. 지금의 개인주의적 편안함이 사회의 소통을 막고 있기 때문이다. 필자는 자연이 있는 골목길을 보존한다면 그에 맞는 새로운 21세기형 골목길 문화가 만들어지고 그 문화가 사회를 더 좋게 만들지 않을까 하는 기대를 한다. 그것은 창업하기 좋은 '한국형 실리콘밸리 골목길'일 수도 있고, 한곳에 격리되어서 담장 안에 갇힌 학교 공간이 아닌 골목길을 끼고 있는 대학 캠퍼스나 공립학교가 될 수도 있을 것이다. 그런 새롭고 창의적인 사회적 공간의 플랫폼으로 21세기형 골목길이 만들어지기를 기대해 본다.

5장

더하기와 빼기,
건축의 오묘한 방정식

건축물은 어떻게 살아남는가

리처드 도킨스가 쓴 『이기적 유전자』라는 책이 있다. 이 책은 생명체의 모든 행동을 DNA가 자신이 더 많이 번성하기 위해 결정하는 현상으로 설명한다. 예를 들어 여성이 어깨가 넓은 남자에게 끌리는 것을 다음과 같이 설명한다. 여성의 DNA는 자신의 DNA가 더 많이 증식하기 위해 자신의 DNA를 가진 자녀가 잘 자라야 한다고 판단한다. 그러기 위해서 자녀를 잘 키울 수 있는 환경을 제공할 배우자를 찾는다. 그렇다면 왜 어깨가 넓은 남자에게 끌리는가. 어깨가 넓은 남자는 창을 멀리 던져서 사냥을 잘할 가능성이 높다. 그래서 생존에 유리하며 그렇기 때문에 끌린다는 식이다. 유전 물질 DNA는 데옥시리보스를 가지고 있는 핵산일 뿐인데 도킨스의 이야기를 읽고 있노라면 마치 의식을 가지고 활동하고 있는 것처럼 보인다. 이와 같은 의인화된 시선으로 건축을 바라보면 무기물 덩어리에 불과한 건축물도 마치 의식을 가지고 본인이 철거되지 않고 더 오래 살아남기 위해 그 안에서 생활하는 인간에 맞춰 모습을 바꾸며 진화하는 것처럼 보인다. 우리는 그런 진화 현상을 '리모델링', '리사이클링'이라고 부르고 최근 들어서는 '업사이클링'이라고 부르기도 한다.

업사이클링은 업up과 리사이클링Recycling의 합성어로 좀 더 높은 의미와 가치를 가지도록 재생하는 것을 말한다. 그런데 리사이클링이나 업사이클링은 용어만 새로울 뿐 건축에서는 항상 있어 왔던 일이다. 건축 재료는 사람보다 수명이 길기 때문이다. 몇 년 전 중국 만리장성의 30퍼센트가량이 훼손되었다는 뉴스가 있었다. 그 이유는 주변에 사는 사람들이 만리장성의 벽돌을 빼내어 자신들의 집을 짓는 데 사용하거나 관광객들에게 팔기 때문이라고 한다. 이 같은 일은 르네상스 시대의 로마에서도 일어났다. 4세기 무렵 로마제국이 콘스탄티노플로 수도를 이전하자 고대 수도였던 로마는 버려지다시피 하여 이후 로마제국의 건축물들은 폐허가 되었다. 15세기에 동로마제국이 망하고 난민들이 로마로 다시 돌아오자 로마의 인구는 급증하게 되었고, 이때 돌아온 사람들이 폐허가 된 고대 로마제국 시대 건축물들의 자재를 훔쳐다가 자신들의 건물 신축에 사용하였다. 만리장성이나 로마의 경우처럼 건축에서는 오래된 건축물의 자재가 다른 건축물의 신축에 사용되는 경우가 예부터 있어 왔다. 이는 마치 장기 기증을 통해 다른 사람의 생명을 살리는 것처럼 자신의 몸을 구성하는 재료를 나누어 새로운 건축물을 탄생시키는 것이다.

진화의 몸부림

건축에는 "형태는 기능을 따른다"라는 오래된 화두가 있다. 루이스 설리번이라는 근대건축의 첫 장을 장식한 건축가의 말이다. 이 말은 모든 형태는 특정한 기능을 위해 필연적으로 만들어졌다는 의미다. 우리가 자연을 관찰하면 이 말이 얼마나 잘 들어맞는지 알 수 있다. 기린의 목이 긴 이유는 높은 나뭇가지의 잎을 따 먹기 위함이고, 가자미의 눈이 한쪽 면에 두 개 붙은 것은 포식자로부터 살아남기 위해 바닥에 붙어 살다 보니 눈이 한쪽으로 돌아가서 그렇게 된 것이다. 자연의 디자인은 이렇듯 필연적 이유에서 발생한 결과다. 이는 새로운 디자인을 만들 때 아주 유용한 철학이다. 자동차를 처음 디자인한 사람은 기능적 이유에서 엔진과 네 개의 바퀴를 생각해 냈을 것이다. 비행기의 날개와 프로펠러도 기능적 이유에서 생겼다. 처음 만들어지는 것의 디자인은 이처럼 '기능'에 근거한다.

하지만 건축물에 '시간'이라는 요소가 첨가되면 "형태는 기능을 따른다"라는 명제가 항상 성립되지는 않는다. 런던의 화력발전소로 사용되다 더 이상 쓸모없어져 문을 닫은 건물이 시간이 지나 '테이트 모

테이트 모던의 터빈홀Turbine hall. 커다란 증기 터빈이 있던 자리는 미술관의 전시 공간으로 바뀌었다.

던'이라는 미술관이 되었다. 최초의 테이트 모던은 화력발전소의 형태에 맞게 디자인되었지만 커다란 증기터빈이 있던 자리는 이제 미술관의 전시 공간으로 바뀌었다. 파리의 '오르세 미술관'도 좋은 예다. 원래 기차역으로 사용되던 이 공간은 기차 엔진이 강력해지면서 길어진 객차를 수용하지 못하게 되었다. 기존 플랫폼이 짧아 더 이상 제 기능을 못하게 된 것이다. 애물단지로 전락한 이곳은 사용되지 않고 버려져 있다가 수십 년 후 미술관으로 다시 태어났다. 최초에 건축물을 계획했던 목적과 달리 시대가 변하면서 건축물이 필요 없어질 때가 생기는데, 그때 건축물이 그대로 있으면 철거되고 소멸된다. 하지만 특별한 경우 그 건축물은 그 시대의 필요에 맞게 살아남기 위해 '진화'를 한다. 마치 살아 있는 유기체처럼 말이다. 테이트 모던과 오르세 미술관 모두 주어진 건물 형태에 맞추어 새로운 기능을 덧입은 경우다.

물리적으로 보면 건축물은 돌, 벽돌, 유리 같은 재료로 만든 무생물이다. 그런데 특이하게도 건축물에서 우리가 사용하는 것은 그 무기질 재료 부분이 아닌 그 부분을 제외한 '빈 공간'이다. 빈 공간을 싸고 있는 재료들이 좀 변형되어도 그 안의 빈 공간을 사용하는 데는 큰 문제가 되지 않는다. 그래서 건축물은 다른 물건과는 다르게 사람보다 오랫동안 살아남고 시대에 따라 다른 용도로 변형되면서 다시 사용된다. 건축물 자체를 재사용하는 업사이클링 건축은 시대의 변화에 맞추어 살아남기 위해 '빈 공간'이 진화하는 이야기다.

부활하는 건축 자재

다른 방식의 업사이클링 사례도 있다. 한때 도심 내 공장들과 항구를 연결하던 고가철도가 산업구조가 바뀌면서 더 이상 사용되지 않고 버려지게 되었다. 공장이 떠나고 남은 동네도 슬럼화되었다. 그런데 철거 위기에 놓였던 철로가 시민들의 노력으로 공원으로 바뀌게 되었고 그렇게 해서 만들어진 뉴욕의 '하이라인 파크'는 그 주변 지역을 뉴욕 최고의 관광지로 바꿔 놓게 되었다. 때로는 고가도로가 철거되어 새로운 생명을 불어넣기도 한다. 미국 보스턴 도심을 관통하는 93번 고속도로는 도시경관을 해친다는 이유로 철거되었는데, 이때 나온 철골 재료들은 다른 지역의 주택을 짓는 데 기둥과 보로 사용되었다. 죽은 고가도로가 주택으로 부활한 것이다. 마치 바뀐 환경에 적응하기 위해 자신의 형태를 진화시키는 가자미처럼 업사이클링 건축은 건축물 입장에서 보면 바뀐 환경에서 철거되지 않고 살아남기 위한 진화의 몸부림이다. 그리고 이러한 몸부림의 시간과 사람의 노력은 건축물에 오롯이 남게 된다. 그래서 재생 건축에는 설명하기 힘든 깊은 시간과 노력의 감동이 배어 있다. 파리의 오르세 미술관을 방문하는 사람은 백 년 넘게 역경을 겪고 살아남은 기차역의 공간을 보면서 묘한 울림을 경험한다.

사실 우리가 창조라고 하는 것들은 어차피 완전히 새로운 것이 아닌, 자연에 있는 물질의 재구성일 뿐이다. 우리 인간이 하는 모든 행위는 자연으로부터 잠시 빌려 쓰는 행위다. 그러니 내가 다 쓰고 나면 후손들이 다르게 사용하는 것이 당연하다. 업사이클링도 잠시 빌려 쓰는 행위다. 현재 지구상에는 역사상 가장 많은 인간 개체 수가 있고 모두가 살아남아야 하는 어려운 숙제를 안고 있다. 어느 때보다 나누어 쓰고 다시 쓰는 업사이클링이 필요한 때다. 우리 시대에 태어난 건축물은 다음 시대에 살아남기 위해 어떤 진화의 몸부림을 치게 될지 궁금하다.

제약이 만들어 내는 새로운 건축

회화나 조각은 환경의 영향을 받지 않는다. 왜냐하면 회화나 조각은 장소가 옮겨져도 그 자체의 가치를 잃지 않기 때문이다. 하지만 건축은 반드시 그 자리에 있어야 한다. 그래서 건축에서는 주변 환경이 주는 제약을 피할 수 없는데, 이런 제약을 해결하기 위한 몸부림이 창의적인 디자인이 되는 경우가 많다. 그리고 그런 디자인이 좋은 디자인이다.

우선 2장에서도 밥상머리 사옥으로 소개했던 홍콩의 홍콩상하이 은행을 살펴보자. 이 건물은 1985년에 약 10억 달러를 들여 완공했는데, 당시 세계에서 가장 비싼 단일 건축물이었다. 노먼 포스터가 처음 이 건물을 설계할 때 문제가 하나 생겼다. 갑작스럽게 홍콩의 유명한 풍수지리사가 그 땅에 건물을 지으면 안 된다고 반대한 것이다. 이유인즉 그 건물이 지어지는 위치가 홍콩 경제의 중요한 맥이 지나가는 자리인데 만약 거기에 건물을 짓게 되면 그 흐름이 막혀 홍콩 경제에 악영향을 끼친다는 것이다. 포스터 같은 대가라면 이 말을 무시하고 그냥 지을 수도 있었을 것이다. 하지만 그는 이러한 풍수지리적인 제약을 창의적인 방법으로 해결했다. 풍수지리적으로 맥의 흐름을 막지만 않으면 되는 것이니 건물의 1층을 모두 열어 버리겠다고 제안하였다. 방법은 금문교 같은 현수교를 짓는 방식으로 건축하는 것이었다. 현수교는 보통 두 개의 기둥 사이에 줄을 드리우고 그 줄에 다리의 상판을 줄로 매달아 놓는 구조를 가진다. 그래서 교각이 물에 닿는 면을 최소한으로 한다. 같은 방식으로 빌딩의 각 층을 다섯 개씩 묶어 현수교 구조의 줄에 매단 것이다. 그리고 이런 구조를 위와 옆으로 반복해서 사용했다. 따라서 이 건물의 1층은 비어 있고 수십 층 되는 빌딩은 땅 위에 떠 있는 것처럼 된 것이다. 지금도 이 건물의 1층은 온전히 시민들에게 개방되어 있는 공공 공간이다. 일요일이 되면 홍콩에서 가정부로 일하는

홍콩상하이은행 빌딩의 전경. 빌딩의 각 층을 다섯 개씩 묶어 현수교 구조의 줄에 매단 모양이다.

홍콩상하이은행 빌딩의 1층은 벽을 만들지 않고 온전히 시민들에게 개방한 공공 공간이다.

동남아시아 여성들이 하루 휴일을 만끽하려 모두 나와 이 공간에서 마작을 하며 쉰다. 건축가는 이 공간에 자연 채광을 들이기 위해 건물 중간에 태양의 움직임에 따라 각도가 변하는 거울로 햇빛을 반사시켜 아래층으로 내려보내는 최첨단 기법도 도입하였다. 노먼 포스터는 풍수지리적 제약을 해결하기 위해 기존에는 사용하지 않던 현수교 구조를 고층 건물 설계에 도입하여 역사에 없던 새로운 디자인을 만들어 냈다.

이처럼 건축에는 사회적, 지리적, 경제적, 구조적으로 많은 제약이 따른다. 그것은 중력을 이겨야 하고, 한 장소에 자리 잡고 있어야 하며, 많은 사람이 사용해야 하는 건축물이 갖는 숙명 같은 것이다. 어떤 건축가는 이런 제약에 대해 불평하기만 하는 반면, 창의적인 건축가는 이 제약을 이전에 없던 새롭고 아름다운 디자인으로 승화시킨다. 우리나라 도시들도 판에 박힌 건축물이 아닌 이런 창의적 디자인이 넘쳐나는 곳이 되기를 기대해 본다. 그러기 위해서는 제약을 받아들이는 열린 마음부터 시작되어야 한다. 제약은 새로움의 어머니다.

건축의 대화

도시에서는 신축도 많이 일어나고 새로운 시대의 요구와 기능에 따라 기존 건물에 더해 증축하는 경우도 많다. 새로 건물이 들어설 때마다 항상 나오는 이야기가 "기존 컨텍스트context를 얼마나 존중했느냐"

서울 시청 구청사 뒤로 신청사가 보인다. 두 건물의 대화가 들리는가?

라는 명제다. 동대문 DDP나 서울 시청 신청사가 들어섰을 때 많은 사람이 이구동성으로 주변 컨텍스트에 맞지 않는다고 성토했다. 일리 있는 비판이다. 대화를 하다 보면 먼저 말한 사람의 이야기를 듣는 자세가 필요한데, 건축에서 컨텍스트를 고려하는 것은 상대방의 이야기를 듣는 것에 비유될 수 있다. 반면 주변과 전혀 다른 디자인을 넣는 것은 대화의 흐름을 깨는 것과 같다. 그런 면에서 동대문 DDP는 "난 그렇게 생각하지 않아"라고 말하는 것과 같다. 만약에 듣는 사람이 맞장구만 치고 자신의 의견을 이야기하지 않는다면 그것이 과연 건강한 대화일까? 자기주장이 너무 없는 수동적인 태도도 문제다. 왜 건축은 과거의 이야기를 항상 수긍하고 듣기만 해야 하는 것일까? 과거는 항상 옳

은가? 서울 시청이 일제강점기 건축을 대변한다면 신청사는 21세기 서울을 이야기하는 하이테크 건축이면 안 되는가? 모든 신축 건물이 반드시 옆 건물과 비슷해야 할 필요는 없지 않은가? 필자는 희한한 형태만 추구하는 건축물을 좋아하지는 않는다. 그럼에도 새로운 것을 수용할 열린 마음은 필요하다고 생각한다.

신축 건물은 '때로는' 주변 컨텍스트와 다른 이야기를 할 수 있어야 한다. '예스맨'의 건축만으로는 도시에 발전이 없기 때문이다. 기성세대에 주눅 들지 않고 합리적으로 자신의 의견을 피력하는 젊은 세대가 있을 때 그 사회에 희망이 있는 것이다. 도시 속의 건축도 그렇다. 그런 의미에서 서울 시청 신청사와 동대문 DDP는 좀 거칠 수는 있지만 의견을 내세우며 동등한 대화를 시도한 작품이라고 볼 수 있다. 그런 모습이 처음에는 다소 무례해 보일 것이다. 앞으로도 계속해서 오래된 건축물 옆에 새로이 건축물이 지어질 것이다. 그런데 그때마다 신축 건물에게 듣기만 하라고 강요하는 것은 신축 건물이 지나친 독선을 부리는 것만큼 위험하다. 조선 시대 때 고려청자가 아름답다고 청자만 고집했다면 아름다운 백자는 나오지 못했을 것이다.

재즈와 리모델링

우리는 앞서 리모델링은 건축물이 살아남기 위해 진화를 선택한 것이라는 이야기를 들었다. 그렇다면 이 같은 리모델링은 어떤 인문학적 의미가 있을까? 영화 〈라라랜드〉를 보면 남자 주인공이 재즈에 대해 열변을 토하는 장면이 있다. 그의 설명에 의하면 재즈는 다른 사람의 연주를 듣고 나를 표현하는 것이다. 피아노 연주자가 독주를 하면 듣고 있던 트럼펫 연주자가 음을 낚아채 색다르게 자신만의 연주를 펼친다. 그리고 다음에는 더블베이스 연주자가 끼어들어 또 다른 연주를 펼친다. 재즈는 이처럼 개개인의 개성을 드러내면서도 서로 다른 연주자들과 충돌하기도 하고 조화를 이루기도 하면서 서로 대화하듯이 음악을 완성하는 것이다.

건축 리모델링은 재즈와 같다. 이름 모르는 과거의 어떤 건축가가 수십 년 전에 디자인한 건물 위에 현재의 건축가가 이어서 연주하는 것이 리모델링이다. 앞선 사람이 펼쳐 놓은 기본 멜로디가 있기 때문에 완전히 다른 음을 펼치기는 어렵다. 하지만 그렇다고 막연히 과거의 것을 따라만 가서도 안 된다. 제약 가운데서 자신의 개성을 펼쳐야 한다. 파리 오르세 미술관을 리모델링한 건축가는 백 년 전에 지어진 기차역의 구조에 덧대어 아름다운 미술관을 건축했다. 기차가 다니던 곳은 조각품 전시장으로 거듭났다. 군데군데 무거운 쇠로 만들어진 철길에서 모티브를 따온 디테일들도 보인다. 이 공간을 보면 두 명의 건축가가 연주하는 아름답게 조화를 이룬 재즈 음악이 들리는 듯하다. 서로 다른 두 건축가가 힘을 합쳐 하나의 건축물을 완성하는 리모델링은 마치 결혼과도 비슷하다. 개인에게 선택권이 주어지는 연애결혼이 아니라 어쩔 수 없이 맺어지는 정략결혼에 더 가깝다. 상대를 존

재즈와 결혼과 건축의 유사 관계

중하고 나의 개성을 표현하면서 앙상블을 만드는 것이 재즈와 결혼과 리모델링의 공통점이다. 독주나 독신이 가능하듯이 건축도 혼자서 멋질 수 있다. 어쩌면 혼자가 더 폼 날 수 있을지도 모르겠다. 그럼에도 좋은 결혼을 통해 좋은 가정과 좋은 자녀가 탄생하듯이 잘 이루어진 리모델링은 혼자서는 만들기 어려운 예상치 못한 새로운 가치를 창출한다. 리모델링 건축은 기본적으로 시간이 담긴 건축이다. 바로 그 시간이 감동을 준다. 리모델링은 과거와 현재의 건축가가 시간을 사이에 두고 펼치는 타임 슬립 드라마이며, 두 건축가가 펼치는 이중주다.

6장

파라오와 진시황제가 싸우면 누가 이길까

로마는 천 년 이상 지속됐는데 몽골제국은 150년 만에 망한 까닭은

왜 같은 제국인데 로마제국은 천 년 넘게 지속된 반면 칭기즈칸의 몽골제국은 150년 만에 멸망했을까? 세계사를 보면서 누구나 그런 생각을 한 번쯤 해 봤을 것 같다. 칭기즈칸의 몽골제국은 인류 역사상 가장 넓은 영토를 가졌던 대제국이었다. 그런데 150년 만에 망한 이유는 무엇일까? 학자들은 그 이유를 몽골제국 군사력의 근간이 말(馬)이기 때문이라고 보고 있다. 다른 제국과는 달리 말 때문에 본인들의 근거지인 몽골 초원을 떠날 수 없었고, 따라서 정복한 국가에서 지배력을 강화시키지 못했기 때문에 제국이 유지되기 힘들었다는 것이다. 그런데 필자는 그 설명에 동의하기 어렵다. 건축가의 시선으로 보았을 때 몽

몽골식 텐트

골제국이 빨리 망한 것은 건축 문화가 없었기 때문이다.

건축물은 제국이 정복지를 통치하는 데 큰 역할을 한다. 이집트는 피라미드, 로마는 콜로세움, 중국은 만리장성으로 자신들의 세력을 과시했다. 그런데 몽골인은 유목 민족이다. 유목민은 목초지를 따라 계속 이동해야 하기 때문에 텐트에서 지냈고, 무거운 건물을 짓지 않았다. 대신 말을 잘 타는 민족이었던 몽골인은 멀리 가는 데는 능했다. 그들은 전쟁에 나갈 때 말 한 마리는 타고 가고 다른 한 마리는 뒤에 묶고 달렸다고 한다. 자신이 타고 가던 말이 지치면 뒤에 있던 말을 타는 식으로 번갈아 타면서 짧은 시간에 먼 거리를 갈 수 있었다. 시간 거리를 단축하는 데는 귀신이었다. 그리고 정복지에 가서는 기마병

답게 엄청난 전투력을 보여 주었다. 그야말로 귀신같이 나타나서 귀신처럼 살육하고 정복했다. 그러고는 텐트를 치고 있다가 철수하고 나면 아무것도 남는 게 없었다. 이들은 빠른 이동과 전쟁에는 능했지만 무언가를 남기는 데는 미숙했다. 그래서 이들은 신화적인 존재로 남아 있다. 그리스신화를 보면 '켄타우로스'라는, 위는 사람이고 아래는 말인 포악한 캐릭터가 나온다. 이 가상의 캐릭터는 그리스인들이 주변에 살던 기마민족인 스키타이족을 두려워하며 만든 것이라고 한다. 기마민족들은 이렇듯 신화적인 두려움의 존재는 되었지만 실질적인 통치력은 없었다. 반면 로마인들은 정복지마다 콜로세움 같은 원형경기장을 지었다. 그렇다면 무거운 건축물을 남기는 것이 왜 제국을 유지하는 데 도움이 될까? 그 이유는 선사 시대 유적인 고인돌을 보면 알 수 있다.

고인돌은 왜 지었을까

초등학교 5학년 때 국사 책에서 처음으로 고인돌을 보았을 때는 이 고인돌이 도대체 무엇에 쓰는 것인지 알 수 없었다. 제단으로 쓰기에는 너무 높고 올라가서 연설하는 단상으로 쓰기에는 올라가기가 힘들어 보였다. 실제로 고인돌은 시체를 장사 지내고 그 위에 세운 무덤이라고는 하지만 특별한 기능이 없는 쓸모없어 보이는 건축물이었다. 선생님께 왜 고인돌을 지었냐고 물어봐도 납득 가는 답변을 듣지는 못했

고인돌

다. 그러다가 최근 들어 고인돌을 지은 이유를 깨달았다. 고인돌을 건축하는 데 사용된 돌은 그 지역에 없는 멀리서나 구할 수 있는 바위들이고, 고인돌이 건축된 시대에는 수레바퀴도 없었다. 이런 바위를 옮겨 오려면 수십 명의 사람이 숲에 가서 나무를 베고 그 나무로 통나무를 만들어 바위 앞으로 가지고 와서, 통나무 위에 바위를 얹어 밀고 끌면서 고인돌을 세울 곳까지 이동시켜야 한다. 중간에 바위의 무게에 통나무가 으깨지면 새로운 통나무로 바꿔 끼워 가면서 이동해야 한다.

디자인 측면에서 고인돌의 특이한 점은 큰 바위를 위에 놓고 작은 돌을 밑에 세워 둔 점이다. 이러한 의문점도 고인돌의 제작 과정을 보면 이해가 된다. 우선 작은 돌은 수십 명이 힘을 합치면 세울 수 있는 정도의 크기다. 땅을 판 후 수십 명이 힘을 합쳐 작은 돌을 세운 후 땅에 끼워 넣는다. 사진을 보면 아래에 세워진 돌은 오른쪽으로 약간 기울어져 있다. 이는 오른쪽에서 끼워 넣었기 때문이다. 그렇게 두 돌을 세운 다음에 세워진 돌의 꼭대기까지 흙을 쌓아 완만한 언덕을 만든다. 이 완만한 흙 언덕 위로 통나무를 밀어 올려 큰 바위를 얹는다. 그다음에 쌓았던 흙 언덕을 다시 파내어 고인돌을 완성한다. 엄청나게 힘이 드는 건축 과정이라는 것을 알 수 있다. 이런 고인돌은 누가 지을 수 있겠는가? 현시대에 이런 건축물을 돈 없이 지을 수 있는 사람은 군대의 사단장 정도일 것이다. 절대적으로 말을 잘 듣는 사람 백 명 정도를 수개월 동안 동원할 수 있어야 고인돌을 건축할 수 있다. 대단한 권력자만이 지을 수 있는 것이 고인돌이다.

그럼 왜 지었을까? 나중에 옆 동네에서 수십 명을 데리고 전쟁하러 온 부족이 있다고 치자. 이때 그 부족의 우두머리가 자신이 건축한 고인돌보다 큰 고인돌이 있는 것을 보면 '아, 이놈은 나보다 센 놈이구나' 생각하며 전쟁을 포기하고 발길을 돌리는 것이다. 이처럼 고인돌은 전쟁을 예방하는 기능을 가지고 있다. 무거운 돌을 이용한 거석문화는 권력의 상징이다. 더 무거운 건축물일수록 더 큰 권력을 나타낸다. 영국의 스톤헨지, 메소포타미아의 지구라트, 이집트의 피라미드, 중국의 만리장성도 모두 같은 이유에서 건축된 것이다. 만리장성의 총 길이는 9천 킬로미터에 달하는데, 전체 만리장성에서 한 군데만 뚫리면 8,999킬로미터의 만리장성은 무용지물이 된다. 그럼에도 그 거대하고 긴 장성을 건축한 것은 실질적인 방어보다는 '안팎으로' 과시하기 위한 목적이 있었기 때문이다. 밖으로는 주변 민족을 위협하고, 안으로는 반란을 꿈꾸는 세력을 잠재우기 위해서 말이다. 저 멀리 남미 과테말라에 가도 티칼(고대 마야문명의 도시)의 피라미드가 있다. 영국, 중

1	2
3	4
5	

1 영국의 스톤헨지 2 메소포타미아의 지구라트
3 중국의 만리장성 4 티칼의 피라미드
5 등산길의 돌탑

동, 중국, 남미 할 것 없이 시대와 장소를 막론하고 인간은 항상 돌을 높이 쌓아 무거운 건축물을 남김으로써 자신의 권력을 과시했다. 이런 행위는 우리 모두가 가지고 있는 인간의 본능이다. 그래서 우리는 등산을 가면 작은 돌로 탑을 쌓는다. 우리는 스케일이 작아서 그런 돌탑을 쌓는 것이고, 높은 권력자는 대형 건축물을 남기는 것일 뿐이다.

이처럼 무거운 건축물은 권력을 과시하는 장치다. 반대로 가벼운 건축물은 아무런 권력을 나타내지 못한다. 몽골제국의 텐트는 가볍다. 그래서 텐트는 아무런 권력을 보여 주지 못했다. 반면 농업경제에 기반을 둔 로마인들에게는 그리스와 메소포타미아문명으로부터 물려받은 건축 문화가 있었다. 로마인들이 무거운 콜로세움을 건축했기에, 그것을 바라보던 정복지의 원주민들은 로마 군대가 철수한 다음에도 감히 로마제국에 도전할 생각을 못한 것이다. 왜냐하면 원주민들은 그런 어마어마한 건축물을 본 적도 건축한 적도 없었기 때문이다. 이러한 건축 문화의 유무가 두 제국의 운명을 가른 것이다.

고인돌은 일종의 무력시위였다. 무거운 건축물은 통치자가 눈에 보이지 않는 순간에도 통치의 영향력을 느끼게 해 준다. 이집트나 로마 같은 제국이 거대하고 무거운 건축물에 집착한 이유가 그것이다. 로마인들은 일단 정복지에 도시를 세울 때 그리스식 신전과 콜로세움을 만들었다. 신전을 만들어 종교를 통한 소프트웨어적인 통일을 이루고 건축을 통해 하드웨어적인 통치를 완성했다. 그런데 문제는 로마제국은 북아프리카부터 북유럽까지 그 영토의 범위가 너무 넓었다는 것이다. 정복지마다 기후도 달랐고 무엇보다 구할 수 있는 건축 재료가 달랐다. 어느 지역은 대리석이 나오지만 어느 지역에는 없었다. 건축 재료가 달라지면 건축양식이 바뀐다. 그렇게 되면 건축으로 통일된 '로마성性'을 만들어 내기 어렵다. 어떤 건축물이 로마의 건축이라는 메시지를 주기 위해서는 통일된 재료가 필요했다. 그래서 로마인들은 '건축의 형태'는 그리스에서 차용해 가져왔지만 '재료'는 그리스처럼 대리석을 사용하지 않았다. 바로 어느 지역에서나 구할 수 있는 흙으로 만든 벽돌이 로마를 대표하는 통일된 건축의 재료가 되었다.

로마의 벽돌과 그 이후

로마가 유럽을 정복하고 오랫동안 넓은 지역을 통치하는 제국이 된 비밀은 '벽돌'과 '아치'에 있다. 벽돌은 점토를 틀에 넣고 찍은 다음 건조시키거나 불에 구워서 만드는 건축 자재다. 재료가 흙이기 때문에 대리석이나 목재와 달리 지역에 구애받지 않고 어디서나 사용할 수 있다. 따라서 로마는 아프리카부터 유럽까지 다양한 기후대에서 벽돌이라는 재료와 아치라는 건축 구조를 사용해 로마 스타일의 대형 건축물을 만들 수 있었다. 통일된 디자인의 대형 벽돌 건축물들은 로마의 상징이 되어 어느 곳에서나 로마제국의 권력을 느끼게 하였다.

벽돌의 역사는 아주 오래되었다. 우리가 손쉽게 접할 수 있는 고

벽돌과 아치 구조의 특징을 보여 주는 콜로세움 내부(위)와 로마 조감도(아래). 무거운 콜로세움은 로마 제국 권력의 상징이다.

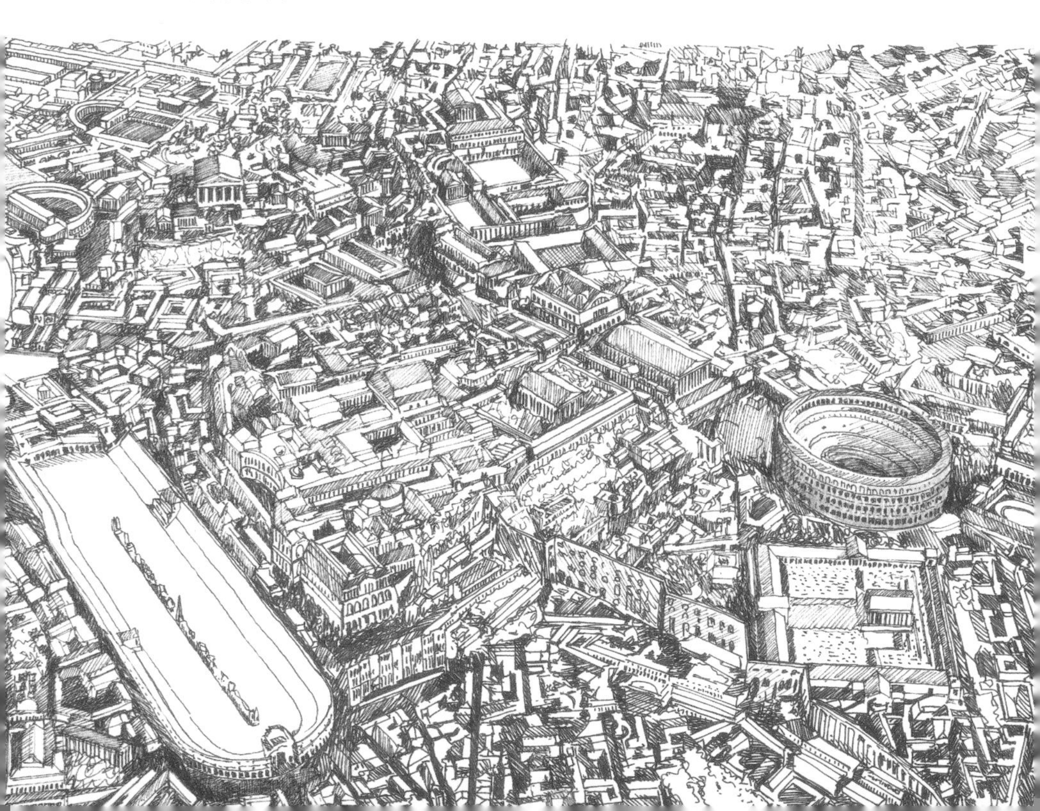

대 이야기인 구약성경 속 바벨탑 이야기에도 벽돌이 나온다. 성경은 사람들이 벽돌을 구워 바벨탑을 지었다고 묘사하고 있다. 바벨탑은 지금의 이라크 지역에 지어졌던 지구라트 신전을 말하는데, 실제로 고대 메소포타미아문명권에서는 벽돌 구조체가 발견되고 있다. 주로 서남아시아에서 벽돌 건축이 많이 발달해 왔다. 그리스의 역사가 헤로도토스는 고대 도시 바빌론이 벽돌로 건축되었다고 기록한다. 아시아 지역의 중국에서는 전국 시대에 들어와서야 벽돌이 처음으로 건축에 사용된다. 우리나라에서는 삼국 시대에 벽돌을 사용한 흔적이 간간이 보인다. 낙랑 지역에는 후한 시대부터 여러 개의 벽돌무덤이 축조되었다. 하지만 이 지역을 점령했던 고구려인들에게는 벽돌의 사용이 적극적으로 계승되지 않았다고 한다. 고구려 지역에는 벽돌무덤이 만들어지지 않은 반면, 백제는 무령왕릉에 벽돌을 사용하였다.

그렇다면 벽돌 이후에 지역성을 벗어나 어디서나 통용되는 건축 재료는 또 무엇이 있을까? 근대에 와서는 철근콘크리트가 그 자리를 차지했고 강철도 한 부분을 챙겼다. 철근콘크리트와 강철을 빼고는 20세기 건축을 생각할 수 없다. 역사 초기에는 벽돌이 넓은 지역을 건축적으로 통합했다면 지난 백 년간은 철근콘크리트와 강철이 전 세계를 통합했다. 두 재료로 만든 건물은 상자 모양이다. 20세기 후반의 건축양식을 국제주의 양식이라고 하는데 전 세계 어디를 가나 비슷한 모양이어서 그렇게 부른다. 철근콘크리트와 강철을 가장 적극적으로 도입했던 국가는 미국이다. 그중에서도 뉴욕의 몇 십 층짜리 마천루는 대표적인 사례다. 전 세계에서 이 두 재료로 비슷한 형태의 건축을 하다 보니 마치 미국의 건축양식이 전 세계를 지배하고 있는 듯한 착각을 하게 된다. 어찌 보면 미국의 제국 이미지 마케팅에 가장 큰 도움을 준 것은 비행기, 백열전구, 코카콜라와 더불어 고층 건물이 아닌가 생각된다.

그렇다면 벽돌, 철근콘크리트의 뒤를 이어 세계를 통합할 건축 재료는 무엇일까? 현재로서는 3D 프린터로 만든 재료가 가장 유력해 보인다. 최신 3D 프린터는 머리카락같이 부드러운 재료부터 강철처럼 강한 것, 심지어 유리같이 투명한 재료까지 프린트해 낸다. 앞으로 3D 프린터로 건축을 하면 철근을 넣어 콘크리트를 붓고 유리창을 끼울 필요가 없게 될 것이다. 단열재, 방음재, 구조체, 유리, 커튼 기능이 모두 담긴 분자구조의 벽이 프린트될 날이 올 것이다. 교통수단이 마차에서 자동차로 바뀌는 데 걸린 시간이 13년이었다고 한다. 말의 수명이 25년 정도 되니, 일단 자동차가 나온 다음에는 아무도 새롭게 말을 사는 사람이 없었다는 얘기다. 3D 프린터의 경제성 때문에 조만간 인건비가 많이 드는 콘크리트 건물은 지을 수 없는 날이 올지도 모른다. 재료가 바뀌면 건축물의 형태도 바뀌게 된다. 벽돌이 아치 구조를 양산했다면 콘크리트는 층을 수평으로 지지하는 '보'와 수직으로 세워진 '기둥'이 건물의 하중을 버티는 네모진 상자 모양 구조를 양산했다. 3D 프린터가 제대로 적용된다면 이전과는 다른 양식의 건축을 만들 것이다. 벽돌부터 콘크리트를 거쳐 3D 프린터까지 건축 재료는 인류 역사를 관통하며 변해 왔다. 로마는 벽돌을 이용해, 미국은 철근콘크리트와 강철을 이용해 건축과 역사를 이끌었다. 과연 3D 프린터로는 어느 국가가 새로운 건축과 도시를 만들며 역사를 주도하게 될지 궁금하다.

모아이 석상과 부르즈 할리파

건축물을 크게 만든다고 해서 항상 제국이 유지되는 것은 아니다. '과유불급'이라는 말이 있듯이 지나친 것은 항상 독이 된다. 그러한 예는 역사에서 많이 찾아볼 수 있다. 진시황제도 만리장성을 세웠지만 그것을 유지하지 못한 진나라는 일찍 멸망했다. 세계 불가사의 중 하나로 꼽히는 남태평양 이스터섬의 거대한 얼굴 모양 석상 '모아이 석상'을 만든 문명도 일찍 망했다. 이스터섬에 살았던 사람들은 과시를 하기 위해 모아이 석상을 만들었는데, 경쟁이 너무 과해져서 삼림을 모두 없애면서까지 모아이 석상을 만들다가 멸망한 것이다. 모아이 석상을 만드는 재료인 돌을 섬의 중심에 있는 채석장에서 석상이 세워지는 해안가까지 이동시키려면 통나무가 필요했다. 그들은 무거운 돌을 손쉽게 운반하기 위해 내리막길을 이용해 채석장보다 낮은 해안가에 모아이 석상을 세웠다. 내리막길을 이용해 돌을 움직였기 때문에 모아이 석상은 고인돌보다는 상대적으로 옮기기가 쉬웠다. 이스터섬은 제주도처럼 화산 폭발로 만들어진 섬이라 채석장의 돌도 제주도의 돌처럼 구멍이 나 있는 현무암이었다. 현무암은 채석장에서 떼어 내기도 쉬웠고 가벼워서 운반도 쉬웠다. 그렇다 보니 너도나도 자신의

이스터 섬의 모아이 석상(위)과 두바이 전경(아래). 두바이의 건물들은 현시대의 모아이 석상일지도 모른다.

권력을 나타내기 위해 모아이 석상을 만들었고, 그럴 때마다 나무를 베어 소비한 것이다. 그런데 문제는 이들이 사는 곳이 섬이었고 나무가 부족했다는 것이다. 큰 나무를 다 베어 버리니 큰 카누를 만들 나무가 없어졌고, 카누가 없으니 먼 바다까지 가서 돌고래 같은 식량을 사냥할 수가 없었다. 이들 부족이 망할 때쯤에는 단백질이 부족해서 사람을 먹은 흔적까지도 발견된다. 이처럼 권력을 과시하려는 건축 행위가 심해지면 문명은 망한다. 현시대의 모아이 석상은 무엇일까? 아마도 쓸데없이 크게 지은 고층 건물일 것이다. 특히나 수요도 딱히 없는데 경제 부양을 위해 지어지는 두바이의 고층 건물들이 대표적이다. 실제로 두바이는 세계 최고층 건물인 부르즈 할리파 완공과 동시에 모라토리엄을 선언하기도 했다. 이런 사례들을 보면 자신의 능력을 과도하게 넘어 건축물에 투자를 하면 사회적 불균형이 생겨 조직이 붕괴한다는 것을 알 수 있다.

낭비가 과시다

무거운 건축물을 지어 자신의 권력을 과시하는 데는 자신에게 도전하려는 남들의 의지를 꺾기 위한 목적이 있다. 따라서 무거운 건축을 하는 것은 생존을 위한 과시다. 생존을 위한 과시의 원리를 알아보기 위해서는 사람들이 담배를 피우는 이유를 살펴볼 필요가 있다. 제레드 다이아몬드는 『제3의 침팬지』에서 아프리카의 가젤을 들어 사람들이 담배 피우는 이유를 설명한다. 아프리카 사바나 초원의 가젤은 초식동물로, 달리기가 아주 빠르다. 가젤을 잡아먹는 사자는 가젤보다 달리기가 느려서 가젤을 잡을 수가 없다. 그렇다 보니 사자는 무리에서 뒤처지는 병약한 가젤을 사냥한다. 이런 상황에서 가젤을 관찰해 보니 건강한 가젤은 쉬고 있는 사자의 눈앞에서 쓸데없이 껑충껑충 뛰는 것이다. 가젤이 그런 행동을 하는 이유는 '나는 이렇게 힘을 낭비해도 사자인 네가 쫓아오면 충분히 도망갈 수 있는 힘이 남아 있다. 나는 그 정도로 건강하다. 그러니 나를 잡으려 하지 말고 주변의 다른 약한 가젤을 사냥하라'는 메시지를 사자에게 주기 위해서라고 한다. 같은 이유로 공익광고협의회에서 아무리 담배가 몸에 해롭다고 광고를 해도, 담배를 피우는 사람의 심리에는 '이렇게 몸에 해로운 담배를 피우고도 나는 건강할 만큼 센 사람이다'라는 과시가 담겨 있다고 한다. 흡연자에게는 어이없게 들릴지 모르겠지만 이 이야기는 세계적인 석학 제레드 다이아몬드의 설명이다. 마찬가지로 회식 자리에 가면 자기가 술을 잘 마신다고 못 마시는 사람에게 술을 억지로 권하는 사람이 있다. 그런 사람들은 '나는 이렇게 독한 술을 마시고도 견딜 만큼 너보다 세다'라는 메시지를 주고 싶어 하는 것이다. 가젤이 힘을 낭비해 과시를 하듯이 담배를 피우고 술을 마시는 것은 건강을 낭비해 과시하는 것이다.

비슷한 이유로 어떤 사람들은 명품을 이용해 과시를 한다. 1천4백만 원짜리 에르메스 백을 예로 들어 보자. 누구의 1년치 연봉만큼의 돈을 백 하나 사는 데 쓴다는 것은 자신이 엄청난 부자라는 사실을 과시하는 것이다. 여기서 우리가 관심 있게 봐야 하는 것은 백의 색상이다.

에르메스는 오렌지색이나 하늘색 같은 어처구니없는 색상의 백을 만든다. 생각해 보라. 오렌지색 핸드백을 1년에 몇 번이나 들고 외출할 수 있겠는가? 1년 365일 중 10일이나 들고 나갈 수 있을 것이다. 이런 특이한 색상은 한 번만 들고 나가도 각인이 되고, 웬만한 옷에는 잘 어울리지도 않는다. 반면 같은 명품 백의 부류에 속하는 루이뷔통 백은 2백만 원대에 살 수 있다. 그런데 루이뷔통 백은 밤색이나 검정색이 많다. 이런 색상의 백은 1년에 250일은 들고 나갈 수 있을 것이다. 루이뷔통과 에르메스 백의 가격은 7배 차이 나지만, 쓰임새까지 고려한다면 가격 차 곱하기 기간 차(7×25)를 했을 때 175배의 차이가 나는 것이다. 에르메스 백은 루이뷔통 백보다 175배 센 과시다. 에르메스 백은 명품계의 원자폭탄이다. 이런 백을 들고 동창회에 나가면 동창회가 초토화되기 때문이다.

여기서 우리가 느낄 수 있는 점은 과시를 하려면 쓸데없는 데 돈을 써야 한다는 점이다. 반대로 생활필수품에 돈을 써서는 과시가 되지 않는다. 예를 들어 두루마리 휴지를 동창회에 들고 간다고 해도 아무런 과시가 되지 않는다. 마찬가지 이유로 다이아몬드 반지 같은 귀금속은 아무짝에도 쓸모가 없기 때문에 과시가 되는 것이다. 씹어 먹을 수도 없는 다이아몬드에 수천만 원, 수억 원을 쓴다는 이야기는 돈이 차고 넘친다는 것을 보여 주는 것이다. 마찬가지로 피라미드 같은 건축도 쓸모가 없어서 과시가 되는 것이다. 죽은 사람을 위한 돌무더기를 만드는 데 20년 넘게 국가의 모든 재원을 낭비했기 때문에 과시가 되는 것이다. 만약에 피라미드가 꼭 필요한 건축물이었다면 과시가 되지 않는다. 서두에서 말했듯이 고인돌은 특별한 기능이 없다. 그래서 고인돌이 과시의 상징이 되는 것이다.

피라미드와 원자폭탄

과시를 위해 거대한 건축물을 만든다는 사실을 알았다. 그렇다면 여기서 과시하는 자의 심리를 알아보자. 어떤 사람이 과시를 하는가? 가젤의 경우에서 알 수 있듯이 불안한 자들이 과시를 한다. 여기서 짚고 넘어갈 사실이 있다. 오사마 빈라덴은 2001년 뉴욕의 세계무역센터 빌딩을 미 제국주의와 자본주의의 상징이라고 비난하면서 민간 여객기를 충돌시켜 무너뜨렸다. 미국은 그 자리에 새로운 건축물을 지었는데 놀랍게도 기존의 쌍둥이 빌딩보다 낮은 건물을 건축했다. 미국은 부르즈 할리파보다 높은 초고층 건물을 지을 자본과 기술력을 가지고 있다. 그런데 왜 세계 최고 높이의 빌딩을 짓지 않았을까? 그 이유는 미국은 지금 누가 보더라도 세계 최강의 국가이기 때문이다. 미국은 소련이 붕괴한 1991년 이후에는 초고층 건물을 짓지 않는다. 미국의 초고층 건물은 엠파이어스테이트 빌딩에서 시작하는데, 그 시기는 미국이 유럽에 열등감이 있을 때였다. 이후 소련과의 냉전 때는 뉴욕의 쌍둥이 빌딩과 시카고의 시어스 타워 같은 세계 최고 높이의 건축물을 지었다. 하지만 냉전 시대가 막을 내린 지금은 자국 내에 초고층 건물을 짓지 않는다. 과시하는 건축물은 주변에 경쟁자가 있는 자들이 짓는 것이다. 아시아에서 최초로 지어진 백 층 넘는 초고층 건물은 대만의 '타이페이 101'이다. 중국이 개방하면서 경제대국으로 치고 올라오자 이에 불안감을 느낀 대만은 초고층 건물을 지었다. 이에 질세라 중국은 지금 도시마다 하나씩 초고층 건물을 짓고 있다. 중동에서도 초고층 건물을 처음으로 지은 국가는 가장 정치력이 약하다고 평가받던 두바이였다. 마찬가지로 초일류 기업은 초고층 건물을 짓지 않는다. 이런 정황을 보아 추측하건대, 피라미드를 지은 이집트의 파라오는 근방의 메소포타미아 제국들을 두려워했을 것이다. 마찬가지로 중국의 진시황제가 만리장성을 지은 것은 자신이 오랑캐라고 폄하하던 북방 민족들을 실제로는 두려워했기 때문이다.

그렇다면 과연 이러한 건축 행위는 정말 낭비였을까? 이들은 왜 이런 낭비를 하면서 힘들게 건축물을 지은 것일까? 조금만 더 생각해 보면 이들이 이렇게 낭비를 한 것은 이런 행위가 남는 장사였기 때문이다. 피라미드를 짓기 위해서는 수십 년간 엄청난 돈을 쓰고 국가의 모든 에너지와 기술을 집중해야 했다. 이 건축 과정에서 만약에 만 명의 인부가 목숨을 잃고 10조의 돈을 낭비했다고 치자. 하지만 이들이 피라미드를 짓지 않았더라면 어땠을까? 아마도 이집트를 만만하게 여긴 이웃 메소포타미아의 바빌로니아가 침략해서 10만 명이 죽고 100조 원의 재산을 날렸을지도 모른다. 그러니 피라미드를 짓는 것이 열 배 남는 장사인지도 모른다. 만리장성을 지은 진시황제도 이와 비슷한 셈을 했을 것이다. 세월이 지나 이러한 과시는 다른 방식으로도 표현된다.

과거에는 한 국가의 최첨단 기술을 동원해 피라미드 건축을 했다면 지금은 한 국가의 최첨단 양자역학 기술과 자본을 동원해 원자폭탄이나 전투기를 만든다. 원자폭탄을 만든 이들은 핵실험을 하고 이를 영상으로 찍어 전 세계에 배포한다. 비키니섬에서 실행된 수소폭탄 실험의 버섯구름은 수천 년 전 사막 위의 피라미드의 모습과 같은 기능을 한다. 오늘날 우리가 피 같은 세금으로 국방비를 쓰는 것은 고대에 피라미드를 지었던 것과 같은 맥락이다.

권력의 위치에너지

무거운 건물과 권력에 대해 생각하다가 필자는 쓸데없는 호기심이 생겼다. 피라미드를 건축한 파라오도 대단한 권력자고, 만리장성을 건축한 진시황제도 대단한 권력자다. 그렇다면 이 둘이 싸우면 누가 이길까? 이 둘의 권력을 비교할 방법이 없을까 생각하다가 방법을 찾았다. 바로 '에너지 보존의 법칙'을 이용한 방법이다.

에너지 보존의 법칙은 중학교 물리 시간에 배우는 내용이다. 에너지는 그 모양이 바뀔 뿐 총량은 바뀌지 않는다는 것이다. 이 원리에 의하면 운동에너지와 위치에너지는 서로 바뀔 뿐 에너지 총량은 변화가 없다. 식으로 나타내면 $mgh = 1/2 \times mv^2$이다. 예를 들어 수력발전소 댐에서 높은 곳에 있는 물은 높은 위치에너지 값을 가진다. 이 물이 떨어지면서 운동에너지가 만들어지고 이는 수력발전소의 터빈을 돌리게 된다. 위치에너지는 '질량×9.8(중력가속도)×높이'다. 고인돌을 예로 들어 보자. 고인돌은 10톤 정도 되는 커다란 바위가 3미터가량 높이에 올려져 있는 형태다. 이 경우 위치에너지는 10톤×9.8×3미터=294,000이 된다. 고인돌이 이만큼의 위치에너지를 가지는 것은 백 명 넘는 사람이 수개월 동안 노동, 즉 운동에너지를 썼기 때문이다. 따라서 모든 건축물은 누군가가 돈이나 권력을 써서 운동에너지인 노동력을 만들고, 이 운동에너지가 '위치에너지로 바뀐 결정체'다. 만약에 우리가 어느 건축물의 위치에너지를 구할 수 있다면 그와 동가인 운동에너지를 알 수 있게 된다. 그리고 그 운동에너지를 비교하면 누구의 권력이 더 큰지 알 수 있다. 그래서 필자는 각 문화권의 대표적인 건축물을 상대 비교해 보기로 했다. 기준점은 가장 유명한 이집트 쿠푸 왕의 피라미드로 잡았다.

우선 피라미드의 모양을 컴퓨터로 모델링한 후 4미터마다 부피를 잘랐다. 건축물마다 재료가 같다고 가정하고 부피로 질량을 대신하기로 했다. 4미터로 나누어진 건축물의 부피 값에 각각의 높이를 곱한 후 총합을 구했다. 이때 이 연구의 목적은 상대 비교이므로 계산을 간단히 하기 위해 상수인 중력가속도 9.8은 삭제했다. 이렇게 해서 나온 이집트 피라미드의 위치에너지 값은 대략 9400만 정도다. 이 값을 기준점 1로 놓고 다른 문화권의 건축물을 비교해 보았다. 거석군인 스톤헨지는 0.003, 메소포타미아의 지구라트 신전은 0.006이 나온다. 피라미

부피(m^2)	×	높이(m)	=	위치에너지
39	×	146	=	5,694
168	×	142	=	23,856
675	×	138	=	93,150
1,469	×	134	=	196,846
2,580	×	130	=	335,400
4,010	×	126	=	505,260
5,757	×	122	=	702,354
7,822	×	118	=	922,996
10,204	×	114	=	1,163,256
12,904	×	110	=	1,419,440
15,922	×	106	=	1,687,732
19,258	×	102	=	1,964,316
22,911	×	98	=	2,245,278
26,881	×	94	=	2,526,814
31,170	×	90	=	2,805,300
35,776	×	86	=	3,076,736
40,699	×	82	=	3,337,318
45,940	×	78	=	3,583,320
51,500	×	74	=	3,811,000
57,378	×	70	=	4,016,460
63,572	×	66	=	4,195,752
70,084	×	62	=	4,345,208
76,914	×	58	=	4,461,012
84,060	×	54	=	4,539,240
91,524	×	50	=	4,576,200
99,308	×	46	=	4,568,168
107,408	×	42	=	4,511,136
115,826	×	38	=	4,401,388
124,562	×	34	=	4,235,108
133,614	×	30	=	4,008,420
142,986	×	26	=	3,717,636
152,682	×	22	=	3,359,004
162,682	×	18	=	2,928,276
173,004	×	14	=	2,422,056
183,646	×	10	=	1,836,460
194,606	×	6	=	1,167,636
205,882	×	2	=	411,764

총계 = 94,106,990

* '위치에너지(Ep) = 질량 × 중력가속도 × 높이'이나 편의상 질량을 부피로 대신하였다(질량 = 부피 × 밀도).

피라미드의 위치에너지

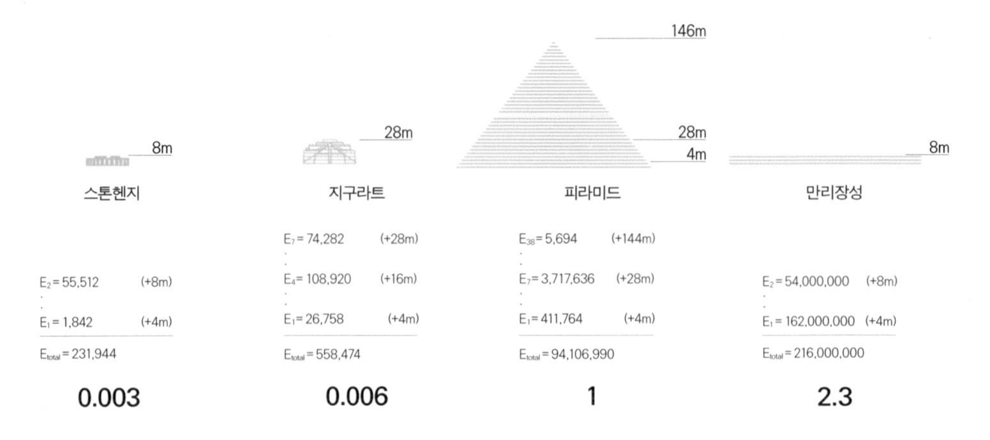

고대 건축물의 위치에너지 비교

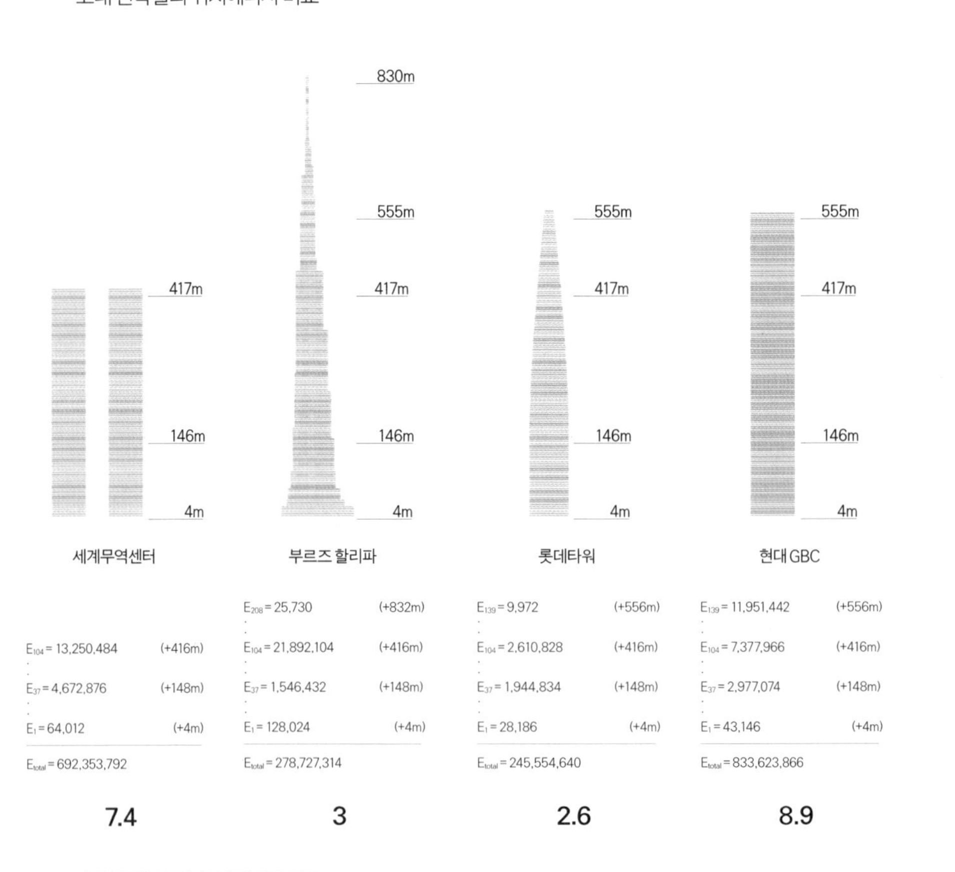

현대 건축물의 위치에너지 비교

드는 기준점이므로 1이고, 진시황제의 만리장성은 2.3이 나온다. 진시황제가 파라오보다 2.3배 세다는 것이다. 하지만 역사를 살펴보면 이 비교가 공정하지 않다는 것을 알 수 있다. 우선 지금의 9천 킬로미터에 달하는 만리장성은 명나라 때 도자기를 유럽에 수출해서 받은 대금으로 증축한 것이다. 그리고 최초에 진시황제가 지을 당시에도 기존에 있던 성들을 연결해서 완성했다는 기록이 있다. 이런 배경을 감안한다면 파라오와 진시황제는 얼추 비슷한 수준의 권력을 가졌을 것으로 예상된다. 그도 그럴 것이 두 나라 모두 바퀴가 달리고 말이 이끄는 마차를 가지고 있었고, 중국은 대나무로 만든 두루마리에 문서를 남기고 이집트는 파피루스에 기록을 남기는 수준의 문서 체계가 있었다. 당시의 교통수단과 문서 소통의 기술이 비슷한 걸로 봐서 둘이 얼추 비슷한 수준의 통치력을 가지지 않았을까 생각한다. 이 정도가 농업에 기초를 둔 사회시스템에서 갖출 수 있는 권력의 최대치일 것이다.

시간이 남아서 현대 건축물도 비교해 보았다. 9.11 테러로 무너진 뉴욕의 세계무역센터 빌딩은 피라미드보다 7.4배 큰 위치에너지 값을 갖는다. 현재 세계에서 가장 높은 두바이의 부르즈 할리파는 3배의 위치에너지 값을 갖고 있다. 잠실의 롯데타워는 2.6배의 값을 가지고, 지금 삼성동에 지어지고 있는 현대차 GBC 사옥은 8.9배의 위치에너지 값을 가진다. 여기서 흥미로운 사실은 롯데타워와 현대차 GBC 사옥은 비슷한 높이의 빌딩인데 위치에너지 값은 3.4배 차이 난다는 점이다. 그 이유는 롯데타워는 위로 갈수록 좁아지는 뾰족한 형태를 띠고 있고, 현대차 GBC 사옥은 똑바로 올라가는 상자 형태를 띠고 있기 때문이다. 위치에너지 공식을 보면 질량에 높이를 곱하게 되어 있다. 따라서 높이가 높은 부분에 질량이 많을수록 큰 위치에너지를 가지게 된다. 롯데타워는 건물 상층부의 부피가 상대적으로 적기 때문에 현대차 사옥보다 낮은 위치에너지 값을 가지게 된 것이다.

위치에너지와 주가 총액

필자는 이 공식이 맞는지 확인해 보기 위해 계산 당일 두 그룹의 주가 총액을 구해 봤다. 롯데 그룹은 29.42조 원이었고 현대차 그룹은 100.21조 원이었다. 이 둘은 3.4배의 차이가 난다. 위치에너지 값과 주가 총액이 소수점 첫 번째 자리까지 동일하게 3.4배 차이 나는 것을 확인할 수 있었다. 따라서 이 비교 공식이 전혀 근거 없는 것은 아닌 것 같다. 여기서 우리가 배울 수 있었던 것은 위치에너지 값이 커지려면 상층부에 큰 덩어리가 있어야 한다는 것이다. 즉 과시를 하기 위해서는 건물을 가분수 형태로 지어야 한다. 중국 베이징에 지어진 CCTV 사옥은 이를 확실하게 보여 준다. 건물이 가분수 모양이라 금방이라도 앞으로 쓰러질 것 같은 불안한 모습이다. 이런 디자인은 과시욕이 센 건축주가 선호하는 디자인이다. 만약 상층부의 건물 덩어리가 1층으로 내려와 있다면 아무런 과시가 되지 않는다. 그러면 그저 평범한 주상 복합 건물이 된다. 하지만 그 덩어리가 위에 올라가 있기 때문에 과

CCTV 사옥

시가 되는 것이다. 비슷한 한국의 사례도 있다. 건축가들 중에 유독 가분수 디자인을 선호하는 사람들이 있다. 이런 사람은 과시욕이 센 사람이다. 필자의 친구 중에도 과시욕이 센 친구가 주로 그런 디자인을 한다. 그 친구가 재미난 이야기를 했는데, 이상하게도 그 친구에게 찾아오는 건축주 중에는 자신이 돈 많은 것을 과시하고 싶어 하는 졸부가 많다는 것이다. 그도 그럴 것이 한쪽 끝만 고정되어 있는 외팔보를 이용해 만든 불안한 가분수식의 디자인을 선호하는 사람은 건축주든 건축가든 과시욕이 센 사람일 것이기 때문이다.

헤어스타일과 권력

그렇다면 이러한 과시를 하는 인간의 모습은 건축에만 국한되는 것일까? 높은 곳에 큰 부피의 덩어리를 올려놓으면 위치에너지가 커져 과시할 수 있다는 원리는 헤어스타일에도 적용된다. 우리는 머리를 매만질 때 스프레이나 왁스를 써서 정수리 부분의 머리를 세우거나 볼륨감을 키운다. 그 이유는 사람의 신체에서 가장 높은 부분이 머리 정수리이고 이곳에 볼륨이 있어야 위치에너지가 커지고 과시가 되기 때문이다. 나이가 들면서 머리카락이 가늘어지거나 빠지면서 머리가 주저앉으면 왠지 자존감이 낮아진다. 위치에너지가 줄어서다. 이럴 때 머리의 볼륨감을 회복하기 위해 현대인들은 파마를 한다. 그런데 파마가 없던 조선 시대에는 어떻게 했을까?

조선 시대 남자들은 '상투'를 틀었다. 옆머리까지 다 끌어 모아서 머리카락으로 정수리에 탑을 쌓았다. M 자형으로 탈모된 이마를 가리기 위해 밴드도 했고, 그것도 모자라 갓을 써서 머리 볼륨감을 더 키웠다. 갓은 머리카락과 가장 비슷한 재료인 말총을 가지고 볼륨감이 큰 모양을 만든 것이다. 양반의 갓은 높았고 중인의 갓은 낮았다. 이 높이와 부피 차이가 신분의 차등을 보여 준다. 대감님은 집에서도 따로 쓰는 실내용 갓이 있었는데, 마치 〈드래곤볼〉의 손오공이 초사이언인이 되었을 때의 헤어스타일마냥 삐죽삐죽 올라간 모양이 볼륨감을 준다. 그리고 그 모양은 왕관을 연상케 한다. 신라 시대 금관을 포함해 모든 왕관은 대체로 머리 위로 삐죽삐죽 올라간 모양새를 띠고 있다. 머리

상투, 갓, 가채, 영국 모자

위 위치에너지를 높이기 위한 디자인 장치다. 조선 시대 여성의 경우에는 뒤로 땋은 머리를 위로 둘둘 말아 높이 쌓는 '가채'를 했다. 이 역시 위치에너지를 통한 과시다. 영국신사들도 큰 볼륨감의 신사모를 썼고, 귀족들은 대머리를 숨기기 위해 가발을 썼다. 반대의 경우도 있다. 청나라 시대의 변발은 정수리까지 모두 삭발하고 뒷머리만 남겨 놓는 헤어스타일이다. 아마도 권력자가 대머리가 아니었을까 추측해 본다. 자신이 머리가 빠지고 위치에너지가 낮아지니 어린아이부터 시작해

온 국민을 대머리로 만드는 헤어스타일을 만든 게 아닐까 싶다. 헤어스타일 권력의 '하향 평준화'라고 할 수 있다.

7장

현대인이 SNS를 많이 하는 이유

건축 vs 문자

흔히 건축은 인간만 한다고 착각하기 쉬운데 사실은 동물도 건축을 한다. 새도 둥지를 만들고 심지어 비버는 댐도 건설한다. MIT의 학교 상징 동물이 비버인데, 바로 비버가 댐을 짓는 엔지니어이기 때문이다. 곤충도 건축을 한다. 거미, 벌, 개미는 집을 짓는다. 이같이 집을 짓는 건축 행위는 동물의 본능이다. 그러나 인간의 건축에는 자연 속의 건축에는 없는 특징이 있다. 인간은 안식처를 만드는 것 외에 형이상학적인 목적만으로도 건축을 한다는 점이다. 형이상학적 목적으로 지어진 최초의 건축물은 기원전 1만~8천 년경에 만들어진 '괴베클리 테페'다. 터키 남부에 위치한 이 건축물은 장례식을 위한 것이었다. 수렵채집 시대의 사람들은 먹을 것을 찾아 이동해야 했기 때문에 당연히

괴베클리 테페의 유적지와 복원도

건축물이 없었다. 그러다가 괴베클리 테페 같은 건축물을 짓기 위해서 장기간 정착하며 공사에 몰두해야 했고, 그러면서 원시적 형태의 농사를 시작했다. 이후 농경 사회가 정착되면서 건축의 발달은 가속도가 붙었다.

이후 대표적인 형이상학적 목적의 건축물은 메소포타미아의 지구라트와 이집트의 피라미드다. 지구라트는 신전이고, 피라미드는 무덤이다. 괴베클리 테페와 마찬가지로 둘 다 사후세계와 연관되고 종교적 색채가 강한 건축물이다. 이 두 대형 건축물은 그것들을 건축한 사회의 통합을 이끌었고 문명을 꽃피울 수 있는 공통의 이야기를 만들어 냈다. 이집트와 메소포타미아의 제국들은 건축으로 종교를 강화하고 이를 통해 강력한 중앙집권 사회를 만들 수 있었다.

지구라트와 피라미드는 각각 벽돌과 돌이라는 다른 재료로 만들어졌지만 외관상으로는 높은 산 모양을 한 거대한 건축물이다. 그런데 이러한 거대한 산 같은 건축물을 지을 수 없었던 부족들은 자연의 산을 종교적 근원지로 삼았다. 대표적인 것이 이스라엘 민족의 시나이산이다. 시기적으로 이집트 종교보다 뒤에 기록되기 시작한 유대교에서는 모세가 시나이산에서 십계명을 받아 오는 것이 중요한 사건이다. 당시 유대인들은 이집트에서 탈출한 유목민 신세였고, 정착해서 건축물을 지을 수 없었다. 사회를 통합할 종교가 필요했던 그들은 산 같은 건물을 짓는 대신 시나이반도 남단에 위치한 나무 한 그루 없는 돌산인 시나이산을 자신들의 건축적인 성지로 삼았다. 신전이 없으니 조각상 대신 돌판에 조각한 글자인 십계명을 만들어서 가마처럼 생긴 성궤 안에 넣고 들고 다녔다. 유대교는 일체의 형상 조각을 우상숭배라고 하여 금한다. 대신 텍스트로 된 계명을 중요하게 여긴다. 이는 유대인이 계속해서 이동해야 하는 유목 민족이었기 때문에 건축을 할 수 없는 상황에서 기인한 듯하다. 하지만 이러한 제약은 전화위복이 되었다.

건축과 지나치게 연동된 종교들은 신전이 건축된 지역을 벗어나지 못한다. 건축물을 구심점으로 모여야 하는데, 신전 건축에서 멀어질수록 종교의 영향력이 줄어들기 때문이다. 하지만 건축물 없이 문자 같은 소프트웨어에 기반을 둔 유목 민족의 종교는 전파에 유리하고 건축물이 지어진 지역에 국한되지 않는다. 역사를 보면 시기적으로 오래된 종교는 메소포타미아와 이집트의 종교지만 더 넓은 지역으로 전파된 종교는 유대인과 이슬람 같은 유목 민족의 종교다. 그 이유 중 하나가 유목 민족의 종교는 건축보다는 운반 가능한 경전이라는 소프트웨어에 집중했기 때문일 것이다. 건축은 종교를 강화하는 장치지만 텍스트인 경전은 종교의 전파에 효율적인 미디어다. 그래서 세계적 규모의 종교라고 할 수 있는 기독교, 이슬람교, 불교 모두 각각 성경, 코란, 불경 같은 소프트웨어인 책을 중요하게 여기는 종교들이다. 물론 종교가 전파된 후 그 지역에서 뿌리내리고 강화되는 데 결정적인 작용을 하는 것은 성당, 사원, 절 같은 건축물이다. 후발 주자인 유대교와 이슬람교가 건축에 기초한 선배 종교들을 앞설 수 있었던 것은 인류 문명에서 건축보다 뒤늦게 자리 잡은 문자 체계와 결합한 덕이다. 문자, 양피지, 종이의 결합은 종교에 새로운 물결을 가져왔다. 사회적 영향력 측면에서 건축과 문자의 경쟁은 이때부터 시작되었다. 초기에는 문자를 읽을 수 있는 사람들이 적어서 건축의 영향력이 컸지만 금속활자의 발명 이후 문맹률이 떨어지면서 현대사회에 이르러서는 문자의 영향력이 과거보다 훨씬 더 커진 상태다. 게다가 인터넷 시대에는 그 영향력이 더욱 커지고 있다. 이렇듯 시대가 바뀌었지만 그럼에도 불구하고 지금까지 건축은 종교의 흐름에 지대한 영향을 끼치고 있다. 그 예를 현대 한국 사회의 기독교에서 찾아보자.

상가 교회는 실리콘밸리의 차고 창업

2015년 조사에 의하면 대한민국의 종교 인구 비율은 44퍼센트다. 그중에서 개신교가 20퍼센트, 불교가 16퍼센트, 천주교가 8퍼센트를 이루고 있다. 특히 베이비붐 세대가 성장하는 시기였던 1970~1980년대 우리나라는 전 세계에서 가장 빠른 기독교 인구의 성장을 보여 주었다. 그중에서도 대형 교회의 성장과 청소년의 기독교화 비율은 아주 높았다. 그러나 지금은 유럽의 교회처럼 노인 비율이 높고, 청소년 신자는 줄고 있다. 대한민국 교회의 부흥과 성장, 쇠락에는 여러 이유가 있겠지만, 여기서는 건축적 배경을 살펴보자.

기독교 인구가 급증한 데는 기독교의 희생과 사랑 정신, 서구 문명 동경, 한국전쟁, 미국의 주둔 등 여러 가지 사회 문화적 이유가 있다. 하지만 건축가의 관점에서 조금 다른 각도로 보면 한국 기독교가 부흥한 또 다른 이유는 기독교가 새로운 종교 건축 유형을 개발했기 때문이다. 다름 아닌 '상가 교회'다. 상가 교회는 상업 시설에 종교가 들어가는 전무후무한 종교 건축의 형태다. 성경을 보면 유대교 회당의 성전에서 상업 행위를 하는 모습을 보고 예수가 격분한 이야기가 나온다. 종교 건물 내에서 상업 행위가 이루어졌던 것이다. 마찬가지로 일본의 절에 가면 항상 그 앞에는 상업 가로가 형성되어 있고, 유럽의 성당 앞에는 상업 시설이 배치된 광장이 있다. 이렇듯 종교 건축물은 사람이 모이는 곳이기 때문에 상업 시설과 밀접한 관련을 가진다. 하지

애플 차고 ≒ 상가 교회

만 세계 건축사에 한국의 경우처럼 작은 규모의 종교 시설이 상업 공간 내부에 침투한 경우는 없다. 요즘으로 치자면 교회가 이마트 안에 들어가 있는 것과 마찬가지다. 그것도 여러 개가 들어가 있는 상태다. 상가 교회는 상업 행위와 종교 행위가 원스톱으로 해결될 수 있는 장소를 제공한다.

더 흥미로운 것은 그 규모다. 흔히 실리콘밸리에서 IT 기업이 융성하는 이유는 '차고 창업'이 가능해서라고 한다. 능력만 있으면 자신의 집 차고에서 큰 자본 없이도 창업할 수 있었기에 다양하고 건강한 창업 생태계가 구축될 수 있었다. 한국의 '상가 교회'는 실리콘밸리의 '차고 창업'과 비슷하다. 신학대학원을 졸업하고 몇 년간 전도사 수련 후 목사 안수를 받은 사람은 누구나 적은 보증금으로 상가에서 교회를 시작할 수 있었다. 상가는 보통 배후에 아파트 단지가 있을 때 만들어지는 상업 시설이다. 아파트 단지는 단군 이래 최고의 고밀화된 주거 형태다. 많은 인구가 사는 주거 단지를 배후에 가진 상가 교회는 양적으로 급성장할 수 있었다. 아파트 단지 주변의 종교 시설은 상가 교회

뿐이었으니 타종교와 경쟁할 필요가 없는 독점 시장이었다. 그리고 내부적으로는 실력 있는 목회자만 살아남는 무한 경쟁 시스템이었다. 어느 그래픽 디자이너가 서울의 풍경을 십자가가 빽빽하게 들어선 스카이라인으로 그린 적이 있는데, 바로 상가 교회의 십자가를 표현한 것이다. 얼마 전까지도 실제로 한 상가에 몇 개의 교회가 들어간 경우를 볼 수 있었다. 실리콘밸리 IT 산업 생태계를 보면 차고 창업처럼 초기 투자비용은 적게 들지만 무한 경쟁 시스템을 통해 살아남은 기업만 공룡 기업으로 성장한다. 이와 동일한 시스템이 한국의 상가 교회 시스템이다. 창업의 문턱은 낮되 무한 경쟁을 통해 실력 있는 목회자가 살아남아 대형 교회로 성장시키는 시스템이었다.

남녀공학과 교회

1970~1980년대 교회의 부흥에는 사회 문화적인 배경도 한몫했다. 1980년대까지도 우리나라는 남녀공학 중고등학교가 매우 드물었다. 남녀공학 학교가 새로 설립되기도 했지만 교실은 따로 쓰는, 무늬만 남녀공학이었던 시절이다. 철저하게 남녀 공간이 분리되어 있던 그 시절 청소년들에게 유일한 해방구는 교회였다. '교회 오빠'라는 단어가 주는 뉘앙스는 여러 가지를 내포한다. 교회에서는 자매님, 형제님 호칭을 하면서 자연스럽게 이성 간의 소통이 가능했으며 심지어 수련회는 청소년들이 부모를 떠나 남녀가 함께 지낼 수 있는 공식적인 기회

를 제공해 주었다. 당시는 기타 치고 놀면 '날라리' 취급을 받던 시절이었다. 그런데 교회에서는 찬양이라는 이름으로 장려되었다. 기타를 맨 찬양대 오빠는 동네 짝퉁 록 스타였다. 당시 교회는 가장 진보적인 공간이었다. 반면 절은 멀리 산에 있어 가기도 어렵고, 이성 교제를 꿈꿀 장소는 더더욱 아니었다. 젊은 세대가 종교를 찾는다면 절보다는 교회가 훨씬 더 매력적인 공간이었다. 이런 건축적 배경 속에서 종교의 세대교체는 자연스럽게 이루어졌다.

하지만 지금은 시대가 바뀌었다. 남녀공학의 시대고 이성 교제는 자유로우며 성 문화는 개방되었다. 사회는 이렇게 바뀌었는데 교회는 1980년대 공간에 멈추어 있다. 이제 교회는 가장 보수적인 공간이 되었다. 이 시대의 청소년들은 교회 보기를 1980년대 청소년들이 절 보듯 한다. 한국 기독교의 젊은 인구는 점차 줄어들고 있다. 인구의 도시 이동과 더불어 상가 교회라는 시스템으로 급속하게 부흥할 수 있었던 한국 교회는 지금 다른 시대를 맞이하고 있다. 현시대는 종교인들의 자리를 심리학자, 뇌과학자, 인문학자가 대체하고 있다. 사람들은 일요일에 종교 집회를 가기보다는 평일 저녁에 인문학 콘서트를 더 많이 간다. 아니, TV의 인문학 예능 프로그램을 본다. 〈어쩌다 어른〉, 〈알쓸신잡〉은 이 시대의 상가 교회다. 기원전 1만 년경 괴베클리 테페를 짓기 시작하던 시절부터 종교와 건축은 밀접한 관련을 맺어 왔다. 어쩌면 그보다 앞서 알타미라 동굴에 벽화를 그리면서부터인지도 모르겠다. 수천 년 동안 인류의 종교는 지구라트, 판테온, 각종 성당과 사찰 등의 건축물을 만들었고, 건축물은 다시 종교에 영향을 미쳐 왔다. 미디어가 발전하면서 건축의 영향은 줄어들었지만 현대까지도 건축과 공간은 종교에 지대한 영향을 미친다. 그리고 그 역학 관계를 살펴보면 인간을 조금 더 이해할 수 있게 된다. 우리는 앞 장에서 건축물의 무게와 과시의 측면에서 권력의 메커니즘을 살펴보았다. 이번에는 시선과 공간 구조라는 또 다른 측면에서 권력의 메커니즘을 살펴보자.

단상 위의 사람은 왜 권위를 가지는가?

우리는 교실에서는 선생님의 강의를, 절에서는 스님의 설법을, 교회에서는 목사님의 설교를 듣는다. 그런데 어떤 때는 말씀이 귀에 잘 들어오지 않고, 때로는 앞에서 말하는 사람이 싫어서 자리를 박차고 나오고 싶을 때도 있다. 그럼에도 불구하고 그러기는 어렵다. 예절의 문제도 있지만 무엇보다 주변 모든 사람이 경청하는 자리에서는 앞에서 말하는 사람의 권위와 힘이 느껴지기 때문이다. 그럼 왜 단상 위의 선생님과 종교 지도자들은 그런 힘을 가지게 될까? 일반적으로 교사는 지식과 성적 평가를 통해, 종교 지도자는 말씀을 통해 권력을 만든다. 하지만 앞선 이유들이 변변찮은데도 그 권력이 유지되는 경우가 많다. 건축적으로 그들의 권력이 강화되는 이유는 없을까? 필자는 그 이유가 사람들이 그들을 함께 바라보기 때문이라고 생각한다. 누군가가 단상 위에 서 있으면 그 사람을 바라보는 많은 이가 그의 추종자로 느껴지고, 그 사람은 자신을 바라보는 이들의 숫자만큼 큰 집단에 영향력을 행사하는 사람이 된다. 그렇게 대중이 바라보는 사람은 권력을 가진다. TV 뉴스를 보면 여야 국회의원들이 몸싸움을 하면서 국회 단상에 서 있는 사람을 끌어내리려는 모습이 가끔 연출된다. 단상에서 끌어내리는 것은 그 사람의 권력을 빼앗는 것이다. "자리가 사람을 만든다"는 말이 있다. 이 말의 '자리'는 직함뿐 아니라, 실질적으로 그 사람이 위치한 물리적인 공간이 권력을 만들기 때문이다. 사람들의 시선이 모이는 곳에 위치하면 권력이 생긴다.

축구장에 가면 수만 명의 관중이 객석에 앉아 공을 드리블하는 선수를 집중해서 바라보는데, 그 순간 그 선수는 중요한 사람이 되고 그 선수에게 권력이 부여된다. 영화 〈글레디에이터〉를 보면 황제보다 검투사가 더 인기가 많다고 황제가 투덜거리는 장면이 있다. 그런 현상이 생기는 것은 콜로세움에서는 경기장 중앙을 향해서 좌석이 배치되어 있고 따라서 관객석에 앉아 있는 황제보다 경기장에 서 있는 검투사에게 관객이 더 집중하기 때문이다. 결국 그 영화의 말미에는 황제가 경기장에 내려가서 검투사와 대결하는 모습이 나온다. 이 같은 이유로 교사, 목사, 운동선수 등 시선 집중을 받는 사람은 권력을 가지게 된다.

이들은 건축적으로 군중이 바라보게 하는 공간 구조의 중심점에 위치한 사람들이다. 그리고 더 많은 사람이 바라보면 더 많은 권력을 가지게 된다. 선생님이 강단에 서면 학생들의 책상과 의자는 모두 강단을 향해 배치된다. 누구든 강의실 의자에 앉으면 싫든 좋든 몸과 시선이 단상을 향한다. 그런 공간 구조는 강단에 서 있는 사람이 누구이든 상관없이 권력을 가지게 만든다. 공연 무대도 마찬가지다. 필자는 예전에 텅 빈 연극 무대에 서 본 경험이 있다. 원형극장의 구조였는데 수천 개의 빈 의자가 필자가 서 있는 무대 중심을 향해 있는 것을 보고 정신이 번쩍 들었다. 사람이 앉아 있지 않은 그저 빈 의자였을 뿐인데도 그 공간의 구성은 충분히 특별한 차이를 만들어 냈다. 객석에 앉아 있을 때와 무대에 서 있을 때의 나는 같은 사람이었음에도 다른 사람이 된 느낌이었다. 그렇다면 권력이 있어서 그런 배치가 이루어진 것일까, 아니면 배치가 권력을 만드는 것일까? 이는 달걀과 닭의 관계처럼 답이 없다. 그 둘은 계속 순환하면서 서로 강화하는 쪽으로 공진화해 왔다.

그리스 민주 사회를 만든 극장

건축의 역사를 보면 이런 원리를 잘 아는 왕들은 시선 집중을 위해 평면을 좌우대칭으로 만들고 중심축을 잡아서 그 선상에 앉았다. 권력의 집중을 더 강화하기 위해 그 자리를 높게 만들어 멀리서도 그 신전을 바라볼 수 있게 했다. 더 많은 사람이 보게 만들어서 더 큰 권력을 갖기 위해서다. 대표적인 사례가 수메르문명의 '지구라트'다. 지구라트는 좌우대칭의 구성에 가운데로 계단이 높게 올라가는 구조다. 맨 꼭대기에는 신전이 위치하는데, 높기 때문에 주변의 수만 명의 사람이 그 신전을 바라볼 수 있는 구조다. 좌우대칭 구조를 띤 자금성이나 베르사유 궁전도 한 사례가 될 수 있다. 자금성에서 황제는 가운데 축선의 가장 높은 자리에 앉았다. 건축물을 높이 세울수록 멀리서도 많은 사람이 쳐다보게 되어 더 많은 권력이 창출되기 때문에 권력자는 고층 건물을 선호한다. 과거의 지구라트, 피라미드도 당대 초고층 건물이었고 현대 도시에서는 대기업 총수가 초고층 사옥을 짓는다. 서울에서 가장 높은 롯데타워는 서울의 대부분 지역에서 잘 보인다. 시민들이 계속 바라보게 되면 초고층 건물의 주인은 권력을 가지게 된다.

시선이 집중되게 만드는 공간적 배치는 없던 권력도 만들어 낸다. 기원전 5백 년경에 만들어진 최초의 극장인 아테네의 디오니소스 극장을 보자. 극장의 무대는 관객의 시선 집중을 받을 수 있는 공간이다. 그리고 그 무대에는 국민 누구나 배우가 되면 설 수 있다. 그 말은 국민 누구나 권력의 중심이 될 수 있다는 것을 말한다. 건축적으로 특

그리스 아테네의 디오니소스 극장

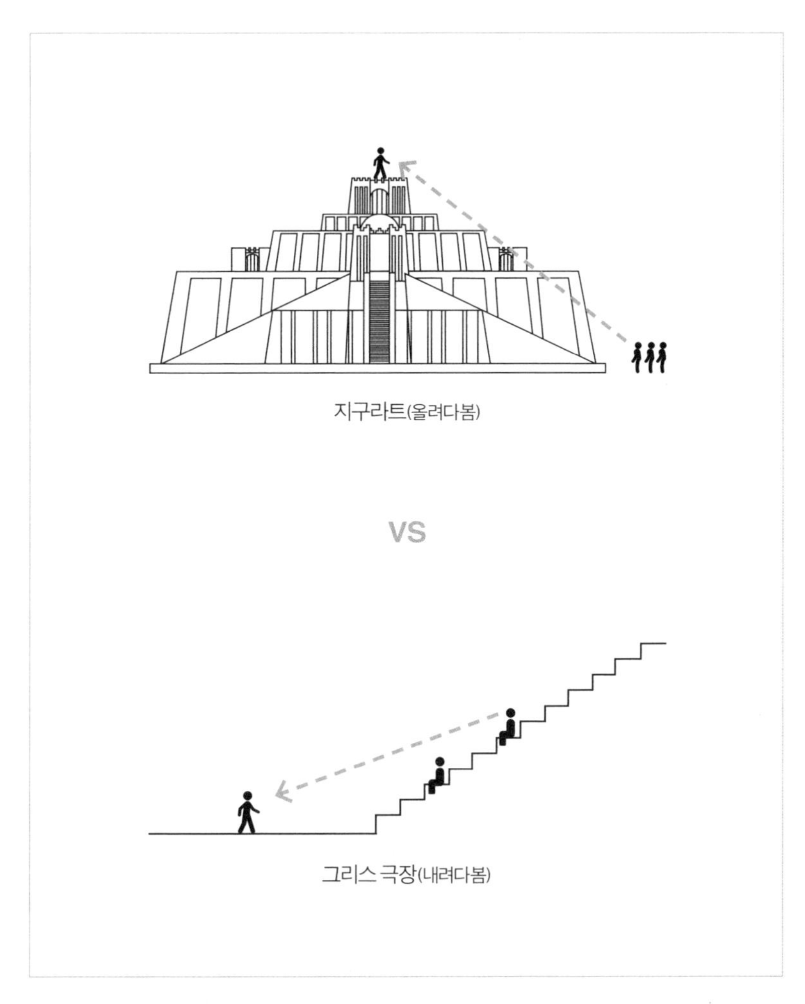

지구라트와 그리스 극장의 공간 배치에 따른 시선의 차이

이한 사항은 이때 시선의 집중을 받는 무대의 높이다. 기존의 권력자가 시선을 받는 공간은 높은 곳이었다. 지구라트가 대표적인 예다. 지구라트에서는 가장 높은 곳의 정점에 신전을 두고 그곳에 제사장이 위치해서 주변의 모든 사람이 올려다보게 만들었다. 반면 디오니소스 극장에서는 시선 집중을 받는 무대가 객석보다 아래에 위치한다. 이로써 객석에 앉은 관객들은 무대로 시선을 집중함으로써 자신의 권력을 양도하지만 동시에 내려다보면서 권력의 우위를 차지하게 된다. 일반적으로 건축에서는 높은 곳에서 내려다보는 것이 권력을 가지는 자의 시선이다. 따라서 원형극장에서는 평면상으로는 무대 위 사람이 권력을 가지게 되고 단면상으로는 관객이 권력을 가지게 된다. 그리고 관객과 배우, 이 둘은 서로 위치를 바꿀 수 있다. 이로써 객석과 무대에 있는 사람 사이의 균형이 만들어지는 것이다. 왕이나 제사장이 아니라 일반 국민도 언제든지 시선 집중을 받을 수 있게 해 주고 평등한 권력의 공간 구조를 제공하는 디오니소스 극장이 그리스 민주주의 사회를 완성시켰다고도 할 수 있다.

왜 정치 집회는 광화문 광장에서 열리는가

이러한 시각에서 도시 구조를 살펴보자. 미국 워싱턴 DC에는 '링컨 기념관 - 워싱턴 기념비 - 국회의사당'으로 이어지는 역사적 축이 있다. 이 축선상에 미국의 정신을 보여 주는 중요한 건축물들이 모두 위치

1963년 직업과 자유를 위해 모인 워싱턴 시위(위)와 2016년 광화문 촛불집회(아래). 좌우대칭의 축선을 차지하는 자가 권력을 가지는 자다.

해 있다. 이런 공간 배치로 인해 현재의 국회의사당은 워싱턴과 링컨으로부터 이어져 내려오는 권력의 정통성을 인정받는 것처럼 보인다. 프랑스 파리는 이런 역사적 축의 원조 격인 도시다. '루브르 박물관(구 루브르 궁전) - 콩코르드 광장 - 개선문'으로 이어지는 역사의 축은 파리의 척추가 되는 중심 공간이다. 그리고 이 축은 계속 연장되어 신도시인 라데팡스까지 이어져 있다. 라데팡스에 가면 '그랑드 아르슈'라는 개선문처럼 생긴 건축물이 있는데, 그곳에 가면 마치 예전의 황제처럼 누구나 역사적 축의 선상에 설 수 있다. 그것은 누구나가 권력의 주인이 될 수 있는 민주적 도시라는 것을 말한다.

우리는 정치 집회를 할 때 주로 광화문 광장에 모인다. 왜냐하면 우리나라의 경우 역사적 중심축은 '이순신 동상 - 세종대왕 동상 - 광화문'으로 이어지는 축이기 때문이다. 그리고 그 축선상의 중심 공간이 광화문 광장이다. 이곳에서 열리는 집회는 단순히 넓은 공간을 차지했다는 의미를 떠나 권력의 중심축을 누가 점유하고 있느냐를 보여주는 중요한 전시 행위다. 우리나라의 광화문 광장 시위와 마찬가지로 베트남 전쟁 당시 미국 내 반전 시위나 마틴 루터 킹의 정치 집회도 워싱턴 DC의 역사적 축인 링컨 기념관과 워싱턴 기념비 사이에 위치한 넓은 공간에서 열렸다. 도시가 만들어지면서 생기는 이러한 중요한 축의 선상에 위치한 공간을 점유한다는 것은 권력의 장악을 보여주는 것이다.

권력은 좌우대칭에서 나온다

베르사유 궁전으로 들어가는 길은 좌우대칭이고 궁전의 입면도 좌우대칭이다. 피라미드나 엠파이어스테이트 빌딩의 입면도 좌우대칭이다. 두바이 왕궁 앞의 길은 대놓고 베르사유 궁전을 흉내 낸 좌우대칭이다. 미 국회의사당 앞길, 우리나라의 광화문 광장과 여의도 국회의사당 앞길 모두 좌우대칭의 모습이다. 권력을 나타내는 공간이 좌우비대칭인 경우는 없다. 왜 권력의 공간은 모두 좌우대칭일까? 인간의 뇌는 본능적으로 규칙을 찾는데, 가장 쉽게 찾을 수 있는 규칙 중 하나가 시각적 좌우대칭이다. 어느 공간이 하나의 규칙을 보일 때 그 공간은 하나로 인식된다. 모든 사람이 같은 군복을 입고 있을 때 하나의 군대로 보이는 것과 마찬가지다. 따라서 좌우대칭의 공간은 하나의 규칙하에 놓인 하나의 큰 공간이 되는 것이다.

우리가 자연 발생적으로 만들어진 유럽의 오래된 도시에 가면 모든 공간이 좌우 비대칭이고 도로 모양도 제각각임을 볼 수 있다. 이런 공간 속에서는 규칙을 찾기가 어렵다. 규칙을 찾기 어렵다는 것은 중심점이 없다는 것이다. 그 말은 공간 내에 권력의 차등이 생겨나지 않는다는 것을 의미한다. 그런 도시를 걷다가 좌우대칭의 공간을 만나게 되는데 그곳은 바로 성당과 그 앞의 광장이다. 로마의 성베드로 성당에 가면 우리는 완벽한 좌우대칭의 공간을 만날 수 있다. 성당과 그 앞의 거대한 광장이 하나의 규칙하에 하나의 공간으로 구성되어 있는 것이다. 우리는 쉽게 그 좌우대칭의 큰 공간을 인식한다. 그리고 우리의

로마의 성베드로 성당의 광장은 완벽한 좌우대칭을 보여 준다.

작은 몸은 그 큰 공간 안에서 아주 작은 존재로 느껴진다. 권력을 나타내는 공간이나 건축물이 좌우대칭으로 만들어지는 데는 이러한 이유가 숨어 있다. 거대한 건축물과 공간을 좌우대칭이라는 규칙하에 묶어 놓으면 그 안의 사람은 상대적으로 자신을 작은 존재로 느끼게 된다. 그래서 이런 공간 구성은 개인의 존재감을 억누르는 전략인 것이다. 그래서 우리의 학교 건물은 좌우대칭이 되면 안 된다. 좌우대칭의 건축 공간에서는 사람이 억눌리기 때문이다. 그런데 만약에 사옥이나 법원, 신전 같은 공간이 좌우 비대칭의 공간 구성을 띠고 있다고 생각해 보라. 그러면 건축물이나 그 앞의 광장 공간도 여러 개로 쪼개질 것이고 따라서 우리는 상대적으로 편안한 마음을 가지게 된다. 이는 군인들이 군복을 입지 않고 각기 다른 평상복을 입고 전쟁에 나가는 것과 마찬가지다. 이런 경우를 오합지졸이라고 부른다. 좌우대칭으로 이루어진 통합된 하나의 건축 공간은 조직을 하나 되게 한다. 마찬가지로 하나의 스타일로 된 모든 유니폼도 조직을 통합하는 역할을 한다. 그래서 대기업 사원들은 특정한 유니폼이 없지만 너도나도 짙은 색 양복을 입는다. 자신이 전체의 일부가 되었다고 안심하는 동시에 다른 조직에게 하나 된 위압감을 보여 주기 위함이다. 점심시간에 대기업 사옥의 현관에서 쏟아져 나오는 사람들을 보라. 정해진 드레스 코드가 없어도 놀랍게도 비슷하게 입고 있다. 건축 공간의 좌우대칭 배치는 공간을 하나로 묶어 커다란 존재감을 만들어서 개개인을 스케일상으로 압도하기 위한 건축적 전략이다.

현대인이 SNS를 많이 하는 이유

앞서 지구라트와 그리스 원형극장을 통해 바라보기와 권력의 창출에 대해 살펴보았다. 현대에 와서는 시선의 집중을 받아 권력을 창출하는 방법이 건축 외에 하나 더 생겼다. TV, 영화 같은 미디어를 이용하는 것이다. TV에 많이 나오는 사람은 권력을 갖게 된다. 현대인들은 신전 꼭대기를 우러러보기보다는 TV나 스마트폰 스크린을 더 많이 쳐다본다. 그 모니터 안에 들어가 있는 사람이 권력을 가지게 되는 것이다.

그래서 정치가들은 나쁜 소식으로라도 TV 뉴스에 나오기를 원한다. 이 원리를 잘 이용한 사람이 트럼프 미국 대통령이다. 그는 과거 〈어프렌티스The Apprentice〉라는 연예 프로그램을 통해 인지도를 높였고, 각종 좋지 않은 뉴스로 미디어에 거론되면서 점차적으로 사람들에게 자신의 존재를 각인시켰다. 그러다가 결국 대통령까지 되었다. 건축에서 미디어로 양상만 바뀌었을 뿐 바라보기와 권력의 본질은 그대로다. 현재 우리나라 청소년들의 희망 직업 1위가 연예인인 것은 당연한 결과다. 이 사회에서 TV에 가장 많이 나오는 연예인이 최고의 권력자이기 때문이다. 그래서 때로는 시청률이 높은 프로그램에 나온 사람은 본인의 의사와 상관없이 정치적 오해나 견제를 받을 수도 있다. TV에 나온 사람이 권력을 가진다는 배경에서 보면 〈전국노래자랑〉은 마치 그리스의 극장처럼 국민 누구나 용기만 있으면 TV 속 무대에 설 수 있게 해 주는 민주적인 장치라고 할 수 있겠다.

TV나 영화에 나올 수 없는 일반인들은 그런 권력을 가지기 위해 페이스북을 비롯한 각종 SNS에 자신의 사진을 올린다. 내 사진을 누군가 본다면 내가 권력을 가지게 되기 때문이다. 감시를 받으면 권력을 빼앗기지만 내가 보여 주고 싶은 모습만 보여 주면 오히려 권력을 갖게 된다. 지금 이 시간에도 셀카를 찍어서 SNS에 열심히 올리는 사람은 십시일반 자신의 권력을 만들고 있는 중인 것이다.

미디어를 통해 권력을 가진 연예인과 과거의 권력자들이 다른 점이 있다면 연예인의 권력은 영속성이 떨어진다는 점이다. 5천 년 전 수

좋아하는 사람 **gileventsur**님, **kimsungshik**님 외 **372명**
hyunjoon88 두바이 사막
만수르 삘

TV에 나올 수 없는 사람은 SNS에 자신의 사진을 올리며 권력을 수집한다.

메르문명의 권력자는 건축물을 만들고 죽을 때까지 권력을 점유했다면 지금의 연예인은 방송국의 시스템을 잠시 빌려 아주 짧은 기간 권력을 가진다는 점이 다르다. 방송을 통한 권력은 일시적일 뿐 프로그램의 종영과 함께 끝이다. 그런 면에서 본다면 미디어 시스템을 장악한 사람이 이 사회에서 진정한 권력을 가진 사람이다. 방송국 시스템이 곧 과거의 신전 건축이다. 방송국 사장이 이 시대의 제사장인 것이다. 방송국 사장 자리에 누가 앉아 있느냐가 중요한 이유가 여기에 있다. 그래서 정권이 바뀔 때마다 지상파 TV의 사장 자리를 놓고 공방전이 펼쳐지는 것이다.

현대는 미디어가 권력을 만드는 세상이다. 즉 시청률이 권력이 되는 세상이다. 인기 프로그램을 만들어 내는 PD는 과거의 건축가가 했던 역할을 하는 중요한 권력 창출자다. 앵커맨은 화면의 중앙에 위치하기 때문에 큰 권력을 갖는다. 손석희 앵커같이 시청률이 높은 뉴스의 앵커는 이 시대의 중요한 권력자다. 이들도 고대의 신전 꼭대기에 서 있는 제사장과 같다. 권력이 생겨나면 함께 따라오는 것이 중독이다. 권력에 취한다는 말이 있다. 연예인들이 인기가 내려갈 때 힘든 것은 이러한 권력의 중독에서 벗어날 때 생기는 금단현상 때문이다. 권력은 영원하지 않다. 특히나 현대사회에서 미디어를 통해 만들어지는 권력은 찰나성이 더욱 심하다. 우리는 건축과 미디어를 통해 권력을 만드는 법을 안다. 이제 더 중요한 문제는 그렇게 만들어진 권력을 어떻게 잘 분배해서 균형을 맞추고 상호 견제하게 만드느냐다. 그리스는 인류 역사 최초로 객석과 무대로 구성된 극장을 만듦으로써 시민사회를 완성했다. 지금은 우리 사회를 한층 더 성숙시킬 수 있는 새로운 건축 장치가 필요한 때다.

높은 사람이라고 부르는 이유

앞서 높은 곳에 올라가면 시선 집중을 받고 아래를 내려다보게 되어 권력이 생긴다는 점을 설명했다. 건축에서는 높은 곳에 올라가게 해주는 특별한 장치가 있는데 그것은 바로 '계단'이다. 계단을 살펴보면 우선 재미난 사실을 하나 알 수 있다. 지리적으로는 그리스부터 잉카 문명까지, 시기적으로는 수천 년의 건축 역사 동안 계단 한 단의 높이는 대략 18센티미터로 거의 변하지 않았다는 점이다. 필자가 경험해 본 가장 높은 계단 한 단의 높이는 마야 피라미드 신전의 계단이다. 하지만 이것도 사람이 걸어 올라가지 못할 정도의 계단은 아니었다. 이처럼 계단의 높이가 비슷한 것은 인체의 크기가 지난 수천 년간 거의 변하지 않았기 때문이다. 계단은 고관절, 무릎, 발목, 발가락이라는 신체 관절 부위를 가지고 직립보행하는 인간이 좁은 면적 안에서 다른 높이의 공간으로 가기 위해 고안한 장치다. 인체 모양이 극단적으로 변하지 않는 한 계단의 모양과 크기는 유지될 것이다.

계단은 높은 곳을 가게 해 주는 장치인데, 건축에서 높은 곳은 권력을 더 가지는 공간이다. 높은 곳이 권력의 자리인 이유는 높은 곳에 있으면 자신을 드러내지 않고 다른 사람을 관찰할 수 있기 때문이다. 직장에서도 부장님의 자리는 창을 등지고 있는데, 그 위치는 다른 사람은 뒤에서 그 사람을 보지 못하지만 그 사람은 다른 사람을 볼 수 있는 자리여서다. 권력을 가진 사람은 항상 그런 자리를 찾는다. 아파트에서는 한 층이라도 더 높은 층은 아래층을 내려다볼 수 있는데, 반대로 아래층에서는 위층을 볼 수 없다. 그래서 한 층이라도 더 높은 자리는 권력의 자리다. 이렇듯 건축에서 가장 확실하게 다른 사람을 관찰할 수 있는 자리는 내려다볼 수 있는 높이 있는 자리다. 그래서 우리는 권력을 더 가진 사람을 '높은 사람'이라고 부르기도 한다.

높은 곳이 권력의 자리라는 것은 면적과도 관련이 있다. 대체적으로 높은 곳은 좁다. 높은 곳보다 낮은 곳이 넓어야 구조적으로 안정되기 때문이다. 산을 보더라도 높은 정상 부위로 갈수록 점점 좁아진다. 상대적으로 희귀한 공간인 높은 곳은 희소성의 가치를 가진다. 그래서 권력이 있는 사람은 높은 곳을 차지하려고 한다. 또 다른 이유도 있다. 우주 어느 곳을 가든지 만물은 중력의 지배를 받는다. 중력 때문에 물은 높은 곳에서 낮은 곳으로 흐른다. 가만히 있으면 낮은 곳으로 가는 것이 자연스럽다. 그런데 그것을 거슬러서 높은 곳으로 간다는 것은 많은 에너지를 요하는 일이다. 당연히 힘이 남는 권력자들만 가능한 일이다. 우리가 산 정상으로 올라가는 것도 이러한 권력 추구의 본능이 반영된 행위라고 볼 수 있을 것 같다. 높은 산의 정상에 오르는 것을 즐기는 사람들은 권력욕이 많은 사람이라고 볼 수도 있겠다. 정치가들 모임에 낚시회보다 산악회가 많은 것은 그런 이유가 아닐까?

권력을 창출하는 계단

건축 역사에서 의미 있는 최초의 계단은 지구라트의 계단이다. 지구라트는 성경 「창세기」에서 바벨탑이라고 묘사되기도 한 건축물이다. 성경에 나오는 주요 인물 중 야곱이라는 사람이 있다. 그는 하나님과의 씨름에서 비겨 하나님으로부터 이스라엘이라는 이름을 받는다. 야곱은 지금의 이스라엘이라는 이름이 시작되게 한 주인공이다. 그와 관련된 일화 중, 야곱이 꿈을 꾸는데 하나님의 사람이 사다리를 타고 하늘을 오르락내리락하는 것을 보았다는 이야기가 있다. 유명한 '야곱의 사다리'라는 일화다. 그런데 여기서 말하는 사다리가 번역이 잘못된 것이라는 학설이 있다. 히브리어 원문을 살펴보면 사실은 사다리가 아니라 '단'이라는 것이다. 꿈에서 야곱이 본 것은 공중에 놓인 사다리가 아니라 그 지역의 신전인 지구라트의 계단이라는 얘기다. 따라서 야곱이 꿈에서 봤다는, 하나님의 사람이 사다리를 타고 하늘을 오르락내리락하는 장면은 사실 지구라트 계단을 오르락내리락하는 제사장들을 본 것이라는 의미다. 수메르문명의 권력자들은 엄청난 노동력, 경제력, 정치력을 동원해서 벽돌로 거대한 산 같은 지구라트를 만들어 놓고 그곳으로 올라가는 높은 계단을 만들었다. 그들은 경외심을 불러일으키는 신들의 이야기를 만들고 신을 위한 공간인 신전을 지구라트 꼭대기에 안치시켰다. 그 성스러운 꼭대기 신전 공간에는 신이 임재한다고 여겼으며 그곳에 올라갈 수 있는 '사람'은 제사장뿐이었다.

그렇다면 여기서 권력을 갖는 주체는 신인가? 아니면 제사장인

지구라트의 계단. 권력의 위계가 느껴지는 공간이다.

가? 신은 우리가 볼 수도 없고 들을 수도 없으니 자연스럽게 대변인인 제사장이 권력을 갖게 된다. 그리고 제사장은 신전을 건축해 준 왕에게 하늘에서 내려 준 적통성을 부여한다. 신전 건축을 통해 정치적 왕과 종교적 제사장이 상호 인증하는 시스템이 만들어진 것이다. 여기서 우리는 중요한 사실 몇 가지를 알 수 있다. 높은 곳은 권력을 창출한다. 높은 곳을 만든 다음에 그곳에 가게 해 주는 건축 장치는 계단이다. 그리고 그 계단을 장악하는 사람은 권력자다. 지구라트를 지은 사람들은 계단을 통해 권력을 창출하고 그 권력을 통해 나라를 통치하는 힘을 만들어 낸 것이다. 계단은 이처럼 권력과 밀접한 관련을 가진 장치다. 따라서 우리는 권력을 나타내는 다양한 건축물에서 계단을 볼 수 있다. 파르테논 신전의 하단부에도 계단이 있고, 자금성에도 황제가 있는 건물은 수십 개의 계단 위에 위치한다. 우리나라의 법원이나 검찰도 계단 위에 있는 건물을 선호한다. 지구라트 계단에서 시작한 권력의 계단 이야기는 이후에도 이집트의 피라미드, 고구려의 장군총, 마야의 피라미드, 잉카문명의 유적 등에서 찾아볼 수 있다.

우리에게 제국이 없는 이유

앞서 초기 건축에서 볼 수 있는 계단과 권력 창출 이야기를 살펴보았다. 그렇다면 우리의 계단은 어떤가? 우리나라는 중동 지역과는 달리 주변에 산이 많다. 전 국토의 70퍼센트가 산지다. 그렇다 보니 건축적으로 계단을 만들어서 높이 올라가는 식의 방법으로는 권력이 창출되기 어려웠다. 힘들여서 지구라트를 만들지 않은 이유는 아무리 높은 건축물을 만들어서 그 위에 올라가 봐야 주변에 있는 산이 훨씬 더 높기 때문이다. 경복궁 꼭대기보다 북악산의 나무꾼이 더 위에 있으니 말이다. 그런 이유 때문에 옛 정권들은 청와대 뒤에 있는 북악산 길을 통제했을지도 모르겠다.

지구라트나 피라미드같이 높은 계단이 있는 건축물은 주변에 높은 산이 없는 사막 지형에 지어졌다. 주변에 산이 있다면 건축물이 그것과 경쟁하는 일은 무의미하다. 대신 산꼭대기에 지은 경우는 있다. 아테네에서 제일 높은 언덕인 아크로폴리스는 주변에서 잘 보이고 특이하게도 꼭대기가 평평해서 건물을 짓기 적당했다. 그래서 힘들게 대리석을 끌고 올라가서 지은 것이 파르테논 신전이다. 이 높은 언덕은 자연적으로 만들어진 계단인 것이다. 우리에게 권력의 상징인 높은 건물이 없는 데는 산악 지형이 많기 때문에 건축물의 구축술이 크게 발전하지 않은 이유도 있다. 성城을 보더라도 대부분이 '산성'이다. 힘들게 평지에 해자를 파고 성을 짓기보다는 도시를 둘러싸고 있는 산악 지형을 이용해 대충 토성만 쌓아도 방어가 되니 굳이 평지에 성곽을 짓지 않은 것이다. 이런 식으로 권위를 나타내는 건축물을 만들지 않다 보니 중앙집권적인 권력이 창출될 가능성도 적었다. 높은 산이 많은 지리적 환경 때문에 한반도에 대형 제국이 형성되지 않았는지도 모르겠다.

우리나라의 계단은 권력을 창출하기 위한 것보다는 지형이나 기

평지와 산악 지대의 건축물

후를 극복하기 위해 만들어진 것이 주를 이룬다. 과거 조선 시대까지만 하더라도 주요 산업은 농업이었다. 주거지 역시 농경지에서 가까운 평지에 위치하고 있었기 때문에 주거지에서는 계단이 많이 보이지 않는다. 또한 온돌이라는 난방 시스템을 사용해야 했기 때문에 모든 주거지는 단층이었다. 그래서 2층으로 올라가는 계단도 없었다. 집에서 찾아볼 수 있는 계단은 마당에서 대청마루에 올라갈 때 밟는 디딤돌 정도였다. 우리나라 기후는 계절풍의 영향으로 장마철이 있는 몬순기후였기 때문에 땅이 습했고 그래서 주거 공간은 땅의 습기에서 자유로울 수 있도록 약간 높이 들린 형태를 띠고 있다. 그렇다 보니 몇 개의 단을 올라서 방으로 들어가는 구조를 가진다. 조선 시대 건축에서 계단을 많이 볼 수 있는 곳은 사찰이다. 억불 정책으로 대부분의 사찰이 산속으로 들어가다 보니 자연스럽게 경사지 건축에서 나타나는 계단이 사찰에서 보이게 된다. 일반 주거에서 계단이 많이 보이게 된 것은 현대에 접어들어 도시로 인구가 집중하면서부터다. 한국전쟁 이후 급격한 도시화로 인해 평지만으로는 주거지가 해결되지 않자 경사지에 주거지가 들어가는 달동네가 생겨났다. 자연스럽게 우리의 주거 공간 속에 계단이 들어오게 된 것이다. 또 보일러 덕분에 2층에도 온돌을 깔 수 있게 되자 2층 양옥집이 유행했다. 집집마다 2층으로 올라가는 계단이 생겨난 것은 이때부터다.

엘리베이터가 죽인 계단

계단이 건축적으로 힘을 잃게 된 것은 엘리베이터의 발명 때문이다. 엘리베이터가 도입되면서 고층 건물이 가능해졌고 사람들은 비상시를 제외하고는 계단을 거의 이용하지 않게 되었다. 최근 들어서는 자동차 중심의 도시를 만들다 보니 경사지 지형을 극복하는 방식이 계단에서 축대로 바뀌었다. 달동네에는 사람들이 계단을 통해서 올라가지만 계단이 있는 곳은 자동차가 진입할 수 없다. 그렇다 보니 대형 토목공사를 통해 축대를 쌓고 주차장을 만들고 건물을 짓게 되었다. 우리의 외부 환경에서 계단은 점점 사라지고 있는 중이다. 무장애 설계라는 시대적인 요구로 인해 비상계단 이외의 계단은 멸종 위기에 처했다. 오히려 지금은 강북 등지에 남아 있는 계단이 자동차를 막는 파수꾼 역할을 한다. 자동차 중심의 도시에서 계단이 있는 곳은 사람이 보호받는 장소가 되었다. 그래서 계단이 많은 이화동, 경리단길 등으로 사람들이 모이고 있다. 계단은 시대에 따라 권력을 창출하여 사람을 억압하기도 했고, 때로는 사람을 보호하기도 하면서 사람과 밀접한 관계를 맺어 온 건축 요소다.

건축가 지오 폰티는 계단은 두 개의 다른 공간을 연결해 주는 멋진 건축 요소라고 말했다. 계단을 올라가면 걷기만 할 뿐인데 우리의 키가 자라나는 듯한 체험을 하게 된다. 반대로 내려갈 때는 줄어드는 체험도 하게 된다. 계단 위에서는 우리의 눈높이가 계속 바뀌는데, 눈높이의 변화는 큰 차이를 만들어 낸다. 〈죽은 시인의 사회〉라는 영화 속 주인공 키팅 선생님은 자신이 가르치는 학생들에게 책상 위에 올라가라고 요청한다. 작지만 수십 센티미터 커지는 그 시점의 변화가 엄청난 생각의 변화를 가져온다. 일상에서 그 변화를 체험할 수 있는 곳이 계단이다. 어린아이들은 계단을 오르락내리락하는 것을 재미있어 하는데 어쩌면 키가 작은 아이가 어른보다 커지는 체험을 할 수 있는 곳이 계단이어서일지도 모르겠다.

서울 해방촌 108 계단. 이 계단에도 경사형 엘리베이터가 생길 예정이다.

그런데 아쉬운 것은 우리나라 대부분 건축물의 계단은 벽으로 막혀 있다. 우리에게 계단은 이런 멋진 체험을 하는 곳이 아니라 빨리 이동해서 다른 층으로 가야 하는 '일'을 하는 공간이 되었다. 과거에는 웅장하고 멋졌던 계단이 현대 건축물에서는 그저 벽에 둘러싸인 채 햇볕도 바람도 경치도 없는 비상계단의 형태로 남아 있을 뿐이다. 계단은 그런 취급을 받을 공간이 아니다. 계단을 회복시켜 '계단으로 하여금 계단이 되게' 해야 한다. 계단이 갖는 원래의 숭고한 목적을 살려주자.

8장

위기와 발명이 만든 도시

현대 도시를 만든 백만장자

미국 역사를 살펴보면 몇 명의 이름난 부자들이 있다. 위인전 제목에서 봤던 '철도왕 밴더빌트', '석유왕 록펠러', '강철왕 카네기', '자동차왕 포드'다. 이들이 부자여서 위대한 것일까? 아니면 위대해서 부자가 된 것일까? 이들이 돈을 버는 과정에서 무자비한 사건도 많이 일어났고 독과점의 문제도 있었다. 하지만 중요한 사실은 이 사람들이 우리 현대인의 라이프스타일을 만들었다는 것이다. 이 미국인들의 욕망과 투쟁으로 인해 우리 삶의 모습이 만들어졌다. 그 과정을 잠깐 살펴보자.

우선 밴더빌트가 가장 연장자다. 밴더빌트는 16세 때 처음으로 1백 달러의 빚을 내 작은 페리선을 샀다. 이 작은 배로 큰돈을 벌었고 이후 대형 선단을 소유하게 되었다. 남북전쟁이 끝날 무렵 그의 재산은 지금 돈으로 82조 원 정도였다고 한다. 그는 많은 돈을 이용해 미국 전역에 철도를 깔아 철도왕이 되었고, 물류로 큰돈을 벌어들였다. 미국은 유럽인들이 동부에 정착한 후 캘리포니아에서 발견된 금을 찾아 서쪽으로 이동하는 골드러시가 있었던 나라다. 광대한 국토에 교통수단은 마차였던 시절에 밴더빌트는 자신의 돈으로 지금은 국가에서나 건설할 수 있는 수준의 사회간접자본인 철도망을 깐 것이다. 철도의 건설로 미 대륙을 오가는 시간 거리가 대폭 단축되었고 전 국토가 시너지 효과를 얻게 되었다. 이때 새로운 사업가가 등장하는데 록펠러다. 석유왕이라고 알려진 록펠러는 당시 램프등을 밝히는 데 사용하는 '등유'를 파는 사람이었다. 밴더빌트는 록펠러에게 사업을 제안한다. 자신의 철도망을 이용해 등유를 전국에 판매하자는 내용이었다. 당시 밴더빌트에 비하면 별 볼일 없었던 록펠러는 이를 계기로 미국 전역의 밤을 밝히는 등에 기름을 공급하는 사업가로 성장한다. 록펠러가 세운 회사의 이름은 '스탠더드 오일Standard Oil'이었다. 그는 말 그대로 등유의 새로운 안전한 표준을 정하고 판매하였다. 밴더빌트의 물류를 등에 업으면서 생긴 시너지 효과로 그의 재산은 눈덩이처럼 불어났다. 록펠러의 성장에 위협을 느낀 밴더빌트는 다른 등유 업자를 키우면서 록펠러를 견제하려 했다. 이에 분노한 록펠러는 송유관을 설치하기 시작했다. 밴더빌트와 록펠러가 사업 전쟁에 돌입한 것이다. 승자는 록펠러였다. 송유관 때문에 밴더빌트 사업체의 3분의 1 정도인 360개가 파산하게 되었다. 이후 밴더빌트는 사망하고 그의 아들이 사업을 물려받게 되었다. 이 무렵 록펠러의 재산은 현재 시가로 250조 원 정도로 불어나게 되었다.

고층 건물의 아버지, 카네기와 오티스

이 시기에 떠오른 사업가가 카네기다. 당시 전국에 기찻길이 깔려 있었고 강을 건너는 다리도 많이 만들어지고 있었다. 그런데 문제는 당시의 다리에 사용된 구조체가 주철이라는 약한 철이어서 무거운 기차를 감당하지 못하고 무너지기 십상이었다. 다리의 4분의 1 정도가 부분적으로 붕괴되는 일이 있었다. 카네기는 이 문제에 착안하였다. 그는 1,100도의 높은 온도에서나 만들 수 있는 강철을 제작하기로 한 것이다. 당시 강철은 만들기가 까다로워 포크나 나이프를 만드는 정도로만 이용되었다. 카네기는 과감한 투자를 하였고 강철 레일 하나를 만드는 데 2주 정도 걸리던 시간을 15분으로 단축시키는 데 성공한다. 이 일로 그는 '강철왕 카네기'가 되었다. 강도가 훨씬 세진 강철은 다리 제작을 넘어 고층 건물을 짓는 데까지 이용될 수 있었다. 우리가 아는 20층 넘는 고층 건물은 카네기가 개발한 강철이 있었기에 가능했던 건축 디자인이다. 물론 그러한 고층 건물이 가능했던 것은 오티스가 엘리베이터를 발명했기 때문이기도 하다. 엘리베이터가 없었다면 고층을 지어도 걸어 올라가기 힘들어서 사람이 살지 않았을 테니 말이다. 강철과 엘리베이터의 발명으로 1904년 근대 건축가 루이스 설리번

1854년 세계박람회에서 엘리베이터를 시연하는 오티스

강철 구조 고층 건축의 시대를 연 카슨 피리 스콧 백화점

고층 건축의 시대, 미국 뉴욕의 모습

이 H형강을 이용해 '카슨 피리 스콧 백화점'을 설계하였다. 비로소 강철 구조로 된 고층 건축의 시대가 열린 것이다. 이후 뉴욕과 시카고는 20층 이상의 건물로 채워진 마천루의 도시로 새롭게 태어났다. 엘리베이터와 강철, 이 둘이 만나면서 우리가 사는 고밀화 도시가 만들어진 것이다.

전기의 시대로

이제 미국인들은 밴더빌트가 깐 기찻길 위로 기차를 타고 이동하고, 밤에는 록펠러가 공급하는 등유로 램프를 켜고, 카네기가 만든 강철로 세운 고층 건물에서 생활하게 되었다. 이때 새로운 사업가가 등장하는데 바로 현대식 금융을 만든 J. P. 모건이다. 요즘은 사업가들이 부실한 기업들을 인수 합병해 직원을 정리 해고하고 구조 조정을 통해 기업의 가치를 올리는 일을 한다. 그 일을 시작한 사람이 모건이다. 그에게는 새로운 발명을 통해 새로운 세상을 만들고 부자가 되겠다는 원대한 꿈이 있었다. 그런 그가 주목한 사람이 에디슨이다. 에디슨은 전구를 발명했고, 모건은 이 전구가 록펠러의 등유 램프를 대체할 것으로 예상했다. 그리고 그 예상은 실현되었다. 새로운 시대가 열린 것이다.

모건은 자신의 집에 세계 최초로 전등을 설치하여 전구 시대를 열었다. 하지만 에디슨과 모건에게도 위기가 있었다. 다름 아닌 에디슨 회사의 사원이었던 니콜라 테슬라가 에디슨의 직류 전기 시스템과는 다른 교류 시스템을 들고 나왔기 때문이다. 테슬라는 웨스팅하우스의 투자를 받아 교류 사업을 성공시킨다. 테슬라는 이 과정에서 사람들에게 교류의 안전성을 보여 주기 위한 시연도 직접 했다. 여러분도 이 유명한 시연을 한 번은 보셨을 텐데, 전기가 공중에서 흘러 사람을 관통한 다음 다시 흘러 나가는 시연이었다. 위기를 느낀 에디슨은 교류로 만든 전기의자로 사형을 집행하는 시범을 보였다. 그런데 문제는 이 사건으로 전기 자체가 위험하다는 이미지가 만들어지면서 전기 사업 전체가 위기에 빠졌다는 것이다. 전기를 이용해 새로운 세상을 만들기를 원했던 모건의 큰 꿈이 무너질 위기에 처했다. 이런 분위기를 혼자 즐긴 사람은 록펠러다. 록펠러는 자신의 등유 산업을 지킬 수 있게 되면서 회심의 미소를 지었다.

그런데 전기 시대가 막을 내릴 것 같았던 이 위기의 순간에 모건이 천재적인 아이디어를 생각해 낸다. 다름 아닌 수력발전이다. 나이아가라폭포의 엄청난 수량을 이용해 전기를 만들면 미국 전 북동부를 밝힐 수 있다는 발상이었다. 천재다. 비로소 수력발전소 건설의 시대가 열린 것이다. 이제 등유의 시대는 가고 대결 양상은 나이아가라폭포 발전소 건설을 두고 에디슨과 모건이 힘을 합친 직류 발전 시스템과 테슬라와 웨스팅하우스가 힘을 합친 교류 발전 시스템의 대결로 압축되었다. 금융을 장악했던 모건은 웨스팅하우스를 파산시키려 하였고, 웨스팅하우스는 테슬라에게 도움을 요청한다. 테슬라는 전격적으로 교류 전기의 특허권을 포기하면서 투자자를 모으게 되었고, 이 대결에서 교류 전기가 승리하게 되었다. 사업권 획득에 실패한 모건은 에디슨에게서 모든 주식을 사들이고 제너럴 일렉트릭이라는 교류 전기 회사를 설립한다. 수력발전소와 교류 전기 시대가 열린 것이다.

등유에서 휘발유로

과거에는 고래잡이를 많이 했는데 그 이유는 고래의 몸에 있는 기름을 램프에 사용했기 때문이다. 시간이 흘러 땅에서 파낸 기름으로 등유를 만들어 큰돈을 번 사람이 록펠러다. 록펠러는 고래잡이 사업을 파산시켰다. 그런데 그가 새로운 교류 전기와 전구라는 신기술의 등장으로 위기에 봉착한 것이다. 이제 사람들은 밤을 밝히기 위해 등유를 사지 않았다. 하지만 록펠러는 이러한 위기를 기회로 보고 돌파했다. 그는 등유 산업을 더 성장시키기 위해 등유보다 더 정제된 휘발유를 개발했다. 이 개발로 휘발유를 이용한 내연기관 사업이 예상치 않게 생겨나게 되었다. 록펠러의 기름은 이제 더 이상 램프의 불을 켜는 정도가 아니라 기계를 움직이는 동력원이 된 것이다. 이때 등장하는 사업가가 헨리 포드다. 그는 포디즘이라고 불리는 조립식 생산 라인을 만들어서 하루에 자동차를 열다섯 대씩 생산하는 시스템을 구축했다. 포드의 소꿉친구인 윌리엄 할리와 아서 데이비슨은 자전거에 내연기관을 설치한 오토바이 '할리데이비슨'을 만들었다. 밀턴 허시는 포드의 생산 라인 방식인 포디즘을 이용해 허시 초콜릿을 만들었다. 이 시대의 이야기를 보면 마치 캘리포니아에서 스티브 잡스가 애플을 만들고, 아는 친구 빌 게이츠가 마이크로소프트를 만들었다는 이야기처럼 들린다. 이제 미국 국민은 포드가 만든 자동차에 록펠러가 만든 휘발유를 넣어 달리고, 카네기가 만든 강철로 지은 고층 건물에 출근해서 일하고, 퇴근 후 저녁에는 모건이 만든 발전소 전기를 이용해 에디슨이 만든 전구를 켜고 지내는 세상에 살게 되었다. 이러한 라이프스타일은 백 년이 지난 지금도 이어져 오고 있다.

철강 회사와 석유 회사는 시대가 바뀔 때 새로운 시장을 개척한 기업들이다. 그 결과로 우리는 지금 자동차가 넘쳐나는 차도와 고층 건물로 가득 찬 도시에 살게 되었다. 만약에 더 이상 철로를 깔 곳이 없어서 철강을 팔 시장이 없어진 철강 회사가 건축 자재 시장을 개척하지 못하고, 전기 때문에 망한 등유 회사가 휘발유를 개발하지 못했다면 우리는 아직도 중세 도시처럼 마차를 타고 다니면서 낮은 건물의 저밀도 도시에 살고 있을 것이다. 카네기와 록펠러의 회사는 지금 우리가 사는 도시 생활의 모습을 만든 장본인이다. 인터넷의 발달로 경제 구조가 바뀌는 지금도 석유, 자동차, 대형 유통 회사는 살아남기 위해 몸부림친다. 몇몇은 도태되고 몇몇은 진화할 것이다. 그리고 그 결과가 향후 수십 년간 우리 도시의 모습을 결정할 것이다. 혹 여러분의 회사가 속한 산업이 사양산업인가? 그렇다면 철강 회사가 건축 자재 시장을 개척했던 것처럼 우리 환경을 바꿀 기회를 가졌다고 보면 된다. 혹시 아는가, 휴대폰 사업이 내리막길을 걸으면서 삼성전자가 반도체 기술로 혁신적인 태양광 기술을 만들고 우리 후손은 전혀 다른 도시에 살게 될지도 모를 일이다.

조선업 불황과 건축

프랭크 게리라는 건축가가 있다. 그는 종이를 구긴 것 같이 생긴 이상한 모양의 건축을 하는 것으로 유명하다. 대표작으로는 스페인 빌바오의 '구겐하임 미술관'이 있다. 이 미술관은 낙후된 도시 빌바오를 전 세계 관광객들이 찾는 문화 도시로 탈바꿈시켜 놓았다. 게리가 비정형 디자인을 하는 이유는 유년 시절에 물고기를 쳐다보며 놀았던 기억 때문이다. 명절 때 요리를 하려고 대야에 담아 놓은 살아 있는 물고기를 보면서 그 역동성과 햇빛에 반짝거리는 비늘에 매료되었다고 한다. 하지만 그는 자신이 원하는 역동하는 비정형의 건축을 만들기 위해 수십 년의 실험적 세월이 필요했다. 처음에는 곡면을 만들기 위해 종이를 잘라 붙여 보기도 했고, 이후 철판을 리본처럼 잘라 엮어 만들다가, 최종적으로는 자동차 제작 기술을 접목해서 곡선형 철판의 면을 만들 수 있게 되었다. 그가 건축물을 디자인할 때 사용하는 소프트웨어인 '카티아'는 전투기를 디자인할 때 쓰는 소프트웨어다. 디자인이 끝나면 자동차를 만들듯이 강철 프레임을 만들고 차체를 만들듯이 철판을 프레임에 부착하여 곡면을 완성한다. 디트로이트 자동차 회사의 기술 지원이 없었다면 게리의 건축은 아직도 종이 모형에 불과했을 것이다.

10년 전쯤 한 선배 건축가가 비정형 건축물을 만들려고 했을 때 국내에서는 조선업이 그 기술을 가지고 있었다. 제작 지원을 요청했지만 낮은 제작 비용과 기술 유출을 꺼려해 거절당했다고 한다. 건축의

스페인 빌바오의 구겐하임 미술관

기본은 비가 새지 않게 하는 '방수'다. 그리고 선박 제작에서 가장 중요한 것이 바로 방수다. 그러니 비정형 건축물은 배를 뒤집어 놓은 듯이 만들면 간단히 완성된다. 국내 조선 업계의 불황이 시작되면서 울산, 거제 같은 도시들이 활력을 잃고 있다. 이들의 기술력으로 배만 만들지 말고 건축 같은 종합 산업 분야에 접목시킨다면 새로운 활력을 얻을 수 있을지 않을까? 1990년대 디트로이트의 자동차 산업이 잘나갔다면 아마 게리에게 기술 협조를 하지 않았을 것이다. 어쩌면 조선 업계의 불황이 우리나라 다른 분야에게는 기회가 될 수도 있다. 이는 또한 조선업 관련 일자리가 살길이기도 하다.

동굴부터 아파트까지

그렇다면 도시와 건축의 진화에 영향을 끼쳤던 또 다른 요소는 없을까? 좀 더 오랜 시간을 거슬러 올라가 보자. 초기 태아의 초음파 사진을 보면 꼬리가 있다. 과학자들은 이 꼬리가 오늘날의 인간으로 진화하기 전 과거의 흔적이 남아 있는 모습이라고 한다. 이처럼 생명체는 과거의 흔적을 DNA 속에 간직하고 있다. 겉으로 드러나지는 않지만 그 안에 숨겨져 있다. 사람이 사는 집 역시 진화하지만 과거의 흔적을 내포하고 있다. 구석기 시대에 수렵 채집을 하면서 동굴에 살던 호모 사피엔스는 지금 수십 층짜리 아파트에 살고 있다. 그런데 고층 아파트 디자인에도 동굴 주거의 DNA가 숨겨져 있다.

우리가 볼 수 있는 인류 최초의 집은 동굴이다. 우리에게 가장 잘 알려진 동굴 유적은 다양한 동물의 모습이 그려진 동굴벽화로 유명한 '알타미라 동굴'이다. 이 동굴은 시기적으로 후기 구석기 시대에 만들어진 것으로 알려져 있다. 알타미라 동굴 벽화의 예술적 절정기는 기원전 1만 1천 년경으로 빙하기가 아직 완전히 끝나기 전이었고, 해수면은 계속 상승하던 시대였다. 이 주거 형태와 동굴벽화를 보면 수렵 채집 시기에 사람들이 힘을 합쳐 사냥을 하고 돌아와서 모닥불 주위에 모여 음식을 먹고 쉬는 모습을 상상해 볼 수 있다. 인류 역사 초기의 동굴 주거는 주거의 줄기세포와 같다. 동굴 주거 안에는 이미 인간 주거 조건의 모든 것이 담겨 있다. 우선 비를 피할 수 있는 공간으로, 주변 동물들의 공격으로부터 보호해 줄 동굴 벽이 둘러쳐져 있다. 입구는 하나만 있어서 보안상 유리하다. 불을 가운데 두어 보온하였고 음식을 익혀 먹었다. 사람들은 바람에 흔들리는 불을 쳐다보며 쉴 수 있었고, 벽화를 그려서 주거 공간을 장식했다. 지금 대략적으로 살펴본 동굴 주거 공간의 일곱 가지 특징이 이후 농경 사회에도, 산업 사회에도, 지금의 정보화 사회에도 우리의 주거 공간에 동일하게 나타난다.

인류는 동굴에서 나온 후 집을 지어야 했다. 우선 비를 피하기 위해 나뭇가지와 나뭇잎으로 지붕을 만들었고, 주변의 공격을 피할 수 있게 벽을 둘러 집을 지었다. 보안을 더 강화하기 위해 담장을 만들어 이중으로 방어벽을 세웠다. 동굴 입구가 하나이듯이 집의 정문과 현관문도 하나씩이다. 보온을 위한 모닥불은 벽난로가 되고 훗날 보일러가 되었다. 모닥불은 한편으로는 가스 불이 되어 음식을 하는 데 쓰이고, 또 다르게 진화해서 TV 속의 영상이 되었다. 과거 수렵 채집 시대의 사냥꾼이 목숨을 건 사냥을 마치고 돌아와 멍 때리고 춤추는 모닥불을 보며 마음의 평정을 찾았던 것처럼 현대인은 직장에서 돌아와 멍 때리고 TV를 보며 쉰다. 고대 동굴 주거의 모닥불은 TV, 가스레인지, 보일러, 형광등으로 분화되고 진화되었다. 과거에 동굴벽화를 그렸듯이 오늘날은 벽지를 고르고 사진 액자와 그림을 건다. 살펴보았듯이 2만 년 전 인간의 주거와 현대인의 주거는 근본적으로 같다. 그도 그럴 것이 우리는 유전적으로 바뀐 것이 거의 없기 때문이다. 뇌과학자 이대열은 '지능은 문제를 해결하는 능력'이라고 정의 내렸다. 우리 지능의 본질은 거의 변한 것이 없다. 과거 우리가 가진 기술과 재료로 동굴 주거라는 해결책을 만들었듯이, 현대인은 같은 문제 해결 능력인 지능을 가지고 아파트를 짓고 케이블 TV를 보며 산다. 다만 달라진 것이 있다면 인간의 주거 환경이 점점 더 복잡해지고 인공화되어 왔다는 점이다. 2만 년 전에는 비나 번개 같은 자연 변화와 동물이 생존에 위협이 되는 조건들이었다. 지금은 우리가 만들어 낸 도시 공간과 복잡한 사회 환경, 경제 문제, 교통 체계, 정치 체계 등이 우리가 생존하기 위해 극복하고 적응해야 하는 조건들이 되었다. 살아남아야 한다는 목적은 같지만 주변 조건들이 바뀌면서 좀 더 복잡해진 건축들이 발생하였다. 고인돌, 스톤헨지, 피라미드, 파르테논 신전, 콜로세움 같은 대표적인 고대 건축물을 비롯해 왕궁, 성, 교회, 고층 아파트, 초고층 사옥 등 이전에는 없던 형태의 건축들이 발생하였다. 이들 복잡한 형식의 건축들은 각 시대의 환경에 반응해서 발명 혹은 발생된 건축양식들이다. 그렇다면 무엇이 인간의 건축을 이러한 진화의 방향으로 이끌었을까? 그중 가장 중요한 요소는 기후변화다.

왜 수메르인이 최초의 문명을 만들었는가

제레드 다이아몬드는 그의 저서 『총 균 쇠』에서 '대륙의 모양이 가로로 기냐 세로로 기냐'라는 간단한 지리적 사실을 가지고 복잡한 인류 역사를 명쾌하게 설명한다. 유라시아 대륙은 가로로 길기 때문에 농업 발생 초기에 주변 지역으로 전파되기 쉽다는 것이다. 대륙이 가로로 길면 동서 방향으로는 위도가 같아서 기후대가 동일하다. 자연스럽게 이쪽 지역에서 성공했던 종자가 이웃으로 전파되기 쉬운 것이다. 반면 아프리카 대륙과 아메리카 대륙은 남북으로 길어서 조금만 위아래로 이동해도 기후대가 달라져 농사에 실패할 확률이 많았다. 농업을 먼저 시작해서 가축을 키운 사람들은 가축에서 얻은 전염병으로 먼저 고생했지만 대신 내성이 생겼다. 유라시아 대륙의 스페인 사람은 아메리카 대륙의 인디언보다 먼저 농사를 시작했고 가축을 키웠다. 그래서 스페인 사람은 인디언보다 전염병에 대한 내성이 강했다. 그랬기 때문에 스페인이 아메리카 대륙에 진출했을 때 인디언은 전염병에 죽고 유럽인은 살아남았다고 한다. 다이아몬드의 이 이야기는 지리적인 조건이 인류의 문명을 좌우하는 가장 큰 요소라는 점을 명확하게 보여 준다. 그의 이론은 건축에도 그대로 적용된다.

수메르문명과 이집트문명은 인류 역사상 가장 오래된 문명에 속한다. 그런데 이 문명들의 발상지는 공통적으로 건조기후대에 위치해 있다. 왜 건조기후 지역에서 최초의 문명이 발생했을까? 그 지역 사람들이 다른 인종보다 더 똑똑해서인가? 아니다. 다만 그들이 우연히 그곳에 있어서였다. 문명이 발달하려면 많은 사람들 간에 생각의 교류가 있어야 한다. 도시는 생각이 교류하는 장소를 제공한다. 따라서 문명 발달에는 도시 형성이 필수적이다. 씨족 단위로 움직이는 유목 민족에게서 혁신적인 발명이 나왔다는 이야기는 세계사에서 들어 본 적이 없다. 모든 혁신적 아이디어는 도시민들에게서 나왔다. 그런데 인구가 밀집한 도시가 형성되는 데 가장 큰 걸림돌은 전염병이다. 산업혁명 시기 영국에서 고밀화된 도시가 만들어졌을 당시 큰 문제 중 하나가 전염병이었다. 갑작스럽게 사람이 모여 살면서 건축물이 급격하게 필요해졌고, 기존의 건물에 칸만 나누어서 방을 만들다 보니 채광과 통풍이 안 되어 각종 세균이 들끓었다. 이처럼 고밀화된 도시는 전염병에 취약할 수밖에 없다. 전염병이 돌면 사람은 흩어지고 도시는 와해된다. 따라서 도시가 만들어지고 유지되려면 전염병이 없는 시스템이 필수다. 고대 도시도 전염병의 문제가 있었을 것이다. 최근 연구 논문에 의하면 비가 내릴 경우 지면의 바이러스가 발포되면서 작은 알갱이 상태로 옆으로 전달된다고 한다. 따라서 잦은 비는 바이러스의 전염을 유발한다. 비가 적게 오는 건조기후대는 전염병의 전파가 적은 장점이 있었다. 지대가 습한 경우 세균의 번식도 용이하다. 따라서 상하수도 같은 위생 시스템이 없는 상태에서 도시에 전염병이 돌지 않으려면 습한 기후보다는 건조한 기후가 유리했다. 위도상으로 보더라도 최초의 도시들은 건조기후대인 낮은 위도에 위치해 있다. 기원전 3천 년경에는 수메르의 전성기를 구가했던 도시인 '우르'가 만들어졌다. 우르는 지금의 바그다드보다 조금 남쪽에 위치한 북위 32도쯤에 위치해 있다. 2천5백 년 정도가 흘러 그리스문명을 꽃피웠던 아테네는 북위 37도에 위치해 있다. 이후 4백 년이 흐른 후 전성기를 맞이하는 도시 로마는 북위 41도에 위치해 있다. 이처럼 최초의 문명은 건조기후대에서 시작되었고 문명이 발달할수록 북으로 북으로, 비가 오는 지역으로 이동했다. 로마는 '아퀴덕트'라고 불리는 수도교를 이용해 수

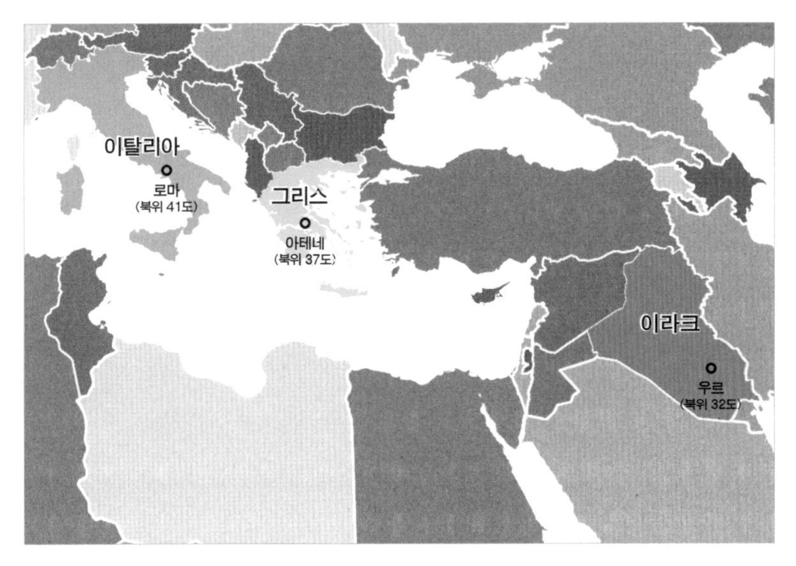

우르, 아테네, 로마의 위도 비교

로를 건축해서 시골의 깨끗한 물을 도시에 공급하는 시스템을 최초로 만들었다. 이러한 상수도 시스템 덕분에 습한 로마에서도 위생적인 도시를 만들 수 있었다. 이런 시스템이 발명되기 전에는 전염병을 피할 수 있는 도시는 건조기후대에서나 가능했다. 그런데 왜 다른 건조기후대가 아니고 이 지역이었을까?

도시가 형성되는 데 필요한 또 하나의 조건은 '물'이다. 사람이 마시거나 농사를 지을 수 있는 물이 없다면 도시가 형성되기 어렵다. 농사를 지으려면 비가 와야 하는데, 비가 오면 습해져서 전염병이 쉽게 돌아 도시가 형성되기 어렵다. 그런데 수메르문명이나 이집트문명의 발상지는 건조하지만 물은 풍부한 지역이다. 두 문화권에는 티그리스강, 유프라테스강, 나일강 같은 큰 강이 있다. 이 강들은 공통적으로 남북으로 흐르는 강이다. 따라서 강의 상류와 하류의 기후대가 다른 특징이 있다. 덕분에 상류에서는 비가 많이 내리고 그 물이 흘러내려와 강의 하구는 건조기후대이지만 물이 풍부하다. 이러한 지리적 특징 때문에 두 문명권 모두 사람이 모여 살아도 전염병이 잘 돌지 않고, 필요한 물은 강이 공급해 주는 곳이라는 조건이 만들어졌다. 그래서 이들은 인류 역사 초기에 관개수로를 만들어 농사를 지으며 큰 도시를 형성할 수 있었고, 최초의 문명이라는 꽃을 피울 수 있었다.

빙하기와 도시

여기서 또 다른 질문을 해 볼 수 있다. "유전적으로 인간의 지능은 별로 바뀐 게 없는데 왜 기원전 3천5백 년경에야 수메르문명이 시작된 것일까?" 이는 기후변화와 밀접한 관련이 있다. 만 년 전 지구는 빙하기였다. 기후학자들은 빙하기 시대에는 지역마다 기온차가 심해서 바람도 지금보다 훨씬 더 셌을 것이라고 한다. 농작물이 자라나려면 유기물이 풍부한 얇은 토층이 필요하다. 문제는 바람이 세서 그런 유기질 토층이 축척되기 어려웠다는 것이다. 그런 이유에서 빙하기 시대에는 농사가 어려웠다. 빙하기가 끝나갈 즈음 기온이 조금씩 올라가기 시작했고, 인류는 농사를 지을 수 있는 강 하구의 비옥한 땅을 찾아 정착했다. 처음부터 농사만 하기는 힘들었을 것이고, 물에서 조개도 잡고 물고기도 잡으면서 살아야 하기에 강 하구나 바닷가에 가까운 구릉 지역에 정착했을 것이다. 그런데 문제는 마을을 만들어도 계속해서 올라가는 기온으로 인해 해수면이 상승해서 자리 잡은 마을이 몇 백 년 후에는 침수됐을 것이다. 수메르문명 이전에 더 오래된 문명이 있었다고 하더라도 상승한 해수면 때문에 침수되었을 가능성이 높다. 학자들은 기원전 5천 년까지 1만3천 년 동안 해수면이 120미터쯤 상승했을 것이라고 한다. 현재 우리가 사는 전 세계의 대도시들은 대부분 해발고도가 100미터 아래에 위치한다. 지금이라도 해수면이 120미터 상승하면 대부분의 도시는 물에 잠긴다.

고대의 많은 신화는 그런 침수로 인해 문명이 멸망한 이야기를 담고 있다. 아틀란티스 문명과 노아의 홍수 이야기뿐 아니라 거의 모든 문명에는 홍수 설화가 존재한다. 전에 TV에서 성경책 속의 에덴동산의 위치가 어디인가를 찾는 다큐멘터리를 본 적이 있다. 그때 결론은 '에덴동산은 페르시아만에 침수되어 있을 것이다'였다. 해수면이 120미터 상승하는 동안 바닷물을 막고 있던 호르무즈해협의 협곡이 어느 한순간 무너지면서 침수되었을 것이라는 추론이었다. 「창세기」에서 노아의 홍수를 설명하는 부분을 보면 40일간 비가 내리고 우물이 터져 땅에서 물이 솟구쳐 올라왔다는 묘사가 나온다. 학자들은 해수면 상승에 의해 지하수의 압력이 높아져서 이런 현상이 나타났을 것으로 추측한다. 이 이야기처럼 물가에 많은 도시가 있었다고 한들 해수면 상승으로 침수되었을 가능성이 있다. 이처럼 과거에 문명이 있던 마을이 해수면 상승으로 계속 사라지다가, 기원전 5천 년쯤 해수면 상승이 멈추면서 그때부터 문명의 축적이 이루어지고 마을이 도시로 성장하기 시작한 것이다. 농업경제 규모는 점점 커지고 잉여 생산물이 많아지게 되면서 계급이 나누어진 사회가 만들어졌다. 그렇게 1천5백 년 정도 지난 후에는 고대 수메르문명이 자리 잡게 된 것이다.

기후와 건축 재료와 건축양식

메소포타미아의 수메르문명이 발달한 티그리스강, 유프라테스강 유역은 건조기후대여서 숲이 적다. 사막에 강이 흐르는 형식이다. 주변에 나무가 부족하다 보니 건축 재료는 진흙을 구워 벽돌을 사용했다. 벽돌로 집들과 지구라트 같은 대형 신전을 건축했다. 이러한 농경 문명은 가로로 긴 유라시아 대륙으로 퍼져나갔다. 그리고 그 지역의 기후에 따라 다른 형태의 건축물로 진화하게 된다. 수천 년이 흘러 극동아시아에 위치한 우리나라는 한옥이라는 주거 형태를 가지게 되었다. 한옥의 형태는 형이상학적인 이유가 아니라 필연적인 이유로 나온 디자인이다. 우선 농경 사회에서는 수확한 벼를 탈곡하고 각종 작업을 할 안전한 공간이 필요하다. 이를 위해 가운데 마당을 두고 주변으로 집을 지었다. 우리 조상들 집의 마당에는 잔디가 깔려 있지 않다. 한옥의 마당은 정원이 아니라 작업장이기 때문이다. 당시 구할 수 있는 주요 건축 재료는 나무였다. 달구지 같은 교통수단과 노동력으로 지을 수 있는 건축물의 규모는 지금 우리가 보는 한옥의 좁은 변의 길이 정도였다. 왜냐하면 그 정도 크기의 나무만 숲에서 마을로 가지고 올 수 있었기 때문이다. 더 큰 나무를 가져올 수 있었다면 더 큰 건물을 만들 수 있었겠지만 운반도 어렵고 가져왔다 해도 크레인 같은 기계가 없는 상태에서 사람의 힘만으로는 통나무를 들어 올려 큰 보를 만들기 어려웠다. 겨우 대들보 정도만 제일 큰 나무를 사용했고 엄청 고생해서 지붕 높이까지 올릴 수 있었다. 그래서 전통 건축을 지을 때 대들보를 올리는 상량식을 대단하게 기념하는 것이다. 대들보를 올리는 것이 당시 공사 과정 중에서 제일 힘든 일이어서다. 많은 방이 필요하면 기둥을 한 방향으로 이어서 옆으로 길게 지을 수밖에 없었다.

우리나라는 집중호우가 많이 내리는 몬순기후이기 때문에 연강

수량 1천 밀리미터 이상에서나 가능한 벼를 재배해서 쌀을 주식으로 삼는다. 장마철처럼 비가 많이 오면 땅이 물러지기 때문에 벽돌을 한 장씩 쌓는 조적식 벽을 세우기가 어렵다. 그래서 건축물은 최대한 가볍게 지을 필요가 있었다. 그러다 보니 무거운 돌보다는 가벼운 나무를 주자재로 사용한 것이다. 그런데 문제는 나무는 물에 젖으면 썩는다. 우리 전통 건축의 디자인은 나무를 물에 젖지 않게 하는 데서부터 시작된다. 우선 나무 기둥은 하부가 물에 잠겨서 썩지 않게 주춧돌 위에 세웠다. 땅이 습하니 마루는 땅에서 들린 높이에 만들었다. 그래서 우리의 대청마루는 디딤돌을 밟고 올라간다. 나무 기둥이 비에 젖어서 썩지 않게 하기 위해서 서까래를 길게 뽑아서 처마를 만들었다. 지붕의 코너 부분의 처마는 대각선상에 있기 때문에 일반적인 처마보다 더 길어진다. 이 코너 부분을 '추녀'라고 한다. 처마의 길이가 길다 보니 그림자는 더 깊게 드리워진다. 그런 이유에서 코너 부분을 받치는 나무 기둥이 물에 젖으면 그늘에서 마르지 않는 문제가 있다. 이를 해결하기 위해 처마를 들어 올리는 디자인을 해야 했다. 처마의 끝이 올라

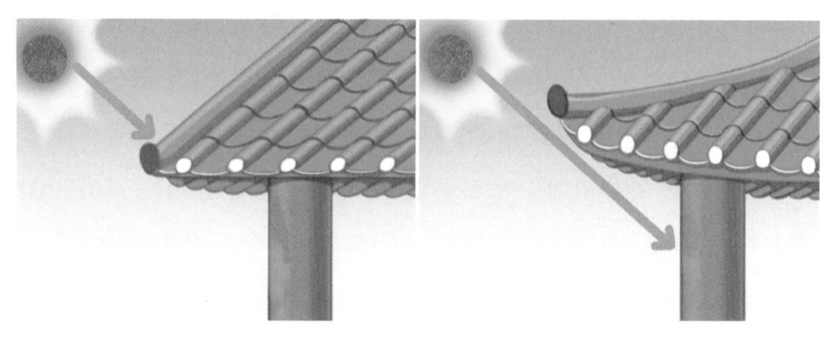

한옥의 추녀. 나무 기둥의 젖은 부분을 말리기 위해 처마 끝을 들어 주는 디자인이 필요했다.

북위 39도 베이징

북위 37도 서울

북위 31도 상하이

위도에 따라 달라지는 처마의 경사도

간 것은 코너의 나무 기둥에 햇볕이 더 들게 하기 위한 디자인이다. 남쪽으로 갈수록 해의 입사각이 높아져서 위도가 낮은 지역에서는 처마는 더 급하게 올라가야 한다. 그래서 우리보다 위도가 낮은 동남아시아 지역 지붕의 추녀는 더 급하게 올라간다. 북쪽으로 올라갈수록 처마의 곡선은 낮아진다. 어느 국어책에 나온 것처럼 우리의 심성이 순하고 산세가 완만한 곡선이어서 우리의 처마가 곡선으로 올라간 게 아니다. 철저하게 경제적, 기술적, 환경적 제약을 해결하다 보니 나온 디자인이다. 모든 디자인은 문제 해결의 결과물이다. 한옥에 살던 우리는 지금은 건축 재료와 기술의 진화로 등장한 콘크리트와 보일러와 엘리베이터 덕분에 고층 아파트에 살고 있다.

도시와 건축의 진화는 주어진 기후 속에서 문제 해결을 하는 지능이 만들어 낸 결과물이다. 환경의 변화는 삶의 형식을 바꾼다. 바뀐 경제, 정치 구조는 새로운 건축과 도시를 만든다. 새롭게 만들어진 건축

환경과 도시환경은 다시 사람을 바꾼다. 바뀐 사람은 다시 정치 시스템을 바꾸고 사회조직을 바꾼다. 이는 다시 건축과 도시와 주변 자연환경을 바꾼다. 전체적으로 그 규모와 속도는 점차 빨라진다. 2만 년 전 동굴에서 수십 명만 모여 살던 인간이 지금은 수천만 명이 사는 도시를 만들고 지구의 반대편까지 하루도 안 되어 갈 수 있는 시간 거리의 공간으로 지구를 바꾸었다. 기후가 바뀌면 건축과 도시와 사회가 바뀐다. 기후변화의 속도가 빨라지는 이 시대에 진화의 수레바퀴는 우리를 어떤 사회와 건축과 도시로 이끌지 궁금하지 않을 수 없다.

유리창 이야기

시대가 바뀌면 새로운 발명이 나오고 그것이 새로운 세상을 만든다. 마찬가지로 건축에서도 기술과 재료가 진화하면서 새로운 건축물이 만들어진다. 그중에서도 가장 변화무쌍한 부분이 바로 창문이다. 여기서는 유리창 이야기를 해 보자.

영화 〈쿼바디스〉를 보면 재미난 장면이 나온다. 로마를 불태워 버릴 정도로 광기가 있는 네로 황제가 울면서 자신의 눈물이 귀하다며 작은 유리병에 눈물을 담는 장면이다. 영화의 이 장면에서도 알 수 있듯이 로마 시대에도 유리를 사용했다. 유리를 나타내는 영어 'glass'의 라틴어 어원은 'glaesum'으로, 보석 중 하나인 '호박'을 지칭한다. 고

영국 킹스칼리지 예배당의 스테인드글라스

대부터 '유리'는 투명하고 빛나는 물질을 지칭하는 말로 사용되어 왔다. 이집트인들은 기원전 3천 년경부터 돌구슬에 유리질 유약을 사용하였으며, 기원전 1350년경에 만들어진 것으로 보이는 유리 제조 공장의 유적이 현재까지 남아 있다. 고대에는 백색 모래를 절구로 갈아서 질산칼륨과 섞은 다음 용광로에서 함모니트룸이라고 불리는 덩어리를 만들고 이를 다시 녹여 백색의 유리 덩어리를 만들었다. 이 같은 고대의 유리는 지중해와 서아시아 지역에서 제조되어 사용되었다. 기원전 1천5백 년 무렵에 만들어진 유리는 주로 화려한 색상의 유리구슬 형태다. 이때의 유리는 우리가 생각하는 투명한 유리가 아니고 불투명하고 색상이 있는 것으로, 오히려 타일에 가까운 느낌이다. 기원전 1세기 무렵에는 빨대 같은 막대기에 유리를 두고 입으로 불어 유리병 모양을 만드는 '대롱 불기 기법'이 시작되었다. 고대 로마에서는 이 기법을 통해 유리 제품의 대량생산이 가능했다.

유리는 빛을 투과시킨다는 물질적인 특징 때문에 건축에서는 오래전부터 특별하게 사용되어 왔다. 그중 대표적인 케이스가 고딕성당의 스테인드글라스다. 유리는 불순물이 들어가면 색상을 띤다. 예를 들어 철분 성분이 많아지면 녹색 유리가 된다. 중세 시대의 기술력으로는 투명한 판유리를 만들 수 없었고, 다양한 색상의 작은 유리 조각들을 밀랍으로 연결해 유리창을 만들었는데 그것이 스테인드글라스로 발전했다. 이때 유리에 그림을 그려 화려하게 채색하였다. 당시 문자는 극히 일부 특권층의 권력의 근원이었다. 당시는 금속활자가 발명되기 전이었고, 책들은 모두 필사본으로 만들어졌기 때문에 가격이 비싸서 일반 대중은 구경하기도 힘들었다. 일례로 성경책 한 권의 가격은 작은 농장 열두 개 정도의 가격이었다. 책을 만드는 일은 대부분 수도원에서 했고 성직자들과 일부 귀족만 글을 읽을 수 있었기 때문에 종교 집단이 권력을 장악할 수 있었다. 극동아시아의 경우에는 성경책 대신에 공자와 맹자의 서책들이 그 역할을 했다. 옛 선현의 글을 읽고 쓸 줄 아는 양반들만이 권력에 접근 가능했던 것이다. 이처럼 과거 대부분의 사람은 글을 읽을 수 없는 문맹이었다. 따라서 성경책의 이야기를 전달하기 위해 그림이나 조각이 사용되었고 성경책 속 일화가 그려진 스테인드글라스는 일종의 극장처럼 컬러 시청각 자료를 제공해 주는 도구였다. 이처럼 유리는 종교 건축을 통한 권력 창출에서 중요한 역할을 담당했다. 반면 유리가 스테인드글라스라는 형식으로 건축과 미디어에 큰 역할을 하였지만 그 당시에도 대부분의 건축물에는 유리가 사용되지 않았다.

창문과 종이

인간은 주광성 동물이기 때문에 우리 삶에 빛은 필수적이다. 건축물의 실내 공간에 빛을 들이는 기능은 창문이 한다. 빛을 투과시켜 들어오게 하는 유리가 창문에 도입되기 전에는 기후대와 문화에 따라 다양한 형태의 창문이 나타났다. 더운 건조기후의 중동이나 인도에서는 개방되어 있고 햇볕이 들어오는 것을 막아 주는 스크린 형태의 창문이 발달했다. 중동 지방의 아라베스크 문양의 창살은 바람이 창살 사이로 들어오게 하면서도 더운 직사광선은 막아 주고 햇빛은 난반사시켜서 안으로 들어오게 해 준다. 추운 날씨가 있었던 중세 유럽의 경우에는 밀폐되는 나무 창문을 이용했다. 빛이 들어오게 하려면 춥더라도 나무 문을 열어야 했다. 동양의 경우에는 창문이 훨씬 더 과학적이었다. 동양에서는 일찍이 종이가 발명되어 유리가 없던 시절에도 종이를 이용해 창문을 만들었다. 나무로 창살 틀을 만들고 그 위에 종이를 붙여 만

한옥의 창호지 창문

든 창호지 창문을 사용하였다. 창호지 창문은 문을 닫은 상태에서는 바깥 경치를 볼 수 없지만 종이를 통해 빛은 투과되는 성질을 가지고 있다. 덕분에 추운 날씨에 문을 닫고 있어도 햇빛이 방에 들어오게 하여 밝은 실내 환경을 만들 수 있었다. 창호지 창은 혁신적인 발명품이었다.

창문세와 쇼윈도의 등장

지금은 '창'과 '유리창'을 거의 동의어로 볼 정도로 창문은 당연히 유리로 만들어진 것으로 여긴다. 하지만 실제로 유리창의 역사는 그렇게 길지 않다. 르네상스 이후에 유럽에서 판유리가 보급되면서 유리 창문이 나오기 시작했다. 하지만 아직도 유리는 귀한 건축 재료였기 때문에 돈이 많은 귀족들도 사용하기 어려웠다. 그래서 국가는 세금 징수의 한 방법으로 창문을 이용하기도 했다. 그전에 영국은 집안에 있는 난로의 개수를 이용해 세금을 매겼다. 난로가 많으면 세금도 많이 징수했다. 하지만 난로는 집안에 들어가야 숫자를 셀 수 있었기 때문에 세금을 징수하기에는 여간 불편한 방법이 아니었다. 그래서 영국은 1696년부터 난로세를 폐지하고 창문세를 도입했다. 유리창은 제작하기 비싸기 때문에 집에 창문이 많으면 부자일 것이라는 생각에서였다. 유리창의 숫자에 따라 세금을 징수했는데, 여섯 개까지는 면세였고, 일곱 개부터 차등적으로 중과세를 매겼다. 이러한 제도는 주택세가 나오기 전까지 150년 동안 시행되었다. 창문세를 시행하던 시기에는 세금을 적게 내기 위해 창문을 없애고 벽으로 만드는 일도 생겨났다. 창문이 없으니 채광과 통풍이 안 되어 위생이 나빠지고 전염병이 돌기도 했다. 또한 시민들은 햇볕을 받지 못해 우울증을 앓기도 했다.

그러한 시기를 거쳐 창문에 유리가 본격적으로 대량 도입된 것은 근대 산업혁명 이후다. 산업화가 진행되면서 다양한 물건이 만들어졌고 사람들은 도시로 모여들었다. 인류 역사상 가장 많은 사람이 도시에 거주하였고 공산품은 대량생산되었다. 공장에서 양산된 물건들은 팔려야 했다. 그래서 생겨난 건축 장치가 '쇼윈도'다. 이 당시에는 자동차가 보급되어 도로의 중앙은 빠르게 움직이는 자동차가 차지하게 되었다. 자연스럽게 상대적으로 느린, 시속 4킬로미터의 속도로 움직이는 사람들은 건물 옆으로 밀려났다. 밀려난 사람들을 보호하기 위해 '인도'가 생겨났다. 인도는 자동차 도로보다 20센티미터 가량 높다. 이 높이는 일반적으로 직경 50센티미터 정도의 바퀴를 가진 자동차가 쉽게 올라가지 못할 정도의 높이다. 인도가 20센티보다 더 높으면 자동차 문을 열 때도 불편하고 인도에서 차도로 내려갈 때에도 계단이 하나 더 필요해지기 때문에 20센티 정도가 적당했다. 사람들은 건물에 가깝게 붙은 인도 위를 줄지어 걷기 시작했고, 상점들은 인도 위를 걷는 사람들에게 가게 안의 물건을 잘 보여 주기 위해 1층 벽면을 최대한 투명하게 만들어야 했다. 그래서 생겨난 것이 유리창을 크게 키운

근대화 시대의 자동차 전시장. 거대한 투명 유리 쇼윈도가 있다.

쇼윈도다. 흑백 기록사진을 보면 높은 천장고의 자동차 매장에 거대한 투명 유리 쇼윈도가 있는 모습을 볼 수 있다.

우리나라의 경우, 유리창을 최초로 사용한 건물은 1883년에 완공된 일본 공사관 건물이다. 구한말 충무로와 종로의 상권을 일본인이 가져간 것도 유리창 쇼윈도 때문이라고 말하는 학자도 있다. 유리창은 보통 투명하기만 하다고 생각하지만, 유리창은 투명한 동시에 무언가를 비추는 효과도 가지고 있다. 그래서 사람들은 거리를 걷다가 쇼윈도 너머의 물건만 바라보는 것이 아니라 유리창에 비친 자기 자신의 모습도 자주 쳐다본다. 일종의 나르시시즘을 유발하는 건축 재료가 유리창이다. 현대사회에서는 건축에서 유리창이 지나치게 많이 사용되어서 사생활 문제가 발생하기도 한다. 몇 년 전 부산의 한 호텔 벽면이 모두 유리여서 가까이에 있는 주상 복합 아파트 주민들이 호텔 내부가 너무 들여다보인다고 민원을 제기한 사례도 있다. 에너지 측면에서 유리창은 에너지 소비의 주범이기도 하다. 과거에는 유리창으로 열이 모두 빠져나가 단열이 안 되는 문제가 있었다. 하지만 최근 들어서는 판유리 사이에 아르곤가스를 넣은 복층 유리가 나와서 단열이 크게 향상되었다. 과거 전도를 통한 열 손실이 많았던 알루미늄 새시 창틀 역시 창의 바깥쪽 창틀과 안쪽 창틀을 분리시키고 그 사이에 열 절연재인 고무 재료를 넣은 방식으로 디자인되어 단열성이 극대화되었다. 그래서 오히려 지금은 겨울철의 열 손실보다는 여름철의 온실효과가 유리창의 더 큰 문제다.

유리창의 미래

유리는 지난 5천 년 넘게 계속해서 진화, 발전해 왔다. 최근에는 밖에선 안 보이고 안에서만 밖이 보이는 유리, 반사가 전혀 없어서 완전히 투명한 상태가 되어 유리 자체가 보이지 않는 유리, 전기를 흘려서 투명한 유리를 일시적으로 불투명하게 만들 수 있는 유리도 있다. 네덜란드 건축설계사무소 MVRDV는 유리 덩어리로 투명한 벽돌을 만들고 시멘트 모르타르 대신에 투명 본드를 이용해 건물의 입면을 만든 사례도 있다. 현재의 3D 프린트 기술로는 투명한 재료까지 프린트하는 것이 가능하다. 따라서 지금처럼 공장에서 제작한 판유리를 창틀에 끼우는 대신 3D 프린터로 직접 프린트한 투명한 유리창을 건축에 사용하는 날이 곧 올 것이다. 하지만 이런 기술보다 더 기대되는 것은 태양광 발전을 하는 투명한 유리창이다. 현재의 기술로도 약간의 발전이 가능한 투명 유리가 있다. 하지만 아직까지는 효율성이 떨어져서 상용화되고 있지는 않다. 조만간 효율성이 향상되면 우리의 모든 유리창이 전기를 발전하고 필요에 따라서는 투명도를 조절할 수 있고 때로는 영상을 보여 주는 스마트 유리창으로 바뀌게 될 것이다. 그런 날이 오면 더욱 다이내믹하고 풍성한 건축과 도시를 보게 될 것이다.

9장

서울의 얼굴

3차선 법칙

필자가 주장하는 법칙 중에 '3차선 법칙'이라는 것이 있다. 이 법칙은 차도가 3차선 이하인 경우에는 보행자의 흐름이 이어지지만 4차선보다 넓으면 단절된다는 것이다. 좋은 예가 홍대 앞이다. 지난 15년간 홍대 앞의 상권은 지하철 홍대입구역부터 시작해서 합정역 사거리까지 꾸준히 확장되었다. 그래서 합정역 사거리 건너편에는 메세나폴리스라는 쇼핑몰이 생겨났다. 하지만 홍대 앞에 놀러 온 젊은이들은 이 길 건너의 메세나폴리스에는 잘 가지 않는다. 손님이 있다고 하더라도 홍대 앞과는 문화권이 다르다. 왜 홍대 앞을 찾아온 젊은이들은 메세나폴리스에 가지 않을까? 그 이유는 합정역 사거리의 차도가 10차선이기 때문이다. 필자는 예전에 강남대로에서 길을 걷다가 길 건너의 지

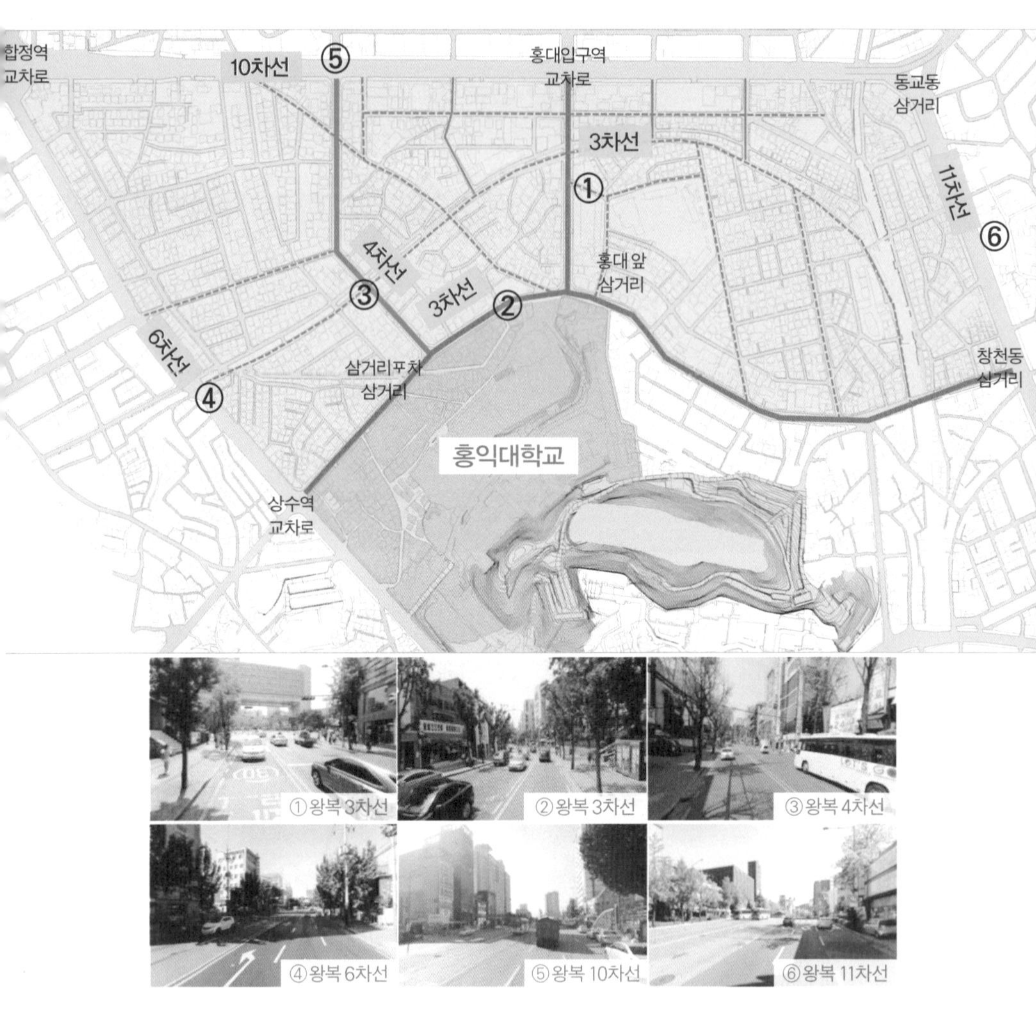

홍대 앞 거리. 도로가 3차선 이하로 되어 있을 때 상권은 길 건너편으로 연결되고 확장된다.

오다노 옷 가게를 발견했다. 청바지나 살까 생각했는데 그러려면 백 미터쯤 걸어가서 횡단보도 파란불을 기다린 다음에 10차선을 건너가서 다시 백 미터를 걸어 내려와야 지오다노에 갈 수 있었다. 귀찮아서 그냥 옆에 있는 유니클로에 가서 청바지를 샀다. 이처럼 사람들은 횡단보도를 건너가는 것을 귀찮아한다. 홍대 정문 앞의 길은 3차선이다. 그래서 학생들은 자연스럽게 캠퍼스에서 홍대 앞 블록으로 넘어간다. 홍대 앞 상권의 길들을 조사해 보면 삼거리포차 앞의 길만 4차선이고 나머지는 다 3차선 이하다.

3차선 이하의 도로가 블록 간을 유기적으로 연결하는 이유는 무엇일까? 3차선 도로는 무단 횡단이 가능하기 때문이다. 무단 횡단이 된다는 것은 심리적으로 길 건너편을 그냥 건너갈 만큼 가깝게 느낀다는 것을 뜻한다. 교통법규상으로는 문제가 되지만 보행자 중심의 도시를 만들기 위해서는 무단 횡단이 가능한 폭의 길들이 만들어져야 한다. 그것이 보행 친화적 도시를 만드는 방법이다. 현재의 광화문 광장은 좌우로 6차선씩의 차도가 있어서 사람들이 인도에서 광장으로 잘 건너가지 않는다. 그래서 광화문 광장은 섬이 되었다. 향후 광화문 광장 개선 사업의 일환으로 6개 차선을 줄여서 미 대사관 앞쪽으로 6개 차선을 남겨 두겠다는 발표가 있었다. 필자는 이 계획에 반대했다. 기왕 6개를 남기려면 3차선씩 나누어서 광화문 광장 좌우로 배치하는 것이 낫다. 그래야 사람들이 세종문화회관 뒤에서 종로 구청까지 편하게 갈 수 있다. 6차선은 건너기 어렵다. 현재의 광화문 광장을 사람들이 편하게 드나들게 만드는 방법은 차선을 좌우 각각 3차선으로 줄이는 것이다.

필요한 곳에 차선을 줄여서 블록 간 소통을 좋게 만드는 것 외에 더 좋은 도시를 만들기 위한 전략은 무엇이 있을까? 의미 있는 건축물 보존을 통해 도시의 역사를 남기는 것도 중요하다. 왜냐하면 그런 건축물들이 우리로 하여금 과거와의 소통을 가능하게 해 주기 때문이다. 우리가 최신 유행곡을 듣는 것도 좋지만 가끔씩 옛 추억의 노래를 들을 때 좋은 기억을 떠올리기도 하는 것과 마찬가지다.

보톡스 도시

요즘 최고의 칭찬은 "동안이시네요"다. 젊고 건강한 것은 좋지만 언제부터인지 나이 든 모습이 창피한 일처럼 된 듯해 씁쓸하다. 사람들은 얼굴에 진 주름살을 하나라도 더 펴려고 보톡스를 맞는다. 이처럼 일상에서는 나이 들고 오래된 것을 창피해하고 젊은 것을 추구한다. 하지만 아이러니하게도 여행을 갈 때는 신도시로 가지 않는다. 대신 비싼 비행기를 타고 천 년이 넘은 유럽의 고도로 찾아 간다. 이처럼 실제 삶에서는 어린 것을 추구하지만 관광할 때는 오래된 것을 찾는다. 그 이유는 고색창연한 건축물을 보면서 그것을 만든 천 년의 역사와 교감할 수 있기 때문일 것이다.

최근 들어 두 개의 큰 건물이 철거되는 것을 보았다. 서울 강남의 르네상스호텔과 한전 사옥이다. 강남이 개발된 지 40년 되었으니 이 건물들도 기껏해야 30여 년 정도의 역사를 가졌다. 서초구와 강남구의 재건축 아파트 단지도 속속 부서지고 있는 중이다. 성형외과로 치자면 서른 넘어서 생긴 주름살을 펴서 없애는 과정이라고 볼 수 있다. 서울은 항상 20대 동안으로 살고 싶은 모양이다. 그런데 그 노력이 심해지면 과도한 성형시술을 받은 얼굴이 될 수 있다는 것을 알아야 한다. 서울은 6백 년 된 역사와 전통이 있는 도시 치고는 너무 어려 보인다. 도시는 살아 있는 유기체이기 때문에 성장하고 발전해야 한다. 당연히 오래된 것들은 없어지고 새로운 세포가 생겨나야 한다. 하지만 어느 것이나 적당해야 한다. 시간이 흘러서 나이를 먹으면 적어도 얼굴에 주름이라는 것은 남겨 두어야 한다. 지금 40년 된 건물 중에 좋은 건물들을 남겨 놓으면 백 년 후에는 이 시대를 대표하는 남대문 같은 문화재가 될 수 있다. 그 건물들은 아름답게 나이 든 오드리 헵번의 주름 같은 것이다. 지금같이 눈앞의 개발이익 때문에 모두 부수고 새로 지으면 이 시대를 대표하는 건축 문화재는 하나도 남지 않을 것이다. 이래서는 가짜 에펠탑이 있는 디즈니랜드는 만들 수 있어도 파리 같은 도시는 만들어지지 않는다. 그렇다면 어떤 건축물을 보존하고 남겨야 하는가?

조선 vs 대한민국

태릉선수촌을 철거해야 한다는 이야기가 있다. 그 이유는 옆에 있는 태릉泰陵과 강릉康陵을 좀 더 제대로 보존하기 위해서라고 한다. 태릉선수촌은 국위선양을 하는 데 큰 몫을 한 근대 한국 체육사의 요람이다. 이 같은 시설은 외국에는 드문 특수한 근대주의의 산물이기도 하다. 아마 소련, 중공, 동독 등에 이런 시설이 있었을 것이다. 국가대표는 당연히 국가 시설에서 훈련한다고 생각하던 어린 시절의 필자가 어느 TV 다큐멘터리 프로그램에서 미국의 국가대표 선수가 자신의 농장에서 훈련하는 모습을 보고 놀랐던 기억이 있다. 태릉선수촌은 근대 한국 사회에서나 가능했던 특수한 역사적 건축 유산이다.

태릉선수촌과 태릉의 대결은 마치 근대 유산과 조선 시대 유산의 대결처럼 보인다. 우리는 은연중에 조선 시대의 유산은 중요하지만 근대의 것은 중요하지 않다고 생각하는 것 같다. 물론 근대는 수십 년 전이고 조선 시대는 수백 년 전이니 그렇게 느끼는 것도 무리가 아니다. 하지만 천 년이 지나면 1050년 전 유물이나 1600년 전 유물이나 다 중요하게 느껴질 것이다. 우리가 로마로 여행을 가면 로마제국 시대의 건축물뿐 아니라 그보다 천 년도 더 후에 지어진 르네상스 시대의 건축물도 소중하게 여기는 것과 마찬가지다. 우리나라는 일반적으로 근대사에 대해 비판적이다. 그 시대는 독재의 시대로 정의하고 치욕스러운 역사로 여기는 분위기다. 하나의 사건에 빛과 그림자가 동시에 있

태릉(위)과 태릉선수촌(아래)의 대결은 마치 조선 시대 유산과 근대 유산의 대결처럼 보인다.

경복궁을 가리고 있던 조선총독부 건물

을 법한데 우리는 이 시대를 그림자로만 바라보는 듯하다. 독재가 타도의 대상이듯이 근대사의 건축물 또한 철거의 대상으로만 보는 듯하다. 하지만 건축물은 독재와 다르다. 우리가 수십 년 된 의미 있는 건축물을 계속 부수기만 한다면 우리나라의 근대 역사는 건축적으로 공백이 되어 버릴 것이다.

그렇다고 건축에서 보존이 항상 맞는 것은 아니다. 조선총독부가 경복궁을 가리고 있을 때 조선총독부 건물은 없어지는 것이 옳았다고 생각한다. 왜냐하면 서울이라는 큰 그림의 도시 설계에서 경복궁이 가지는 중요한 개념을 조선총독부와 가운데 있던 은행나무 가로수가 다

가리고 있었기 때문이다. 때로는 지워지는 것도 맞다. 조선총독부 건물이 독립문처럼 다른 곳으로 이전되었다면 더 좋았을 것이다. 원래의 계획은 이전이었으나 아쉽게도 조선총독부는 돌로 지어진 건물이 아닌 콘크리트 건물이어서 부숴 버릴 수밖에 없었다고 한다. 도시를 만드는 것은 때로는 지워야 하고 때로는 보존해야 하는 어려운 의사 결정의 과정이다. 마치 제대로 된 나무를 만들기 위해서는 신중한 가지치기를 해야 하는 것과 마찬가지다.

첼시 재개발이 쉬운 이유

뉴욕에 가면 '첼시 마켓'이라는 명소가 있다. 이곳은 식당, 장터, 와인 가게 등 다양한 상점이 들어선 쇼핑몰 같은 곳이다. 그런데 좀 특이한 점은 현대식 쇼핑몰이 아니라 엄청나게 낡고 허름한 건물 안에 상점들이 들어가 있다는 점이다. 허름해도 이곳은 관광객과 뉴요커들로 항상 붐빈다. 이 건물은 원래 과자 공장이었는데, 벽돌과 돌로 지어져서 수백 년은 갈 듯했다. 그런데 뉴욕시의 산업구조가 제조업에서 서비스업 위주로 바뀌면서 과자 공장이 문을 닫게 되었고 이 건물은 버려졌다. 빈 건물은 슬럼이 되었고 뉴욕시로서는 골칫거리였다. 그러다가 어느 건축가가 이곳을 바꾸겠다는 꿈을 가지고 버려진 건물을 리모델링하고 그 안에 와인 가게를 냈다. 이후 빈 공장에 가게가 한두 개씩 들어서면서 공장은 쇼핑몰이 되었고 사람이 모이면서 주변의 동네가 바뀌었다.

첼시 마켓 내부

정미소와 창고로 사용하던 공간을 개조해 만든 성수동의 한 카페

이 바람을 타고 주변 동네인 '미트패킹'이라는 지역은 정육점으로 쓰이던 창고 건물의 동네에서 고급 패션 거리로 바뀌었다. 이처럼 소호를 비롯해 뉴욕에는 이러한 도시 재생의 사례가 많은데 우리나라에는 왜 적을까?

여러 이유가 있지만 물리적 조건만 살펴보자. 소호나 첼시 같은 곳들은 모두 공장 지대였다. 공장 건물은 기계가 들어가야 해서 기둥 간격이 넓고 천장고가 높다. 따라서 다른 용도로 리모델링해서 쓸 때 공간을 나눈 벽이 없기 때문에 용도 변경이 쉽다. 새로운 입주자는 적은 인테리어 비용으로도 필요한 용도에 맞게 변경해 쓸 수 있는 것이다. 반면 우리나라는 오래된 건물 대부분이 벽식 구조로 지어져 있는데, 철거할 수 없는 구조 벽이 많아서 향후 다른 용도로 변형하기가 쉽지 않다. 벽식 구조는 처음에 지을 때에는 기둥이 없기 때문에 공간을 효율적으로 사용하는 것처럼 보인다. 하지만 오랜 시간을 두고 보면 다른 용도로 쓰려고 할 때 구조 벽은 철거와 변형이 어려워서 건물을 완전히 철거하고 다시 지어야 한다. 30년 전 지어진 아파트 부엌에는 양문형 냉장고와 큰 가스레인지를 넣기 쉽지 않다. 가전제품은 커지고 옷은 많아지는데 우리나라 아파트는 대부분 벽식 구조라서 작은 방으로 나누어진 공간의 변형이 쉽지 않다. 건물을 오랫동안 쓰고 싶다면 기둥식 구조로 지어야 한다. 그게 친환경 건축이다.

최근 들어서 소호처럼 오래된 건축물이 새롭게 리모델링되면서 동네가 재생되는 곳은 성수동이다. 성수동에서 이처럼 도시 재생이 일어나기 쉬운 이유는 그곳이 접근성이 좋은 동시에 서울에서 공장 건물이 가장 많은 곳이기 때문이다. 소호의 경우처럼 공장 건물은 다른 용도로 변경하기 쉽다. 이런 관점에서 본다면 도시 재생에서 가장 암적인 존재는 다세대주택이다. 왜냐하면 작은 필지에 건물을 세우고 작은 방들을 구조 벽으로 나누어 만든 다세대주택은 다른 용도로 변경하기가 쉽지 않기 때문이다. 그런데 최근에 필자의 이러한 우려가 해소된 경우를 보았다. 신사동 가로수길의 어느 빵집은 과거 다세대주택이었던 건물의 외관은 그대로 두고 내부의 벽식 구조를 모두 구조 부강을 통해 기둥식 구조로 바꾸었다. 공사비가 얼마나 들었는지는 모르겠지만 신축을 하지 않고도 벽식 구조 건물을 기둥식 구조 건물로 바꿀 수 있다는 것을 보여 준 좋은 사례다. 오래된 벽돌 입면은 그대로 두어서 역사가 가득 담긴 건물로 재탄생되었다.

삼성동 타임스 스퀘어

워낙에 뉴욕이 도시 재생 측면에서 좋은 사례를 많이 가지고 있다 보니 서울은 이것저것 뉴욕을 벤치마킹하는 것이 많다. 하이라인을 본떠 '서울로 7017'을 만들었고, 2016년에는 삼성역 무역센터 지역의 광고 규제를 풀어서 서울의 타임스 스퀘어로 만들겠다는 계획이 발표되었고 진행 중이다. '옥외광고물 자유표시구역' 11개 신청 지자체 중 명동, 동대문 DDP, 강남역 일대와 겨루어서 강남구가 선정된 것이다. 뉴욕의 타임스 스퀘어는 라스베이거스와 더불어서 현란한 네온사인 광고판으로 도시경관을 만드는 곳이다. 1982년에 만들어진 SF 영화 〈블레이드 러너〉는 대형 네온사인 광고판들이 만들어 낸 공간으로 2019년의 미래 도시를 그리고 있다. 타임스 스퀘어가 그런 느낌이다. 전통적으로 도시의 외부 공간은 유리나 콘크리트 같은 건축 재료가 만들어 낸다면 타임스 스퀘어는 전통적인 건축 재료 대신 스크린 속 이미지 정보로 벽체가 도배되어 기존에는 없던 새로운 시공간이 만들어진다.

뉴욕의 타임스 스퀘어는 특이하게 생긴 예각 삼각형의 블록이 만들어 낸 좁은 외부 공간이다. 이곳은 뉴욕의 격자형 도시망과 대각선 모양의 브로드웨이가 합쳐져서 만들어진 공간이다. 브로드웨이가 대각선인 이유는 인디언들이 다니던 길을 보존해서다. 타임스 스퀘어는 맨해튼의 중간쯤에 위치해 있고, 도로가 모여 교통량이 많은 곳이어서 예로부터 광고가 많았다. 그러자 시에서는 아예 건축 입면의 일정 부분 이상에 광고판을 만들게 법규로 정하였다. 그리고 현재 세계에서 가장 비싼 광고판들이 만들어 내는 공간이 되었다. 타임스 스퀘어에 가면 사방으로 네온사인 광고에 둘러싸이기 때문에 사이버공간 안에 서 있는 듯한 착각을 일으킨다. 이곳은 또한 국제적 기업들의 경연장으로, 자본주의사회의 한 단면을 보는 듯하다.

그렇다면 서울시가 계획하는 삼성역의 타임스 스퀘어는 어떨까? 분명 지금보다는 더욱 역동적이고 재미난 공간이 될 것이다. 하지만

삼성역 옥외광고물 자유표시구역의 모습

여러 가지 면에서 뉴욕 타임스 스퀘어와는 다른 공간이 연출될 것이다. 우선 무역센터 옥외광고 계획안에 따르면 무역센터 쪽 한쪽 면만 광고판이다. 그래서는 360도로 돌아가면서 광고로 둘러싸인 타임스 스퀘어 같은 효과가 나기 힘들다. 제대로 되려면 반대편 블록의 입면 계획이 잘 되어야 한다. 그리고 놓치고 있는 중요한 문제가 있다. 뉴욕의 타임스 스퀘어는 격자형 도로와 대각선이 만나는 곳이기 때문에 삼거리 혹은 오거리의 공간 구조를 띤다. 이는 보행자에게 큰 차이를 가져온다. 보통 사람은 걸어가면서 내가 걷는 방향의 거리만 보게 되는데 타임스 스퀘어 같은 삼거리의 경우에는 내가 걸어가는 방향에서 내 시야 내에 두 개의 거리가 보이는 현상이 연출된다. 다른 거리에 비해서 더욱 역동적이고 머무를 여지가 있는 물리적 환경이 연출되는 것이다. 그래서 도시에서는 흔한 사거리보다는 삼거리가 항상 중심적인 위치가 된다. 삼거리에는 두 길이 모이는 중심점이 만들어지기 때문이다. 그리고 그 중심점에 서게 되는 것은 역동적인 체험인 동시에 두 개의 거리를 볼 수 있는 권력을 맛보게 한다. 이렇듯 뉴욕 타임스 스퀘어를 특별하게 만드는 것은 비단 대형 광고판뿐 아니라 이러한 특이한 교차로라는 점도 큰 몫을 하고 있다. 그렇기 때문에 서울 삼성역을 광고판으로 도배한다고 해도 넓은 영동대로변의 광고판은 뉴욕의 타임스 스퀘어와는 다른 느낌이 연출될 것이 확실하다. 서울시는 영동대로 위를 보행자를 위한 광장으로 만들겠다는 '영동대로 지하화 계획'을 발표했다. 그 계획대로라면 뉴욕 타임스 스퀘어와는 다른 영동대로만의 도심형 광장이 만들어질 것이다. 하지만 이건 알고 넘어가자. 광고 미디어로 만들어진 타임스 스퀘어 같은 도시 공간은 이미 '오래된 미래상'이다. 21세기에 세계적 도시가 되려면 1982년에 만든 영화에 등장하는 미래상 이상의 무언가가 필요하다.

갤럭시와 서울역 고가공원

'서울로 7017'이 완성되었다. 기존의 자동차 고가와는 다르게 보행자들이 다니는 공원이 주변에 색다른 활력을 줄 것으로 기대하고 만든 서울시의 야심작이다. 그 기대는 어느 정도 충족되고 있다. 그러나 필자는 이 공원 계획을 볼 때마다 약간은 창피하다. 서울역 고가공원은 뉴욕의 하이라인 파크를 대놓고 따라 한 것이기 때문이다. 그래서 서울역 고가공원을 보면 항상 남의 것만 따라 하는 카피캣copycat의 한계를 벗어나지 못하는 우리나라의 민낯을 보는 것 같다. 도시와 건축에는 적절한 변화와 도전이 필요하다. 그래서 오세훈 시장의 '한강르네상스'도 지지하고 박원순 시장의 '재생 건축 중심의 개발'도 지지한다. 둘 다 건축이라는 스펙트럼에서 한 부분을 차지하는 전략이다. 방법은 달라도 각기 미래에 대한 비전을 담고 있다. 신중을 핑계로 검토만 하면서 제자리걸음하는 것보다 미래에 대한 비전을 제시하고 추진하는 모습이 훨씬 낫다. 두 시장의 계획에는 좋은 프로젝트가 많다. 하지만 몇몇 주요 프로젝트가 해외의 사례와 너무 비슷한 것들이어서 아쉽다.

해외의 성공 사례를 보고 배워서 실현해 보는 것은 좋은 자세다. 우리의 근대화가 그랬고 성공적이었다. 그런데 문제는 이제는 우리가 세계 첫 시도를 해 볼 수 있음에도 불구하고 아직도 따라만 한다는 점이다. 새로운 것을 좀 시도해 보려고 하면 항상 '선진국의 성공 사례'를 찾아오라는 발주처의 자세가 문제다. 실패에 대한 책임 회피요 도전 정신의 부족이다. 2014년 서울 시장은 뉴욕의 하이라인High Line 고가공원을 방문한 후 서울로 7017을 추진하였고, 2016년에는 똑같이 뉴욕의 로라인Low Line 지하공원을 방문한 뒤 을지로와 세종로에 지하공원을 추진하고 있다. 필자는 현재의 서울시가 하고 있는 토목보다는 건축 중심으로 진행하는 재생과 개발을 지지한다. 낙후된 지하상가를

서울로 7017(위)과 뉴욕의 하이라인 파크(아래). 서울로 7017의 조경은 하이라인과는 다르게 화분으로 처리되어서 보행자에게 장애물이 된다.

공원으로 바꾸겠다는 시도도 좋다. 하지만 우리 언제쯤 '선진국 답사 후 추진'이라는 공식에서 벗어날 수 있을까? 이런 자세로는 아이폰 발매 후에 갤럭시 만드는 것 같은 뒷북만 칠 것이다. 갤럭시만 만들어도 돈은 벌지만 애플이 받는 존경은 얻기 힘들다. 우리 사회는 실패를 감수하는 도전 정신이 필요하다. 대기업, 공무원이 되기 위한 시험 같은 검증된 길 대신 무모하더라도 세계 최초의 창업을 하고, 건축에서도 세계 최초의 도전적 프로젝트를 시도하는 모습을 보고 싶다.

냉장고를 부탁해

필자가 즐겨 보는 TV 프로그램 중에 〈냉장고를 부탁해〉가 있다. 이 프로는 두 명의 연예인의 집에 있는 냉장고를 통째로 스튜디오로 옮겨 와서 요리사들이 15분 동안 오로지 그 냉장고 안의 남은 재료로 음식을 만들어 일대일 요리 대결을 벌이는 프로다. 냉장고 속 재료 소개 과정도 재미있고 남아서 버릴 것 같았던 재료가 15분 만에 훌륭한 요리로 재탄생하는 과정은 경이롭기까지 하다. 이 프로그램의 전신은 아마도 일본 요리 프로그램인 〈아이언 셰프〉일 것이다. 〈아이언 셰프〉는 유명 요리사들이 챔피언 요리사에 도전하는 내용이다. 사회자가 제공하는 한 종류의 요리 재료를 가지고 한 시간 내에 그 재료가 들어간 코스 요리를 만들어서 대결하는 내용이다. 〈냉장고를 부탁해〉는 짧은 요리 시간과 남은 식재료라는 재료의 제약이 있고, 〈아이언 셰프〉는 주제는 제한적이나 재료는 무한 공급된다. 이 두 프로그램의 차이를 보면 우리 건축 문화의 변화를 보는 듯하다. 1970~1980년대 고속 성장 시기는 건축가들에게 기회의 시간이었다. 서울 중심에서 가까운 강남의 땅은 넓었고 수요자도 넘쳐났다. 건물을 짓기만 하면 되던 시절이었다. 마치 재료가 무한 공급되던 〈아이언 셰프〉 같다. 하지만 지금은 어디에 건물을 지으려고 땅만 파도 민원이 들어오는 제약의 시절이다. 인건비가 올라서 공사비도 만만치 않은데 땅값은 천정부지로 올라서 사업성도 잘 안 나온다. 각종 규제와 심의는 더 심해졌다. 무엇보다도 밀도가 높아진 도시 속의 건축은 주변 상황과의 디자인적 조율이 쉽지 않다. 남은 땅도 별로 없다. 이러한 제약은 냉장고에 남은 식재료를 가지고 짧은 시간 안에 창조해야 하는 〈냉장고를 부탁해〉의 요리사가 접한 문제와 비슷하다. 시청자 입장에서는 코스 요리가 나오는 화려한 〈아이언 셰프〉보다 제약을 유머와 창조성으로 극복하는 〈냉장고를 부탁해〉가 더 재미나다. 마찬가지로 작금의 건축적 제약은 더 재미나고 창의적인 건축을 위한 준비 과정이라고 보고 싶다. 제약은 획일화에서 벗어날 수 있는 기회일지도 모른다. 우리 도시의 얼굴을 더 매력적으로 바꿀 이 시대 건축가들의 기발한 "건축 요리"가 나오기를 기대해 본다.

10장

우리 도시가 더 좋아지려면

서울숲 다리

도시는 유기체에 비유된다. 따라서 궁합이 안 맞는 요소들이 만나면 문제를 일으키고 잘 만나면 상승 효과를 얻게 되어 전체 도시에 활력을 불러일으킨다. 대표적인 예가 도심 속 자연의 대명사인 뉴욕의 센트럴 파크와 고급 상권의 대명사인 5번가의 만남이다. 5번가는 센트럴 파크의 동측 면에 위치하고 있다. 공원과 접한 면에는 세계적인 미술관인 구겐하임 미술관이 있고 그 길은 남쪽으로 이동하면서 고급 상권 가로가 된다. 센트럴 파크와 5번가는 악어와 악어새처럼 공생하며 시너지 효과를 만들고 있다. 서울에도 이와 비슷한 두 개의 요소가 있다. 센트럴 파크를 벤치마킹해서 만든 서울숲과 과거 대한민국 대표 상권이었던 압구정동 로데오 거리다. 서울숲은 자연은 있지만 도로에 둘러싸여 있어서 접근하기가 어렵고 로데오 거리는 상권은 있으나 자연이 없어서 성장의 한계에 부딪혔다. 만약에 둘을 연결하는 보행자 다리를 만든다면 이 둘은 서울의 새로운 성장 축이 될 것이다. 서울에는 철교를 비롯해서 23개의 한강 다리가 있지만 이중에서 보행자가 편하게 걸어서 건널 수 있는 보행자 전용 다리는 전무하다. 자동차나 지하철만 타고 한강을 건너다 보니 한강 주변으로 다양한 행위가 일어나기가 어려운 실정이다. 강북과 강남의 차이를 줄이기 위해서뿐 아니라 강북의 서울숲과 강남의 로데오 거리를 연결하는 보행자 다리가 건설된다면 양쪽에 다 좋은 커다란 시너지 효과가 발생할 것이다.

런던시는 새 천년을 구상하면서 구도심에 있는 성바울 성당과 새

▼ 강북의 서울숲과 강남의 로데오 거리를 연결하는 보행자 전용 다리를 상상한 모습

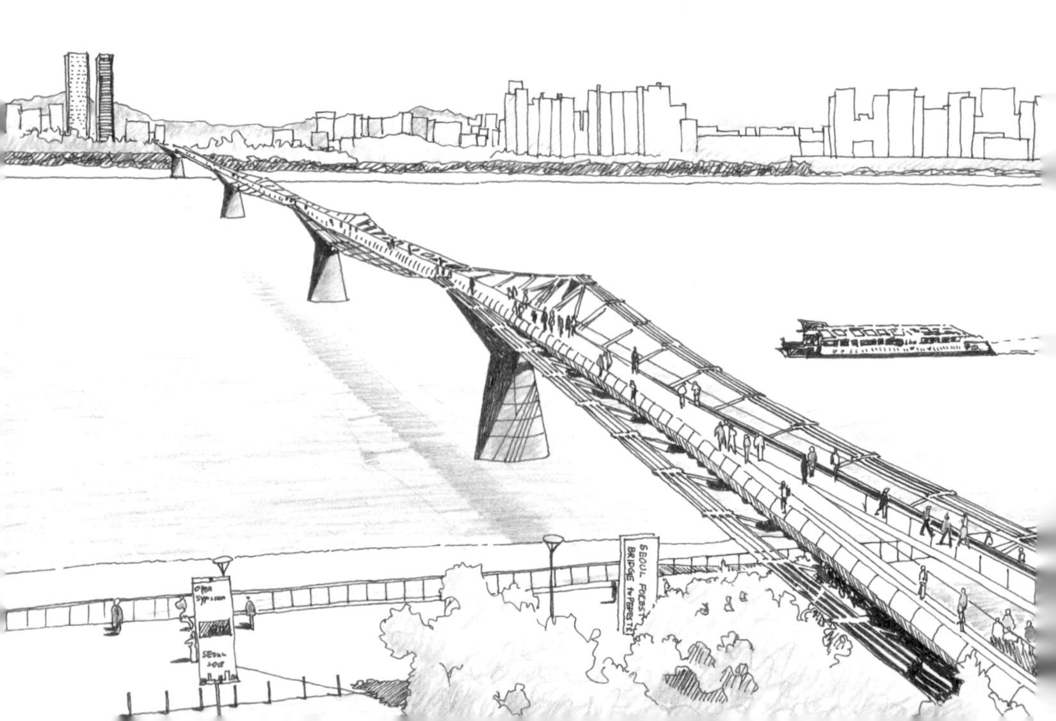

로운 문화 지구로 떠오르는 테이트 모던 미술관을 연결하는 보행자 다리를 건설했다. 이 다리는 두 개의 서로 다른 지구를 보행자가 마음 놓고 다닐 수 있게 하면서 이 지역 일대를 런던의 새로운 성장 축으로 만들었다. 한강은 템즈강보다 폭이 넓기 때문에 다리 길이도 꽤 길 테니 중간중간 쉴 수 있는 공간과 이벤트를 만들어 줄 필요가 있다. 그리고 그보다 중요한 것은 다리를 건너 다다른 목적지에 전시나 공연 또는 자연 등 매력적인 이벤트가 있어야 한다는 것이다. 밀레니엄 다리를 건너면 테이트 모던 미술관에 갈 수 있는 것처럼 말이다. 이런 이벤트가 있다면 로데오 거리 상권과 또 하나의 시너지 효과를 만들어 사람들을 불러 모으리라 기대된다. 사실 서울숲 보행자 전용 다리 계획안은 과거 서울시의 한강르네상스 계획안 중에 있었지만 시장이 바뀌면서 백지화되었다. 서울시가 기존의 인프라를 극대화할 수 있는 좋은 기회가 전임 시장의 아이디어라는 이유만으로 사장되는 일이 없었으면 좋겠다. 이제는 우리 국민도 성숙해서 전임자의 일이라도 좋은 것은 잘 계승해서 이루어 가는 모습을 더 좋게 평가할 것이다. 시장이 바뀌더라도 바뀌지 않는 비전을 가지고 꾸준히 진행되는 도시 정책을 보고 싶다.

공원의 담을 없애자

압구정동 로데오 거리는 과거 대한민국을 대표하는 상업 지구였다. 그러나 지금은 가로수길이나 경리단길에 첫 번째 자리를 내준 지 오래다.

그나마 청담동 일대가 고급 상업 지구의 명성을 이어 가고 있다. 관계자들은 어떻게 하면 압구정동 로데오 지구를 살릴 수 있을까 물어보곤 한다. 여기 한 가지 방법을 소개하겠다. 먼저 성공적 상업 가로가 만들어지는 원칙을 살펴보자. 한쪽에는 지하철 같은 대중교통 라인이 들어오고 다른 쪽에는 공원이 있어서 이 둘을 연결하는 길이 만들어지면 그 길은 성공적인 가로가 된다. 대표적인 사례가 보스턴의 '뉴베리 거리'와 '신사동 가로수길'이다. 지하철 신사역과 한강 시민공원이 새로 만들어진 토끼굴로 연결되었을 때 가로수길은 인기 있는 상업 거리로 성장했다.

현재 로데오 거리에 없는 것은 '자연 녹지 공원'이다. 몇 년 전 지하철 분당선 로데오역이 개통했는데도 활성화되지 않는 이유가 여기 있다. 앞서 서울숲과의 연결을 이야기했지만 로데오 거리가 부활하려면 로데오 지구 내에 있는 '도산 공원'과 연결되는 것이 더 적은 예산으로 손쉽게 할 수 있는 방법이기도 하다. 도산 공원은 도산 안창호 선생의 묘지가 있는 공원이다. 그래서 정문을 제하고는 모두 담으로 둘러싸인 조용한 공간이다. 그냥 담이 아니라 로데오 상업 지구 쪽을 향해서는 땅의 경사 때문에 축대가 쌓여 있고 그 위에 담이 둘러져 있으며, 담장 옆으로 거주자 우선 주차장이 위치해 있다. 공원으로의 접근이 겹겹이 막힌 것이다. 현재 도산 공원 정문 앞쪽의 거리는 고가의 명품을 파는 거리로 살아 있다. 도산 공원과 연결되어 있어서다. 하지만 나머지 부분은 들어갈 수 있는 문이 없고 축대와 담으로 막혀 있어서

현재 도산공원(위)과 담장을 없앤 모습(아래)

공원으로의 접근이 차단되다 보니 주변 상권이 정문 쪽보다는 상대적으로 낙후되어 있다. 필자는 도산 공원을 둘러싸고 있는 축대와 담을 없애고 거주자 우선 주차 구역까지 공원을 확장해서 완만한 경사 대지를 만들 것을 제안한다. 현재 담장과 축대로 막힌 공원이 주변 도시 조직과 접하게 되면 상당한 시너지 효과가 있을 것이다. 이는 비단 압구정 로데오 거리의 경우에만 해당되는 것은 아니다. 우리나라 도심 속 어디든 크고 작은 공원이 있다면 축대, 담장, 차선폭을 최대한 줄이고 입구를 만들어서 주변과 소통할 수 있게 해 주어야 한다. 그럴 때 도시가 살아난다. 그리고 담장 문제 외에도 도산 공원은 우리나라 도심 속 공원의 또 다른 문제를 보여 준다.

숨바꼭질 공원

3장에서 살펴보았듯이 뉴욕의 거리를 걷다 보면 가까운 거리에서 여러 개의 공원을 만나게 된다. 센트럴 파크 옆을 따라 걷다가 콜럼버스 서클을 지나 조금만 더 걸으면 차선을 줄여 보행자 중심으로 개조된 타임스 스퀘어가 나온다. 조금 더 내려가면 1킬로미터 간격으로 브라이언트 파크, 하이라인 파크, 매디슨 스퀘어, 유니언 스퀘어 같은 공원들이 줄줄이 배치되어 있다. 길을 따라 걷다 보면 평균 14분에 한 번씩 길가에서 공원을 만나게 되는 구조다. 서울의 항공사진을 보면 공원이 여기저기 보인다. 문제는 서울의 공원들은 블록의 안쪽에 위치해 있다는 점이다. 실제로 그 블록에 사는 주민들은 그 공원을 조용하게 잘 쓸 것이다. 하지만 대로 위를 이동하는 많은 시민들은 그 공원이 있는지조차 모를 것이다. 숨바꼭질하듯 숨어 있는 서울의 공원은 시민의 생활과 도시경관에 도움이 되지 못한다. 주요 간선도로인 브로드웨이 선상에 접해 있는 뉴욕의 공원들과는 상반되는 공간 구조다. 예를 들어 강남의 도산 공원은 좋은 공원이다. 그러나 이 공원은 근처 도산대로에서 보이지 않는다. 만약에 도산 공원이 도산대로 선상에 접해 있다면 대로를 이동하는 수많은 시민에게 시각적으로 쾌적한 환경을 제공했을 것이다. 경우에 따라서는 걷다가 잠깐 들러서 쉬어 갈 수도 있다. 동일한 문제가 학동 공원, 청담 근린공원에서도 보인다. 강북의 효창 공원, 용마폭포 공원 등도 블록 안쪽에 위치한 문제를 가지고 있다.

대로변은 접근성이 좋아 공원으로 남겨지지 않고 대개 개발된다. 반면 블록의 안쪽으로 들어갈수록 급한 경사지여서 공원으로 남겨진 경우가 많다. 그래서 서울의 공원들은 대부분 블록의 안쪽에 숨겨져 있다. 비유하자면 고속도로 휴게소는 보통 도로에 접해 있는데, 지금 우리의 공원은 마치 휴게소가 고속도로에서 출구로 나가서 한참 들어가야 나오는 것과 마찬가지다. 우리나라의 공원들이 대로변에만 접해 있어도, 도시경관이 좋아지고 더 많은 사람이 걷고 싶어 하는 도시가 될 것이다. 공원 면적을 늘리면 좋겠지만, 만약 그럴 수 없다면 공원을 적절히 배치하여 쓰임새와 효율성을 높여야 한다. 공원은 블록 안쪽에 숨겨 놓기보다는 유동 인구가 많은 대로변에 배치해야 한다.

마을 도서관

요즘 우리나라에서 젊은이들이 즐겨 찾는 곳 중에는 교보문고나 별마당 도서관 같은 책이 있는 공간들이 있다. 일본에서도 츠타야서점이 인기다. 이런 모습을 보면 사람들이 책을 싫어하는 것 같지는 않다. 책도 구경하고 조용하게 앉아서 쉴 수 있는 공간을 사람들이 찾고 있는 것이다. 아이러니하게도 21세기 디지털 시대에 도서관이나 서점처럼 책이 있는 공간이 인기다. 아마도 서점에서는 매번 콘텐츠가 바뀌기도 하고 종이 책을 손으로 넘기면서 느끼는 촉감이 주는 만족도가 있기 때문이 아닐까 생각한다. 그리고 무엇보다 조용하다. 따라서 공동체를 형성하는 데 도서관만큼 좋은 곳도 없는 듯하다. 하지만 현재 우리나라의 도서관은 낙후되어 있고 사람들은 도서관이 어디에 있는지도 잘 모른다. 우리나라 도서관의 문제는 접근성이 떨어진다는 점이다.

지난 수십 년간 우리나라는 도서관의 가치를 보유하고 있는 장서의 양으로 매겼다. 그러다 보니 도서관은 점점 대형화되었다. 과거에는 지식을 얻을 곳이 책뿐이었고 그러다 보니 책이 많은 곳이 곧 가장 좋은 도서관이었다. 하지만 지금은 인터넷 검색으로 많은 지식을 얻을 수 있다. 그렇기 때문에 지금의 도서관은 사람이 모이고 정주하는 공간으로서의 가치가 더 중요하다. 그런데 관은 아직도 대형 도서관을 만드는 데만 열중하고 있다. 도서관을 만드는 예산은 정해져 있는데 대형을 추구하다 보니 도서관이 띄엄띄엄 위치하게 된다. 도서관은 자고로 걸어갈 만한 곳에 있어야 한다. 교보문고가 성공한 것은 역세권에 위치해서 접근성이 좋기 때문이다. 만약에 교보문고와 지금의 공공도서관의 자리를 바꾼다면 교보문고를 지금처럼 많이 찾지는 않을 것이다. 그래서 얼마나 큰 도서관이 있느냐가 중요한 것이 아니라, 도서관이 작더라도 얼마나 촘촘하게 도시 내에 분포되어 있느냐가 중요하다. 앞서 설명한 공원의 분포와도 일맥상통한다.

그래서 필자는 이런 제안을 해 보고자 한다. 낙후된 도서관이 있다면 그것을 증축하지 말고 아예 대지의 용도를 바꾸어서 비싼 값에 토지를 매각했으면 한다. 그리고 그 돈으로 도심 속에 접근성은 좋으나 낙후된 곳의 저렴한 땅을 곳곳에 사서 작은 도서관을 여러 개 지었으면 좋겠다. 5천 평짜리 도서관 5개보다는 5백 평짜리 도서관 50개가 더 좋다. 우리 주변에 작은 도서관들이 많아지면 걸어서 쉽게 도서관에 자주 가게 되고, 그곳은 공동체의 중심 공간으로 자리 잡을 것이다. 시의 예산이 부족하면 우선 도서관의 전체 네트워크 청사진을 만들고 매년 단계적으로 몇 개씩 만들어 가도 될 것이다. 아파트를 재개발할 때 의무적으로 단지 밖에서도 들어갈 수 있는 도서관을 단지의 외부 경계부에 하나씩 만든다면 지금의 아파트 담장보다 도시경관을 훨씬 더 좋게 만들어 주는 기능도 할 것이다.

강남을 꿈꾸는 개발

우리나라 부동산 정책은 강남 집값을 잡는 데 총력을 기울인다. 강남 집값이 올라가면 전국의 집값이 같이 올라갈 것을 염려해서다. 이런 정책의 바탕에는 강남 집값을 잡으면 다른 지역이 고루 발전할 것이라는 생각이 깔려 있다. 1등이 없어져야 나머지가 산다는 논리는 어느 시대에나 인기 있는 이론이다. 하지만 안타깝게도 1등이 사라지면 지금의 2등이 1등이 되는 걸로 끝날 확률이 크다. 몇 년 전 국토 균형 개발을 위해서 서울의 공공 기관을 여러 지방으로 분산시켰다. 지방 도시로 옮겨진 공공 기관을 중심으로 신도심이 만들어졌지만, 결과적으로 수도권 인구의 분산 효과는 미비하고 주변 구도심의 인구 이탈을 가속시키는 또 다른 문제를 야기했다. 큰 꿈으로 시작한 세종시의 경우는 현재 대전 인구를 줄이고 있다. 서울을 죽였지만 지방은 살지 않은 것이다. 마찬가지로 강남을 잡아도 다른 곳이 반드시 사는 것은 아니다. 혹자는 강남 집값 문제의 해결을 공급을 늘리는 데서 찾는다. 판교 공급을 통해서 분당 아파트 값이 떨어졌으니 일리가 있는 말이다. 그러나 이도 근본적인 해결책은 아니다. 현재 우리나라 대부분의 개발 정책은 강남의 성공 공식을 따라 한다. 자연녹지를 택지로 개발해서 땅장사로 돈을 벌고 새로운 아파트를 짓고 사람을 이주시킨다. 우리는 이 방식으로 강남의 성공 신화를 얻었다. 그래서 같은 방식으로 분당, 일산, 판교, 세종시 등 각종 도심을 개발했다. 그런데 이렇게 같은 방식으로 개발을 하니까 문제인 것이다.

다른 도시의 똑같은 아파트. 서울의 아파트 단지(위)와 세종시의 아파트 단지(아래)

강남과 같은 방식으로 개발하고 강남처럼 잘되기를 바라는 것은 정우성 같은 얼굴로 성형수술하고 정우성 같은 연예인이 되려는 것과 마찬가지다. 후발 연예인 지망생은 정우성처럼 되기 위해 정우성처럼 성형수술을 하면 안 되고 박서준이나 정해인 같은 개성 있는 자신만의 모습을 가져야 한다. 그래야 그 시대를 대표하는 연기자가 될 수 있다. 강남처럼 개발하고는 강남이 문제고 없어져야 된다는 논리는 정우성처럼 수술하고 나서 정우성에게 은퇴를 강요하는 것과 마찬가지다. 실상은 강남 개발 방식을 반복한 것이 강남을 더욱 키워 주는 꼴이 되었다. 지방 부동산 광고 전단에는 "○○의 강남"이라는 문구가 등장한다. 짝퉁이 만들어지면 진품의 가치만 올라갈 뿐이다. 후발 주자는 자신만의 개성 있는 개발을 해야 한다.

홍대 앞의 인기는 강남 못지않다. 사람들은 종로의 익선동과 부산 감천마을도 좋아한다. 이들은 강남을 흉내 내지 않는다. 자신만의 고유한 가치를 만들고 있는 것이다. 홍대 앞은 젊은이들을 위한 공간적 특징을 가지고 있고, 익선동은 아파트 단지 대신 마당과 골목길을 가지고 있다. 신도시가 똑같은 강남 방식으로 양산되면 지역별로 줄 세우기가 될 뿐이다. 후발 주자일수록 나만의 길을 찾아야 한다. 지금처럼 정치가들과 부동산 업자들이 강남만 따라 하게 두지 말고 재능 있는 건축가들을 제대로 고용해서 지역성이 드러나는 도시를 만들어야 한다. 진주는 진주다운 도시가 되고, 속초는 속초다운 도시가 될 때 우리는 더 이상 앞선 지역을 잡아야겠다는 생각을 하지 않을 것이다. 다양성을 만들어 내는 개발, 그것이 진정한 지방자치고 지역 균형 개발이다.

강남 집값이 너무 높은 것은 문제다. 그러나 비싼 집은 어느 나라에나 있고 앞으로도 있을 것이다. 강남 문제의 본질은 폐쇄성이다. 강남은 많은 돈을 지불해야만 들어갈 수 있는 가게들로 채워져 있다. 명품 가게들의 입면은 창문보다는 벽으로 되어 있는 경우가 많다. 재개발된 아파트 단지는 외부인이 통과하기 어렵다. 강남의 건축적 문제는 점점 더 폐쇄적으로 변해 간다는 것이다. 강남은 그곳에 살지 않는 사람도 공짜로 편하게 즐길 수 있는 공공의 공간을 확보해야 한다. 3장에서도 언급했듯이 맨해튼에 집이 없는 뉴저지 사람도 뉴욕의 공원과 거리를 값싼 핫도그를 먹으면서 즐길 수 있다. 금요일 저녁에는 현대 미술관에 무료입장도 할 수 있고, 광장의 벼룩시장은 누구나가 이용한다. 그들은 뉴욕을 자신의 도시라고 생각한다. 강남의 거리는 돈 없이도 갈 곳이 많아져야 하며, 자동차 중심 거리보다는 보행 친화적인 거리가 관통해서 옆 동네에서도 편하게 올 수 있도록 바뀌어야 한다.

<블랙 팬서>의 메시지

우리나라는 자본주의의 역사가 길어질수록 빈부 격차가 큰 사회적 문제로 대두되고 있다. 사실 어느 시대나 부자도 있고 가난한 사람도 있어 왔다. 진짜 문제는 가난한 자가 부자가 될 수 있는 사다리가 없어졌다는 점이다. 건강한 사회에는 '계급 이동 사다리'가 있다. 그리고 각 사회는 그 사회가 건전하다는 걸 보여 주기 위해 그 사다리를 광고한다. '아메리칸드림'이 대표적이다. 미국은 '네가 노력하면 부자가 될 수 있다'고 광고한다. 스티브 잡스, 빌 게이츠, 마크 주커버그, 일론 머스크 등 아메리칸드림의 사례는 셀 수 없이 많다. 하다못해 중국도 알리바바를 만든 마윈이 있다. 우리도 한때 정주영, 이병철이 있었다. 그런데 지금은 이건희가 성공 케이스다. 이건희 회장은 훌륭한 사람이지만 이병철 같은 아버지가 없으면 지금의 이건희는 될 수 없기에 보통 사람에게는 희망이 되기 어렵다.

위아래가 있는 게 문제가 아니라 위아래가 바뀔 수 있는 평화적 방법이 없다는 것이 문제다. 조선 시대에는 과거 시험이 그 역할을 했고 1980년대에는 학력고사가 그 역할을 했다. 과거에는 가난한 집안의 자녀가 학력고사 전국 수석을 했다는 이야기를 심심치 않게 들었다. 그런데 지금은 그렇지 못하다. 경제적 여유가 있는 집안의 학생들이 더 좋은 입시 결과를 낸다. 평화적 시스템이 없어지면 폭력적 방법이 나타날 수밖에 없다. 평화적 사다리가 없고 폭력적 방법 외에 별다른 선택권이 없는 세상에서는 폭력이 정당성을 가지게 된다. 폭력적 댓글과 시위를 비판하려면 평화적 사다리가 있어야 한다. 제대로 된 사다리가 없으니 '비트 코인 투자'가 그 역할을 하고 투자 광풍이 분 것이다. 아이들은 어떤가? 자수성가는 엄두도 못 내고 너도나도 대박 연예인의 꿈을 꾼다. 우리 사회에는 있는 자와 없는 자의 자리를 이어 줄 평화적 사다리가 필요하다. 건축에서도 그런 공간이 필요하다. 그것이 없으면 사회적 긴장감은 커지고 폭력이 정당성을 갖는다. 그리고 그런 사회는 정상적으로 유지되기 어렵다.

영화 〈블랙 팬서〉는 겉으로는 블록버스터 히어로물이지만 스토리를 들여다보면 많은 사회적 메시지를 담고 있다. 도시의 소외된 계층에 대한 이야기와 사회의 잠재적 위험이 만들어지는 방식 등 현재 미국 사회를 비판하고 자성하는 목소리가 담긴 영화다. 그중에서도 건축가인 필자의 마음에 가장 남는 이야기는 '벽과 다리'에 대한 이야기다. 영화 속 주인공은 마지막에 "현명한 자는 다리를 놓고, 어리석은 자는 벽을 쌓는다"라고 말한다. 멕시코와 미국의 국경에 벽을 세우고 있는 트럼프한테 들으라고 하는 소리 같다. 안타깝게도 이 이야기는 우리에게도 적용된다.

우리가 한창 성장하고 발전할 때는 다리를 건설했다. 서울이 강남으로 확장되었고, 수도권의 한강에는 총 31개의 다리가 건설되었다. 이 모든 건설은 우리가 세계에서 가장 빠르게 눈부신 경제성장을 하던 시기에 만들어진 결과다. 다리는 건축에서 나누어진 공간을 연결하는 건축 요소다. 다리를 짓는다는 것은 이웃과의 소통을 하겠다는 의지의 표명이다. 하지만 우리는 최근 안타깝게도 다리를 건설하기보다는 벽을 더 세우고 있다. 돌궐의 명장 톤유쿠크는 "성을 짓는 자는 망하고 길을 만드는 자는 흥할 것이다"라는 말을 했다. 소통하는 자가 발전하고 성장할 것이라는 이야기다. 새롭게 재건축되는 대형 아파트 단지 주변을 가다 보면 단지를 둘러싼 담장이 가장 크게 눈에 띈다. 톤유쿠크가 말하는 '성'을 보는 듯하다. 실제로 아파트 브랜드 이름에 '캐슬'이 들어가는 것도 있다. 이러한 벽을 세우고 성을 만드는 것은 소통을 막는 것이고, 이는 곧 갈등의 씨앗이 된다. 우리는 우리의 도시를 더욱 소통하게 만들어야 한다. 이웃 지역과 걷고 싶은 거리로 연결될 때 지역 간 경계는 모호해지고 격차는 줄어들 것이다. 소통을 늘리고 지역의 개성을 찾아가면서 지역 편차와 상대적 박탈감을 줄이고 '우리의 도시'라는 생각이 자리 잡게 되면 좋겠다.

11장

포켓몬고와
도시의 미래

보일러 빅뱅

세계사는 보통 예수 탄생을 기점으로 기원전과 기원후로 나뉘지만, 어떤 역사학자는 범선이 도입되기 전과 후로 나누기도 한다. 범선이 발명되면서부터 바다라는 광대한 공간이 인류 역사에 등장하기 시작했고 그로 인해 세계사에 큰 변화가 생겼기 때문이라는 것이다. 그렇다면 범선의 도입처럼 우리나라 건축 역사를 결정적으로 나눈 기점은 무엇일까? 필자는 '보일러'라고 생각한다. 보일러는 우리 사회를 근대화시킨 주역이다.

우리나라의 기후는 4계절이 뚜렷하다. 건축에서 봄, 여름, 가을은 큰 문제가 되지 않는다. 문제는 겨울이다. 겨울을 어떻게 나느냐가 그 나라 건축의 특징을 가른다. 겨울의 추위를 건축적으로 해결하지 못하면 사람들이 살아남지 못하기 때문이다. 인류는 빙하시대에는 동굴 안에서 모닥불을 피우면서 살아남았다. 빙하기가 끝나고 지면에 흩어져 살기 시작하면서 건축은 각 기후대에 맞추어서 형성되어 왔다. 우리는 추위를 온돌로 해결했다. 불을 피워서 돌과 진흙으로 만들어진 구들장을 데우는 방식이다. 근대건축의 거장 프랭크 로이드 라이트가 최고의 난방 시스템이라고 극찬한 방식이다. 그런데 문제는 온돌을 사용하면 2층 건물을 짓기 어렵다는 것이다. 그래서 우리나라에는 2층짜리 주거 양식이 없었다. 서재나 관공서같이 잠을 자지 않아도 되는 경우에는 2층 건물로 짓기도 했지만 주택은 모두 단층이었다. 그렇게 수천 년을 지내 오다가 근대에 보일러가 도입되면서 큰 변화가 왔다. 파이프를 통해 더운물을 위층으로 올릴 수 있게 되면서 2층 이상의 집을 지을 수 있게 된 것이다.

이처럼 2층 양옥집은 보일러의 보급과 함께 생겨났다. 얼마 후 철근콘크리트와 보일러를 합쳐서 만든 아파트가 나타났다. 당시 아파

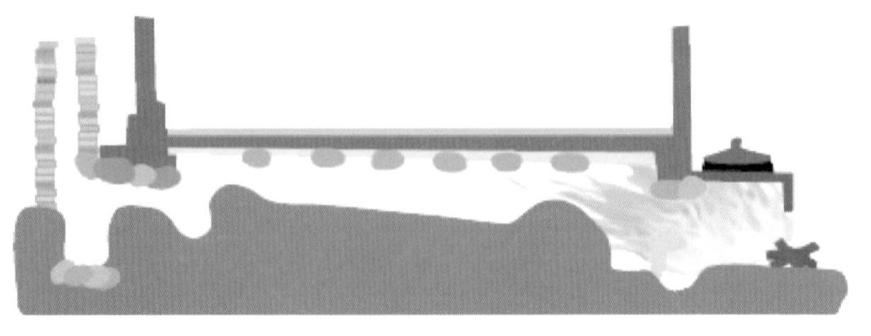

온돌의 원리

트는 12층까지도 지어졌다. 고층 아파트가 부동산의 빅뱅을 일으킨 것이다. 역사 이래 하늘 아래 빈 공간은 누구의 것도 아니었다. 그런데 건축 업자가 고층 건물을 지으면서 공중에다가 없던 부동산 자산을 만든 것이다. 조선 시대 경제 계급은 극소수의 지주와 대다수의 소작농으로 나누어져 있었다. 제한된 땅덩어리에 살던 우리에게 부동산은 일부 부유층의 소유였을 뿐이다. 그런데 아파트로 인해 부동산이 늘어났고 직장에서 일해서 아파트를 사면 누구나 부동산을 소유한 지주가 될 수 있는 새로운 세상이 되었다. 경제의 파이가 커지고 중산층이라는 계층이 생겼고, 근대화가 시작됐다. 모든 것은 보일러에서 시작됐다.

물론 보일러가 우리나라의 경제를 근대화시켰다고 말하면 경제학자나 정치학자들은 웃기는 소리 한다고 할 것이다. 맞다. 근대화는 여러 가지 방향에서 온다. 하지만 보일러같이 새로이 발명된 물건이 기폭제가 되거나 영향을 증폭시키기도 한다. 인류의 발전과 진화에서 물건의 영향에 대해서 말하고 있는 것이다. 이 같은 생각은 필자만의 생각이 아니다. 인간은 사물과의 동맹을 통해서 진화하고 발전한다고 보는 '행위자 네트워크 이론ANT'을 연구하는 사람들의 생각이기도 하다. 이 학자들의 생각은 예를 들어 사무라이가 권력을 가지고 주변을 정복하는 것은 사무라이라는 인간이 날이 잘 드는 칼과 빠르게 달릴 수 있는 말을 잘 다루어서라는 것이다. 인간이 말과 칼과 동맹을 맺어서 사무라이가 되고, 그 사무라이는 농사만 짓는 다른 사람들보다 권력을 더 가질 수 있게 되었다는 식의 생각이다. 지금 필자는 컴퓨터로 글을 쓴다. 만약에 원고지에 만년필로 한 글자 한 글자 쓰고 지우면서 글을 썼다면 필자같이 성질 급한 사람은 아마도 책을 내지 못했을 것이다. 행위자 네트워크 이론에 따르면, 보일러는 근대에 우리나라 사람들이 동맹을 맺은 기계인 것이다.

그렇다면 보일러와 동맹을 맺기만 하면 부동산의 증폭이 일어날 수 있었을까? 아니다. 보일러는 난방장치일 뿐이다. 2층부터 12층까지 난방을 하려면 일단 12층짜리 건물을 지을 수 있는 재료와 구조적인 기술이 필요하다. 철근콘크리트와 철골구조가 그 역할을 맡았다. 우리는 이처럼 철근콘크리트와 철골구조, 그리고 보일러에 의해서 그야말로 공중에 '부富'를 창조할 수 있었다. 이로써 더 많은 사람들이 부자가 될 수 있었다. 그런데 단순하게 부동산이 늘어난 것 외에 이런 변화가 가져온 또 다른 장점은 없었을까? 고층 건물을 짓고 그 안에서 살 수 있게 되면서 우리는 도시의 가장 큰 특징인 '시너지 효과'를 얻을 수 있었다. 인류 문명에서 도시가 형성되면서 비로소 서로 다른 생각, 서로 다른 배경의 사람들이 모여서 생각을 교류하고 이익을 얻을 수 있는 경제가 구축되었던 것처럼 우리나라에도 고층 건물이 들어서면서 비로소 도시에서 신분을 벗어난 생각의 교류가 생겨났다. 기존에는 서당에서 고작 열 명 내외의 사람들이 몇 권 안 되는 책을 보던 것이 교육이었다면 근대화가 되면서 전라도 사람과 경상도 사람이 서울에서 만나 천 명 가까이 되는 학생들이 다니는 학교에 모여 동문이라는 이름하에 공부하게 되었다. 그뿐 아니다. 과거에는 인구밀도가 낮다 보니 경제적인 활동량도 적었고 그래서 상거래도 5일에 한 번씩 열리는 5일장에서 이루어졌다면 근대화가 되면서 매일 서는 시장이 생겼고 지금은 자동차와의 동맹이 이루어지면서 마트가 생겨나고 교외에 대형 쇼핑몰이 생겨났다. 또 많은 사람이 모이게 되자 정부에서는 세금을 걷어서 미술관, 음악당 같은 예술 시설도 지어서 공급했다. 어느 도시에 가나 볼 수 있는 시립 미술관이나 시립 음악당은 인구밀도가 높아지면서 가능해진 건축양식이다. 지금 일본은 고령화 사회에 접어들면서 지방 중소 도시 인구가 줄어들고 있다. 이렇게 인구가 줄고 빈집이 많아지게 되면 인구밀도가 떨어지고 학교, 관공서, 미술관, 경찰서 같은 공공시설을 유지할 돈이 부족해진다. 그래서 현재 일본은 일정 인구밀도가 안 되는 마을의 사람들을 이주시켜서 도시를 폐쇄하는 일을 진행하고 있다. 일명 '콤팩트 시티Compact City'라는 프로젝트다.

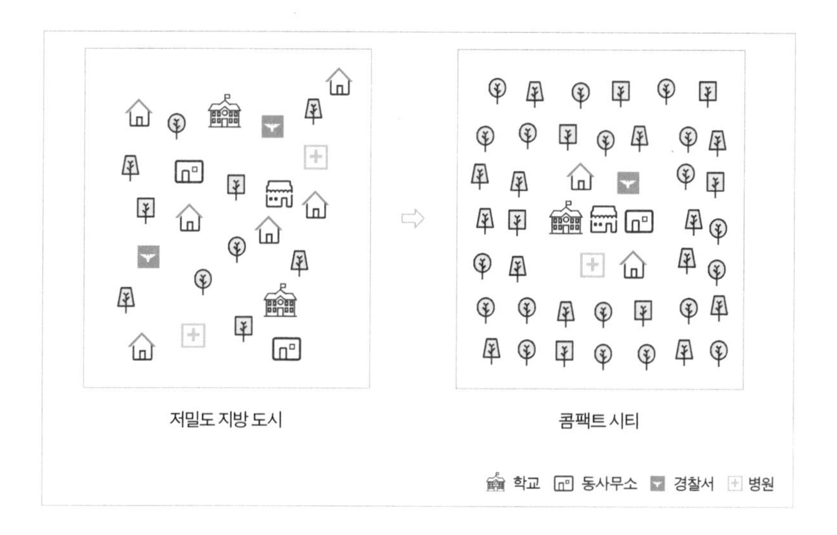

시를 작은 크기로 줄여서 단위 면적당 사람을 늘리겠다는 취지다. 결국 어느 정도 이상의 인구밀도가 갖추어져야 우리가 누려 왔고 당연하게 생각하는 사회 시스템이 가능하다는 이야기다.

인터넷 빅뱅

지금까지 보일러와 철근콘크리트가 우리의 공간과 경제에 일으킨 빅뱅을 보았다. 그렇다면 우리 시대에 또 다른 빅뱅은 없었는가? 20세기 말에 접어들면서 우리 시대의 두 번째 빅뱅이 일어났는데, 바로 인터넷 빅뱅이다. 알다시피 인터넷은 컴퓨터와 컴퓨터를 연결해서 만든 네트워크일 뿐이다. 그저 개별적인 컴퓨터를 연결했을 뿐인데 새로운 '인터넷 공간'이 만들어졌다. 이는 개체 간 연결이 이루어지면 새로운 무언가가 창조된다는 원리를 잘 보여 준다. 인간의 뇌에는 대뇌와 소뇌를 합쳐 1백억 개 정도의 뉴런이 있다고 한다. 이 뇌세포가 연결된 시냅스의 수는 1천조 개 정도다. 인간도 뇌세포가 병렬로 연결되면서 '의식'이라는 것이 만들어졌다. 마찬가지로 인터넷을 통해 컴퓨터끼리 연결되면서 그 안에 '사이버공간'이 생겨났다. 사람이 연결되면 창조가 이루어진다는 원리를 경영에 잘 접목한 사람이 페이스북의 창업자 마크 주커버그다. 페이스북의 주 업무는 광고 문구에 나와 있듯이 'connecting people(사람을 연결하다)'이다. 사람과 사람을 연결해 주었을 뿐인데 엄청난 부가 창출되었다. 같은 원리로 농경 사회에서 도시 사회로 이전하면서도 이전에는 없었던 경제적, 문화적 부가 창출되었을 뿐 아니라 역사상 처음 보는 형식의 '공간'이 생겨났다.

하지만 건축에서 고층 건물을 지으면서 우리가 만들어 낸 공간은 엄밀하게 말하면 태초부터 있던 공간을 새로운 방식으로 점유한 것에 불과했다면 인터넷은 이전에는 없던 공간을 창조해 냈다. 위치도 특이하게 우리의 머릿속에 만든 것이다. 제임스 글릭이 쓴 『인포메이션』이라는 책에는 흥미로운 사실이 담겨 있다. 러시아의 심리학자 알렉산드르 로마노비치 루리야는 1930년대에 중앙아시아의 문맹자를 연구하면서 놀라운 사실을 발견했다. 그에 따르면 문맹자와 글을 아는 사람은 아는 것뿐 아니라 생각하는 것에서도 차이가 난다는 것이다. 문맹자는 좀 더 비논리적이다. 예를 들어 "눈이 내리는 먼 북쪽 지방에 있는 모든 곰은 하얗습니다. 젬블라는 먼 북쪽 지방에 있는데요, 거긴 항상 눈이 내립니다. 이곳에 사는 곰들은 무슨 색일까요?"라고 물어보면 문맹자들은 "몰라요. 검은 곰은 봤지만 다른 곰들은 본 적이 없어요. 지방마다 사는 동물들이 달라요"라고 말한다는 것이다. 반면 글을 읽고 쓸 줄 아는 사람들은 "말한 대로라면 그 곰들은 흰색이겠네요"라고 대답한다는 것이다.

문자라는 것을 쓰고 읽을 줄 알면서 생각하는 방식도 달라졌다는 것은 많은 것을 의미한다. 문자와 동맹을 맺은 사람들은 의식도 더 진화한 것이다. 마찬가지로 인터넷을 사용하는 사람들은 새로운 차원의 공간을 가지게 되었다. 그들은 이제 굳이 차를 타고 한 시간씩 마트에 가서 줄을 서서 계산을 하고 올 필요가 없다. 인터넷 공간을 아는 사람은 인터넷 홈쇼핑 사이트에서 원하는 것을 주문해서 내가 있는 곳에서 받을 수 있다. 단순히 생활 방식만 바뀐 것이 아니다. 인터넷 사용자는 실제 공간에 있는 도시의 시설물과 장소만 이용하는 것이 아니라 그와 평행하게 존재하는 또 다른 평행우주 같은 사이버공간을 가지고 있고 그 속에서 살 수 있다. 스마트폰을 사용하는 사람은 한술 더 떠서 시간과 공간의 제약을 받지 않고 아무 때나 두 세계를 왔다 갔다 할 수 있다. 글을 읽지 못하는 사람과 읽을 줄 아는 사람의 사고방식이 달랐듯이 인터넷 공간을 삶 속에서 완전히 체득한 세대와 그렇지 않은 세대는 분명 공간에 대한 인식이 다를 것이다. 그런 차이를 얼마 전 아들과의 대화에서 느꼈다.

여행 vs 만화

고등학생 아들과 세뱃돈 사용에 대해 이야기를 나눴다. 필자는 그 돈을 모아 두었다가 나중에 대학에 들어가면 넓은 세상을 보며 여행하는 데 쓰면 좋겠다고 했다. 아들은 만화를 보거나 오락만 해도 충분히 행복한데 왜 굳이 여행을 다니는지 모르겠다고 했다. 이 대화를 하면서 우리나라에도 출세와 소유에 관심 없는 일본의 '사토리' 같은 세대가 만들어지는 중인가라는 생각을 했다. 사토리 세대가 만들어지는 데는 집값이 너무 비싸고 제대로 된 직장을 구하기도 힘든 경제적, 사회적 이유가 있다. 하지만 그러한 뻔한 이유에서 한 발자국 떨어져서 바라보면 이 대화 속에서 발견되는 두 세대 간의 차이는 '공간과 미디어의 대결'이라는 생각이 들었다.

필자와 필자의 아버지를 비롯한 기성세대에게 행복이란 집과 자동차를 사고 세계여행을 갈 수 있을 정도의 여유를 뜻한다. 집을 산다는 것은 이 세상에서 나만의 공간을 가진다는 것을 의미한다. 자동차 소유는 내가 원하는 곳에 언제든지 갈 수 있는 공간의 확장을 의미한다. 세계여행 역시 개인의 공간적 확장을 의미한다. 기성세대가 추구하는 것은 모두 공간과 관련된 가치들이다. 반면 젊은 세대의 우선순위는 스마트폰으로 영화 보고 음악 듣고 만화 보고 컴퓨터게임을 하면서 즐기는 데 있다. 이들에게 실제 공간을 소비하는 것은 별로 의미가 없다. 대신 미디어를 소비하는 것이 중요하다. 이전 세대는 음악을 듣기 위해 전축이나 CD 플레이어와 함께 LP나 CD를 사야 했다. 물건을 사면 그것을 보관할 공간도 많이 필요했다. 하지만 지금은 훨씬 적은

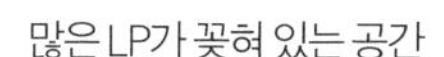

많은 LP가 꽂혀 있는 공간

수많은 음악을 담을 수 있는 스마트폰

돈으로도 이어폰을 꽂고 모든 음악을 스트리밍해서 들을 수 있다. 소유하지 않으니 공간도 필요 없다. 젊은이들의 가치관에서 '공간'은 중요도 순위에서 하위권으로 점점 내려가는 중이다. 물론 지금도 여행을 다니고 맛집을 찾아가는 사람들이 많다. 하지만 이들 중 상당수는 사진을 찍어서 개인 SNS에 올리기 위해서 가는 것 같다. SNS에 필요한 미디어 콘텐츠를 만들기 위해서 여행을 가는 것이다.

과거 인류 사회는 공간은 많은데 인구는 적었다. 초기 인류 역사는 정복을 통해서 공간을 소유하려는 자들의 역사였다. 각종 제국과 식민지가 그 결과다. 지금은 75억 인구가 비좁은 공간에 살아야 한다. 지나친 공간 소유는 갈등이고 공멸이다. 미디어 속의 공간으로 숨어 들어가는 것이 유일한 해결책인지도 모른다. 우리 아이들의 어쩔 수 없는 선택에 미안한 마음이 든다.

물질에서 정보로

그렇다면 공간 중심의 가치관에서 미디어 중심으로 이전하는 데는 이러한 사회적인 이유 외에 다른 이유는 없을까? 생물학의 발전을 보면 세대가 변할수록 이처럼 건축 공간에서 미디어로 가치가 이전하는 것은 어쩌면 당연한 대세라고 느껴진다. 생명공학은 DNA라는 개념 이전과 이후로 나누어진다. 1953년에 젊은 과학자인 왓슨과 크릭이 밝혀낸 DNA는 생명의 설계도가 이중나선형 구조에 아데닌(A), 티민(T),

구아닌(G), 시토신(C)의 구성으로 만들어져 있다는 개념이다. 학자들은 이 발견이 생물학의 프레임을 에너지와 물질에서 정보로 전환시켰다고 말한다. 그렇다. 이전의 생물학은 화학적 물질의 합성과 변형으로 이해되었다면 DNA의 구조가 밝혀진 이후에 생명은 정보의 결과물로 인식되기 시작한 것이다. 건축도 마찬가지로, 끊임없이 물질에서 정보로 전환되는 중이다. 미술에서는 이미 1960년대부터 백남준을 비롯한 작가들의 비디오 아트가 미술을 물질의 세상에서 정보의 세상으로 옮겨 왔다. 기존에 조각가들은 대리석을 깎아 형태를 만들었다. 미켈란젤로의 「다비드상」은 대리석 덩어리를 깎아 다비드의 모습을 흉내 낸 것이다. 전통적인 조각에서는 조각가의 생각이 대리석 덩어리라는 매개체로 전달됐다. 그런데 백남준의 비디오 아트는 전기신호로 분해가 가능하다. 백남준의 1996년 작 「TV는 키치다」라는 작품을 보면 사람의 모양을 하고 있으나 실제로 몸은 TV 모니터로 만들어져 있고 그 모니터 안에는 백남준이 만든 미디어 그림이 들어가 있다. 결국 이 작품은 사람의 몸과 비슷한 모양이지만 동시에 전기 정보로 만들어진 미디어 덩어리다. 우리가 사는 지금의 세상이 이 백남준의 작품과 비슷하다. 우리가 사는 세상의 공간은 아직도 기존의 물리적인 구성이 주는 가치가 있는 동시에 미디어로 만들어진 사이버공간이 중첩되어 있다고 봐야 한다. 생물학의 프레임이 물질에서 정보로 변환된 것처럼 미술과 건축에서도 동일한 전이가 일어나고 있다. 젊은 세대는 기성세대보다 훨씬 더 많은 시간을 인터넷 공간에서 보낸다. 그다음 세대는 더할 것이다. 그들이 인식하는 세상은 더 이상 물질로 구성된 세상이라기보다는 의식 속에 존재하는 세상이 되어 가고 있다. 정보로 만들어진 세상 말이다. 이제 우리 다음 세대의 가치관은 구체적인 물질보다는 정보를 통한 경험에 더 중점을 둘 수밖에 없을 것이다.

관계의 증폭에 의한 창조

경제적 관점에서 보면 인터넷으로 인해 사람들은 엄청난 무한의 공간을 창조해 냈다. 그런데 관계의 증폭에 의한 창조는 여기서 그치는 것이 아니다. IoT로 불리는 사물 인터넷이 만들어지면서 인간과 인간만의 연결이 아니라 인간과 사물의 연결도 급증하게 될 것이다. 앞서 말한 사무라이는 칼을 수십 년 연습해서 칼이라는 사물과 연결되었다. 바이올린을 연주하는 음악가는 거의 평생을 걸쳐 수련해야 바이올린이라는 사물과 연결될 수 있었다. 물론 비교적 연결되기 쉬운 자동차나 연필 같은 것들도 있다. 그렇다고 해도 지금까지 우리는 한 장소에서 한두 개 정도의 사물하고만 연결될 수 있었다. 그런데 사물 인터넷의 세상이 오면 인간과 사물이 시공간의 제약을 뛰어넘어 연결되고 더 나아가 사물과 사물끼리 자유롭게 연결될 것이다. 인간의 뇌세포끼리 연결되면서 의식이 생겨난 과거의 경험을 생각해 본다면 그런 인간과 사물, 사물과 사물이 연결되는 초연결의 세상에서 '무엇'이 창조될지 예측하기 힘들다. 그리고 그것이 밝은 미래일지 어두운 미래일지 아무도 모른다.

네트워크를 만드는 원시적 방법: 언어

인터넷 쇼핑 기업인 아마존의 시가총액이 최고의 전통 유통 판매 기업 월마트의 두 배를 넘어섰다. 공유 경제의 대표적인 예로 평가되는 '우버택시'는 기존의 택시 업계의 생태계를 바꾸고 있다. 새로운 인터넷 기반 기업들이 기존의 기업을 뛰어넘는 이유는 오늘날 네트워크 중심의 새로운 산업 형태가 기존 기업 기반보다 우위를 차지하기 때문이다. SF 영화의 고전 〈스타트랙〉을 보면 인류 최고의 위협으로 '보그'라는 외계 종족이 나온다. 이 종족은 기계와 사람이 유기적으로 연결된 사이보그 형태다. 그뿐 아니라 그들끼리 모두 네트워크로 연결되어 종족 전체가 하나의 의식을 가지고 있다. 영화 속에서는 이러한 모습이 효율적이기는 하나 인간의 존엄성을 해치는 모습으로 그려진다. 우리는 여기서 "인간의 존엄성은 '개인'의 독립성 보존에 있는가?"라는 질문을 해 볼 수 있다. 데카르트가 "나는 생각한다. 고로 존재한다"라고 말한 것이 유명한 걸 보면 철학은 독립된 의식을 모든 것의 기초로 보고 있는 듯하다. 그런데 다른 사람의 의식과 연결되는 시대가 오면 이야기는 달라진다. 이세돌과 바둑 대결을 했던 알파고는 1,202개의 CPU를 병렬로 연결한 컴퓨터다. 인간의 뇌신경도 이처럼 직렬이 아닌 병렬로 연결되어 있다. 병렬로 연결된 네트워크이기 때문에 훨씬 효율적으로 작동한다고 한다. 하지만 인간의 뇌는 다른 사람의 뇌와 연결되지 않는다. 병렬로 연결되어야 힘을 발휘하는데 그게 안 되니 인간은 대신 '언어'를 개발했다. 언어를 통해 다른 사람의 뇌와 네트워크를 이루기 시작하면서 문명이 발생했다. 이후 다른 지역, 다른 시대의 사람과 연결되기 위해 '문자'를 발명했다. 인류 문명의 발생에 큰 공헌을 한 언어와 문자는 이처럼 사람의 뇌를 병렬로 네트워크시키는 발명품이자 케이블인 것이다.

www

현대사회에 와서는 기술의 발달로 더 강력한 인간 머리 간의 네트워크가 가능해지고 있다. 경영학자 노상규에 의하면 정보 기술의 발전은 월드 와이드 웹www을 통해서 문서의 연결이 가능한 시대를 열었고, 이후 인터넷 상거래를 통해서 사람과 상품의 연결, IoT 기술을 통해서 사물의 연결을 가능하게 했다고 한다. 현시대는 SNS를 통해서 사람과 사람의 연결이 간헐적으로 이루어지고 있다. 앞으로의 10년은 증강현실 기술을 통해서 인간과 인터넷이 연결될 것이다. 그렇게 되면 인간은 다른 문서 자료, 상품, 사물과 연결될 것이고 더 놀라운 것은 인간과 인간이 더 강하게 연결되는 세상이 된다는 것이다. 만약에 인간과 인간이 연결된다면 어떻게 될까? 우선 PC 수준의 컴퓨터만 병렬로 연결해도 슈퍼컴퓨터의 연산 능력이 생겨나듯이 개개인의 머리는 별 볼 일 없더라도 서로 병렬로 연결되었을 때 엄청난 시너지 효과를 낼지도 모른다. 처음에는 사람들이 연결되는 것에 두려움을 느끼고 피할지도 모른다. 하지만 그렇게 병렬로 연결된 사람들이 증권투자에서 큰 수익을 올리고, 더 정확한 의료 진단과 업무를 수행할 수 있게 된다면 너도

나도 앞다투어 네트워크를 만들려고 할 것이다. 지금도 네트워크를 위해 많은 사람이 각종 동창회, '최고 경영자 모임', '로터리 클럽', '라이온스 클럽'을 다니는 것을 보면 인간 간 네트워크를 강화하는 기술이 생기면 사람들은 그리로 모일 것이 뻔하다. 그리고 더 효율적인 링크를 위해 SF 영화처럼 각종 칩을 이식하는 시대가 올 것이다. 인간의 머리가 병렬로 연결된다면 영화 속 '보그' 종족처럼 개인의 감정은 중화되고 지능은 극대화될 것이다. 어쩌면 인류는 〈스타트랙〉에서 이야기하는 '보그' 종족이 될지도 모른다. 과연 인류가 그런 대세의 흐름을 막을 수 있을까. 그래서 미래학자들은 향후 주요 대결의 무대가 기존의 국가 대 국가의 대결에서 국가 대 다국적기업의 대결로 옮겨 갈 것으로 보고 있다. 점점 자신의 이익을 극대화하려는 다국적기업과 그것을 통제하려는 국가, 그로부터 벗어나려고 국경을 넘는 다국적기업과 그것을 막기 위해 통합된 세계정부를 만들려는 행정부들 간의 대결이 세계사의 주요 흐름이 될 것으로 보인다. 너무 이야기가 나갔다. 다시 건축과 도시 이야기로 돌아가 보자.

텅 빈 도로와 주차장

2016년 온 나라가 인공지능 알파고와 이세돌의 바둑 대결로 떠들썩했다. 우리 모두 기계가 인간의 지적 능력까지 추월했다는 사실에 경악스러워했다. 특히나 인간의 고유 능력이라고 믿었던 직관력조차 컴퓨터가 흉내 낼 수 있다는 점에 더욱 놀랐다. 앞으로 만들어지는 인공지능은 머리를 쓰는 고급 전문직부터 대체해 나갈 것이라고 하니 대입 인기 전공 학과의 지도가 바뀌게 될 것이다. 그렇다면 인공지능은 우리의 도시와 건축을 어떻게 바꾸게 될까?

자동차를 시간당 빌려서 사용하는 집카Zipcar의 공동 창업자 로빈 체이스에 의하면, 자동차를 내가 사용하지 않을 때 다른 사람이 쓸 수 있게 해 주면 도시 속 자동차 대수가 현재의 30퍼센트로 줄어들고 카풀까지 한다면 10퍼센트까지 줄어든다고 말했다. 구글을 비롯한 대표적 다국적기업들은 인공지능이 운전하는 무인 자동차를 오랫동안 연구해 왔다. 무인 자동차가 상용화되면 기존의 자동차를 소유하는 시스템에서 공유하는 시스템으로 바뀌게 된다. 물론 그때도 나만의 자동차 공간을 원하는 사람들은 자동차를 소유하겠지만 그것은 일부 부유층에 제한될 가능성이 높다. 과거 미국의 젊은이들은 이동의 자유와 카섹스를 위해서 자동차를 원했다고 한다. 하지만 지금은 운전을 하는 동안 스마트폰을 사용할 수 없다는 이유로 운전을 꺼린다고 한다. 게다가 전기 자동차 전문 업체인 테슬라의 창업자 일론 머스크 같은 사람은 가까운 미래에는 인간이 운전하는 것 자체가 불법이 될 것이라고 말하기도 한다. 대부분의 교통사고는 인간의 판단 실수로 발생하기 때문이라는 것이다. 요즘 젊은이들은 멀지 않은 곳에 갈 때는 자동차 대신 '세그웨이'라는 전동 휠을 타고 다니기도 하니 향후 자동차 대수가 줄어드는 것은 대세일 듯하다. 일본은 이미 도요타 자동차의 자국 내 판매 감소가 문제 되고 있다. 많은 일본 젊은이들이 아예 운전면허도 따지 않는다.

지하 농장과 도로 발전

자동차 보유가 줄어드는 것은 자동차 산업에는 위기지만 건축과 도시에는 기회다. 자동차가 10~30퍼센트로 줄어든다면 현재 도로와 주차장의 70~90퍼센트는 우리가 사용할 수 있는 빈 공간이 된다. 사용되지 않는 도로는 녹지 공원이 될 수도 있고 태양광발전소가 될 수도 있다. 현재 미국에서는 도로 자체를 아스팔트콘크리트 대신 태양전지판으로 포장하려는 연구가 진행되고 있다. 실리콘 칩 같은 태양전지판이 자동차의 하중을 견딜 정도로 강해지고 빗물에도 미끄러지지 않을 정도의 마찰계수만 가질 수 있다면 불가능한 이야기는 아니다. 개인 중심의 교통 시스템이 발달하면서 대중교통 시스템이 점차 줄어들 것이라는 전망도 있다. 그렇게 되면 지하 주차장과 지하철이 다니던 터널은 LED 조명으로 식물을 키우는 실내 농장이나 로봇이 작업하는 공장이 될 것이다. 그렇게 되면 생산지와 소비도시 사이의 물류도 대폭 줄고 환경오염과 고속도로도 줄게 된다. 인공지능으로 가까운 미래에 도시는 한 단계 더 진화할 것이다. 아마도 그때가 오면 미래의 사람들은 지금의 2018년도 도시의 영상 기록들을 보면서 마치 지금 우리가 19세기 때 말이 끄는 마차나 석탄을 태우는 증기기관차가 다니는 도시를 보듯이 신기하게 바라볼 것이다.

새로운 엘리베이터

현대그룹이 한전 부지에 백 층이 넘는 초고층 사옥을 짓고 있다. 이러한 초고층 대결은 바벨탑 시절부터 시작해서 21세기까지도 그칠 줄 모른다. 높이 경쟁으로 더 위대한 건물을 짓겠다는 생각은 이제 너무 식상하다. 가까운 미래에 1미터라도 더 높은 건물이 나오면 바로 2등이 되기 때문이다. 불멸의 랜드마크가 되려면 남을 따라 하지 않는 새로운 개념의 건축물로 지어야 한다. 대표적 랜드마크인 에펠탑, 피라미드, 시드니 오페라하우스 등은 모두 시대를 앞서가는 구조와 신기술을 선보였다. 에펠탑의 경우 강철로 높은 탑을 쌓고 엘리베이터라는 당시로서는 놀라운 신기술을 사용하여 관람객을 전망대로 올려 보냈다. 지금의 강철 구조와 엘리베이터로 만들어진 고층 건물의 아버지는 어찌 보면 에펠탑이다. 그런데 이제 이 엘리베이터는 150년도 더 된 아이디어다. 고층 건물은 그만큼 새롭지 않다. 10조짜리 땅에 사옥을 짓는다면 새로운 개념의 건축물이면 더 좋지 않았을까 하는 아쉬움이 남는다.

몇 년 전 독일의 한 엘리베이터 회사는 새로운 아이디어를 선보였다. 지금까지는 하나의 엘리베이터를 설치하려면 엘리베이터가 움직일 수 있도록 빌딩 전체 층을 수직으로 관통하는 비어 있는 콘크리트 박스가 필요했다. 마치 도로 위에 차 한 대만 왔다 갔다 하는 것과 마찬가지다. 하지만 이 회사에서 생각해 낸 새로운 '순환형 엘리베이터'는 상행선과 하행선이 다르고 둘은 위아래에서 연결된다. 그리고 그 순환선에서 여러 대의 엘리베이터가 순환한다. 일방통행 차로에서 여

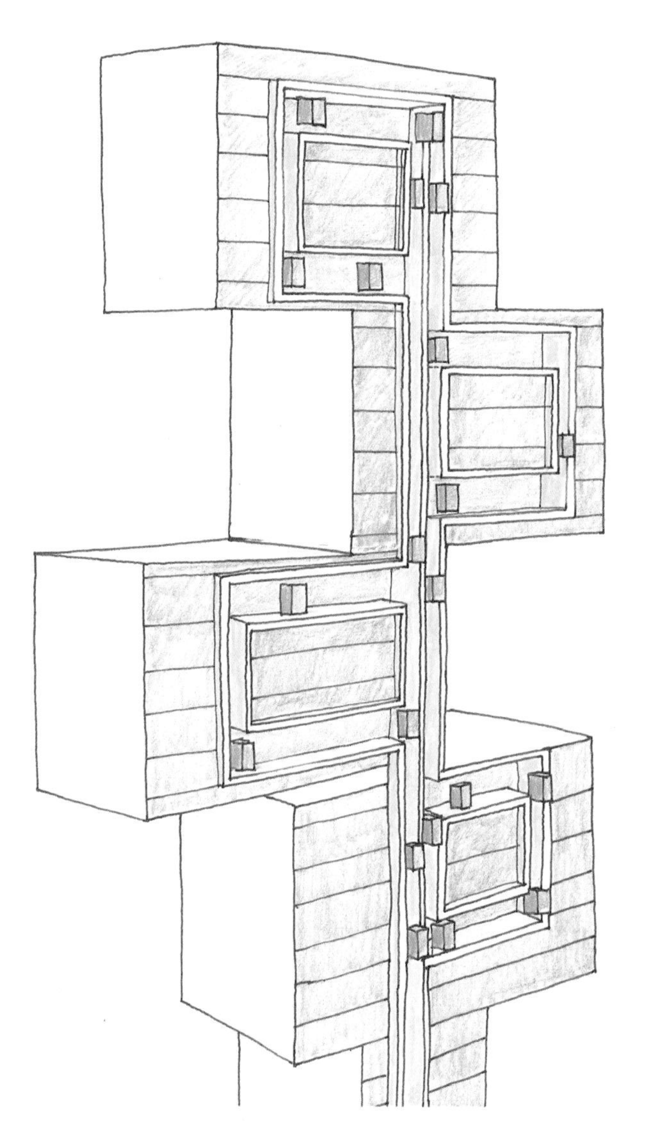

새로운 순환형 엘리베이터의 모습. 파란색 사각형인 엘리베이터들이 노란색 통로를 순환한다.

러 대의 자동차가 순환하는 것과 비슷하다. 엘리베이터를 놓쳐도 금방 다른 엘리베이터가 온다. 현재는 고층 건물일수록 엘리베이터가 차지하는 면적이 넓어져서 실제 사람이 사용 가능한 면적이 줄어든다. 순환형 엘리베이터를 설치하면 엘리베이터가 다니는 수직 통로인 샤프트shaft 숫자가 줄어서 코어의 면적을 줄일 수 있다. 이뿐 아니라 이 새로운 엘리베이터는 방향을 바꾸어 측면으로도 이동할 수 있어서 건물의 모양이 위로만 올라가는 막대기 형태에서 벗어날 수도 있다.

싱가포르에는 호텔 옥상에 대형 수영장이 설치된, 처음 보는 개념의 건축을 선보인 마리나베이샌즈 호텔이 있다. 단지 이 수영장 한번 가겠다고 싱가포르에 비행기를 타고 가는 사람들이 많다. 우리나라에도 단순 고층 건물이 아니라 새로운 개념을 보여 주는 건물이 들어서면 좋겠다. 그래서 우리나라의 새로운 건축물을 보기 위해 전 세계 각지에서 서울로 비행기 타고 오는 사람들이 있다면 얼마나 멋지겠는가.

포켓몬고와 공간의 경계

전 세계적으로 '포켓몬고'라는 게임의 인기는 열풍을 넘어 광풍에 가까웠다. 〈포켓몬〉은 〈포켓몬스터〉의 약자로, 포켓에 몬스터를 잡아넣는 내용의 만화다. 일본 고유의 귀신을 섬기는 문화적 배경에 〈포켓몬〉 작가 본인이 곤충을 채집하던 취미가 합쳐져서 나온 만화다. 그러니까 〈포켓몬〉 속 캐릭터는 곤충이자 귀신인 것이다. 귀신은 눈

포켓몬고와 증강현실

에 안 보이는데 스마트폰을 통해서는 볼 수 있다는 개념이 '포켓몬고'의 시작이다. 천재적 발상이다. 포켓몬고 덕분에 현실과 가상이 반반씩 섞인 '증강현실'이라는 개념이 우리의 실생활로 들어오기 시작했다. 1980년대에 사람들은 '블록 격파'나 '갤러그' 같은 오락을 하면서 전자오락이 일어나는 모니터 뒤편의 세상에 대해서 궁금해했다. 이런 상상은 당시에 전자오락이 일어나는 전자의 세계를 담은 〈트론〉이라는 영화로 만들어지기도 했다. 1990년대 들어서 인터넷 공간이 우리의 실생활에 들어왔을 때 사람들은 조만간 '가상현실'이 우리의 현실 세계를 대체할 것으로 기대했다. 하지만 가상현실이 보여 주는 너무 '만화 같은' 그래픽의 모습에 실망하고 사람들은 가상현실로 뛰어들지 않왔다. 아직까지도 현실 세계와 가상공간은 둘로 나누어져 있다.

1990년대 전까지 할리우드 영화는 실사영화와 만화영화로 나누어져 있었다. 그러다가 1991년 〈터미네이터〉 2편에서 액체 금속 로봇 'T1000'이 눈앞에서 모양을 자유자재로 바꾸는 모습을 보면서 사람들은 경악했다. 실사와 가상의 그래픽이 한 화면에 합쳐져서 보이는 것에 사람들은 더 빠져들기 시작했다. 할리우드 영화 속에서 증강현실이 시작되고, 실사와 만화의 명확했던 경계가 모호해진 것이다. 우리는 지난 20년간 인터넷을 사용하면서 살아왔다. 인터넷 세상은 모니터 안에 있었다. 그러다가 스마트폰이 나오면서 모니터를 들고 다닐 수 있게 되었다. 포켓몬고라는 게임의 출시로 우리의 현실 세계에 모니터 속 가상의 캐릭터가 들어오기 시작했다. 내 스마트폰 스크린 속 실사 배경 안의 포켓몬 캐릭터는 마치 영화 〈터미네이터〉 2편의 T1000과 같다. 스마트폰으로 세상을 바라보는 우리 세대에게 스마트폰 속 증강현실이 일으키는 파장은 클 것이다. 현실과 가상의 공간적 경계가 더욱 모호해지는 세상이 이제 시작됐다.

공유 경제 = (사회주의 × IT 기술) ÷ 자본주의

요즘 '공유 경제'가 유행이다. 특히 건축 분야에서 두드러진다. 이런 현상이 나타나는 데는 부족한 공간을 모든 사람이 다 소유할 수 없는 현실 요인의 영향이 크다. 개인의 '소유'에 초점을 맞추고 있는 자본주의와는 달리 '함께 소유한다'는 공유共有 개념은 사회주의적 요소를 가지고 있다. 그렇다고 사회주의적 분배로 공간 문제를 해결할 수는 없으니, 우리는 IT 기술의 도움으로 수요와 공급의 균형을 맞추는 방법을 만든 것이다. 그 방법은 소유의 시간을 몇 년 단위에서 더 짧은 며칠 혹은 몇 시간 단위로 바꾼 것이다. 공유 경제는 짧은 시간 단위로 누구나 제품이나 공간을 소유할 수 있는 시스템이다. 간단히 방정식으로 표현해 본다면 '공유 경제=(사회주의×IT 기술)÷자본주의'다. 예를 들어 내가 해외에 멋진 별장을 가질 수는 없지만, '에어비엔비'를 통해서 며칠 혹은 몇 주 단위로 원하는 집을 즐길 수 있다. 포도밭이 딸린 프랑스의 샤토(성, 대저택)에 며칠 머무르면서 영주가 된 기분을 느껴 볼 수도 있다. 과거에는 2년 단위로 전세 집을 빌렸다면 지금은 몇 달 단위로 셰어하우스를 계약한다. 인테리어가 잘된 모텔 방을 시간 단위로 빌리기도 한다. 고급 자가용을 소유하고 기사를 고용할 수는 없지만 몇 만 원이면 '카카오 블랙'이나 '우버'를 이용해 회장님처럼 고급 승용차의 뒷자리에 앉는 호사를 누려 볼 수도 있다.

디지털 기술은 전통적인 부동산 개념에도 변화를 가져왔다. 내가 소유할 수는 없는 공간이라도 그 공간을 사진으로 찍어서 내 SNS에 올리면 그게 내 공간이 된다. 내가 실제 세상에서 소유할 수 없는 공간을 디지털 정보로 만들어서 인터넷상에 내 공간을 구축하는 것이다. 이처럼 현재는 실제 소유와 디지털 소유의 개념이 중첩되고 있다. 이러한 일이 가능해진 것은 인터넷 기술의 발전과 더불어 휴대폰 카메라의 성능이 향상되었기 때문이다.

고성능 휴대폰 카메라는 우리의 공간을 바꾸었다. 휴대폰 카메라 덕분에 우리 모두는 콘텐츠 제작자가 되었다. 과거에는 어느 동네 몇 평짜리 집에 살고 어느 차를 모느냐로 자신을 드러냈다. 곧 내 소유물의 스펙이 나를 드러내는 전부였다면 지금은 SNS에 올리는, 내가 방문한 카페의 사진과 여행 간 호텔의 사진으로 내 공간을 만들어서 나를 표현할 수 있다. 현대사회에서 나는 내가 소유한 공간으로 대변되는 것이 아니라, 내가 소비한 공간으로 대변된다. 1987년에 미국의 예술가 바바라 크루거가 자신의 작품을 통해 "나는 쇼핑한다. 고로 존재한다"라는 말을 남겼다면, 30년이 지난 2018년 현대사회에서는 "나는 인스타한다. 고로 존재한다"라고 이야기해야 할 것 같다. 내가 제작한 디지털 자료로 만든 나의 사이버공간이 나를 대변하는 것이다. 그래서 사람들은 페이스북과 인스타그램에 계속해서 자신이 간 맛집과 여행지와 자신이 읽은 책을 포스팅한다. 맛집 포스팅은 자신이 음식 문화도 향유할 줄 안다는 점을 알려 주고, 유명 여행지의 고급 호텔 이용기는 자신의 건축적 안목을 보여 주고, 책의 서평은 자신의 지적인 부분을 부각시켜 준다. 이는 곧 디지털 시대에 '나' 자체를 만드는 일이다. 이제는 내 실제 얼굴보다 셀카 사진이 더 중요해졌다. 내가 얼마나 행복한가는 내 SNS에 환하게 웃는 행복한 사진이 몇 장 올라갔느냐로 결정된다. 실로 가상공간의 정보가 실제를 압도하는 사회다. DNA 개념이 도입되면서 생물학이 유기체의 연구에서 정보의 연구로 해석되기 시작한 것과 마찬가지로 인터넷으로 인해서 우리 삶도 정보로 해석되고 삶의 의미도 정보를 통해 부여되는 세상에 살게 되었다.

SNS는 단순히 소식을 올리는 곳이 아니다. 사무실 책상에 사진을 붙이고 화분을 가져다 놓음으로써 그 책상을 나만의 공간으로 만들듯이, 땅값을 낼 필요 없는 사이버공간에 휴대폰 카메라만으로도 나만의 공간을 만들 수 있게 된 것이다. 과거에는 내가 사는 집을 아예 공개적으로 보여 줄 수 없었지만, 지금은 SNS를 통해서 오히려 내가 살고 경험한 공간을 보여 주고 싶은 부분만 '편집'해서 보여 줄 수 있다. 현대 사회에서 페이스북과 인스타그램은 나의 공간이며 더 나아가 '나' 자체다. 향후 블록체인이 상용화되면 우리 공간에 또 한번 변화의 파도가 올 것이다. 그때가 되면 제2의 구글, 페이스북, 인스타그램도 나올 것이다. 우리는 향후에도 점점 더 많이 정보화된 공간에서 많은 시간을 보내고 그 세계에 의존하게 될 것이다.

중추신경계의 완성

필자는 전작에서 역사의 흐름 속에서 진화하는 도시의 모습을 생명체의 진화에 비유했다. 생명체는 순환계가 먼저 발생하고 이후에 신경계가 진화, 발전한다. 그리고 신경계가 계속 발전하면 중추신경계가 나온다. 지금의 영장류는 그런 단계를 거쳐 오늘날의 모습으로 진화했다. 마찬가지로 로마가 만든 상수도는 동맥 네트워크로, 파리가 만든 하수도는 정맥 네트워크로, 뉴욕의 통신망은 생명체의 신경계에 비유할 수 있다. 우리는 지난 수십 년간 인터넷과 스마트폰 등의 발전을 경험했다. 이는 모두 신경계가 진화해 온 모습이다. 현대 도시는 이제 생명체의 진화의 단계로 본다면 중추신경계가 완성되기 직전이라고 보인다. 도시에서 중추신경계란 무엇인가? 그것은 아마도 4차 산업혁명의 핵심으로 불리는 IoT와 5G 기술일 것이다. 현재 컴퓨터 전문가들은 몇 년째 정기적으로 독일에 모여서 기계를 움직이는 소프트웨어 프로그램 언어의 표준화 작업을 하고 있다. 현재도 공장에 많은 자동화 기계가 있다. 예를 들면 자동차 공장에는 철판을 자르는 기계와 용접

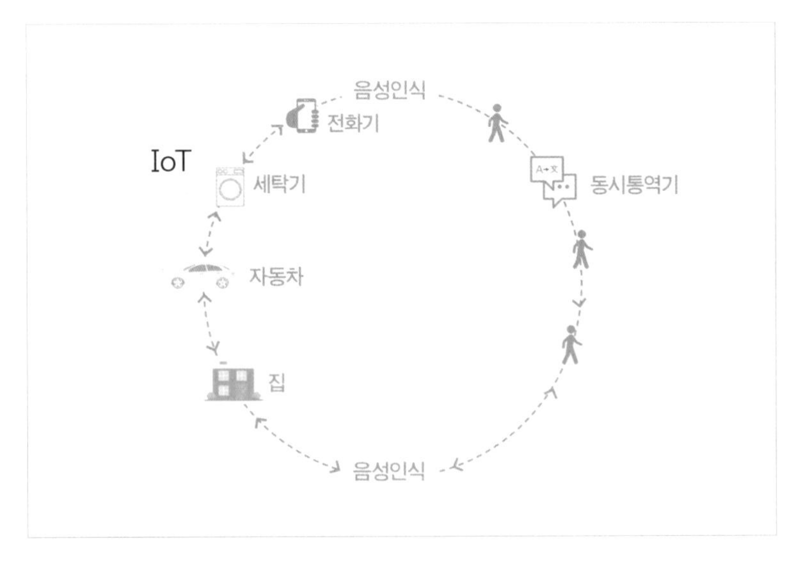

2025년 도시의 중추신경계

기계 그리고 잘린 철판을 용접 기계로 운반하는 기계가 있다. 그런데 문제는 이 기계들이 모두 다른 소프트웨어 프로그램 언어를 사용하고 있다는 점이다. 우리가 외국인과 말이 안 통하는 것처럼 기계들끼리도 말이 안 통하는 것이다. 그래서 기계 간에 협업하려면 각각의 기계에 인간이 따로따로 명령을 해야 한다. 그런데 이 세 가지 다른 기계의 컴퓨터 언어를 통일하면 어떻게 될까? 기계들끼리 말이 통하게 된다. 철판을 자르는 기계는 자기 일을 다 마치면 운반 기계를 부르고, 운반 기계가 와서 용접 기계에 전달하면서 다음 작업을 지시할 수 있다. 한마디로 인간이 없어도 완전 자동으로 움직이는 공장이 가능해지는 것이다. 모든 기계가 서로 소통하는 사회는 IoT 기술의 목표다. IoT는 모든 기기에 컴퓨터를 부착하는 것이고, 한쪽에서는 이 모든 컴퓨터의 언어를 하나로 통합하는 움직임이 일어나고 있다. 이 기술이 완성되면 모든 기계끼리 소통하는 사회가 만들어진다. 거기서 끝이 아니다. 현재 개발 중인 기술 중에서 가장 주목받는 기술은 '음성인식'이다. 갤럭시폰에 있는 '빅스비'나 아이폰의 '시리'를 한 번쯤은 써보신 분이 많을 것이다. 이러한 음성인식 기술이 발달하게 되면 기계와 인간이 소통하게 되는 시대가 열린다. 이런 노력과 동시에 진행되는 것이 '동시통역기'다. 몇 년 전 구글의 부사장이 중국에 가서 영어로 이야기하면 중국어로 동시에 통역되는 통역기를 이용하는 동영상을 본 적이 있다. 이들 동시통역기는 완전하지는 않지만 빠르게 성능이 개선되어 가고 있다. 이 기술들을 통해 우리가 꿈꾸는 세상은 세상의 모든 사람이 자신의 언어를 유지하면서도 서로 소통할 수 있는 세상이다. 더 이상 외국어를 배우느라 시간을 낭비하지 않아도 된다. 기계끼리의 소프트웨어 언어 통합, 음성인식, 동시통역이라는 세 가지 기술이 완성되면 모든 기계와 기계, 기계와 인간, 모든 인간이 하나로 연결되는 소통의 고리가 완성된다. 이것이 중추신경계의 완성이다. 전문가들은 이 기술의 완성 시기를 2025년 정도로 예상하고 있다. 그리고 그 이후 10년 동안 2035년까지 엄청난 산업의 혁명이 있을 것이라고 예상한다. 그 시기가 유토피아가 될지 모든 인간이 기계에게 일자리를 빼앗기는 암울한 시대가 될지는 예측 불가능하다. 하지만 우리의 라이프스타일이 바뀔 것은 분명하다.

유시민과 정재승

이 시기에는 각종 새로운 직업과 산업이 등장할 것이다. 19세기 후반에 록펠러가 휘발유를 만들고, 카네기가 강철을 만들고, J. P. 모건이 전기발전소를 만들었을 때 이들은 초재벌이 되었다. 새로운 시대를 만든 초재벌들이 나오면서 권력이 이들 몇 명에게 집중되었다. 애석하게도 권력이 집중되면 사회는 불균형을 이룬다. 이런 시대에 등장한 인물이 루스벨트 대통령이다. 루스벨트는 상당한 재력가 집안의 아들이었다. 그도 사업을 할 수 있었지만 그는 사업가들과는 다른 꿈을 가지고 정치에 입문한다. 전쟁에 참여해서 전쟁 영웅이 되고, 차곡차곡 대중에게 자신의 좋은 이미지를 심어 갔다. 그가 이루고자 했던 것은 재벌 해체를 통한 독과점의 금지였다. 지금과는 비교하기도 힘든 수준의 초재벌들이 있던 미국에서 루스벨트는 반독점 법안을 만들어 초재벌 기업을 수십 개의 기업으로 쪼갰다. 사람은 기술의 발전을 이루고, 기술 발전은 새로운 사회를 만든다. 하지만 그 사회는 완벽하지 않다. 그때 다시 등장하는 것이 사람들의 협업인 정치다. 최근에도 블록체인이라는 기술로 비트 코인이 만들어졌다. 그런데 뒤이어 비트 코인 투자 광풍이 일었다. 얼마 전 이 문제를 가지고 유시민 작가와 과학자 정재승 교수가 TV에서 열띤 토론을 한 적이 있었다. 이런 대화가 많아져야 한다. 신기술로 새로운 시대를 열고자 하는 노력과 그에 따른 사회적 현상과 문제에 대한 고민이 필요한 시대다. 왜냐하면 기술은 바뀌어도 인간의 유전적 본능은 그렇게 빨리 바뀌지 않기 때문이다. 당연히 그 속도의 차이에 따른 갈등은 생겨날 수밖에 없다. 그것을 해결할 수 있는 방식은 역시 전통적으로 얼굴을 맞대고 대화를 하는 길밖에 없다. 왕도는 없다. 새로운 기술이 나오는 이 시대는 새로운 방식의 정치적 소프트웨어가 필요한 때이기도 하다.

12장

공간의 발견

벽

지금까지 건축과 도시를 얄팍하지만 다양한 통섭적 시각으로 읽어 보려고 시도해 보았다. 마지막 장에서는 건축가의 시선으로 벽, 창문, 기둥, 지붕, 길, 다리 같은 각각의 건축 요소를 통해 공간에 대한 생각들을 말해 볼까 한다. 우선 건축의 기본 중 하나인 벽부터 살펴보자. 영화 〈스파이 브릿지〉를 보면 동베를린과 서베를린을 나누는 콘크리트 장벽을 세우는 장면이 나온다. 동독 측에서 병사들이 나와서 기존에 1미터 정도 높이의 벽으로 되어 있던 담장 위에 콘크리트 블록으로 사람 키보다 훨씬 높게 벽을 쌓는 장면인데, 우리나라로 치면 어느 날 갑자기 서울시 강남대로 중앙선에 벽을 세우는 것처럼 생뚱맞아 보였다. 정치적 이념이 다르다는 이유로 어제까지 하나의 도시로 존재하던 베를린 시내에 벽을 세움으로써 공간을 둘로 나눈 것이다. 기존의 1미터 높이의 담장은 마음만 먹으면 넘나들 수 있는 담장이었다. 허리까지 오는 이 정도 높이는 일단 서 있는 성인의 눈높이에서 건너편이 보이기 때문에 장벽으로 느껴지지는 않는다. 그리고 쉽게 넘어갈 수도 있다. 그러나 사람 키보다 높은 담장은 시선도 차단하고 몸도 쉽게 넘어갈 수 없는 진짜 벽이다. 현대사회에서 이런 식의 담장은 교도소와 국경선에서나 사용된다.

베를린장벽이 없어진 지금 세계에서 가장 유명한 벽은 우선 예루살렘에서 이스라엘과 팔레스타인 구역을 나누는 벽일 것이다. 제3국 입장에서 보면 둘 다 비슷하게 생긴 중동 사람들끼리 벽을 쌓고 오가지 못하게 하는 모습이 어처구니없어 보인다. 이보다 더 심한 담장은 이념이 다르다는 이유로 담을 치고 있는 한반도의 휴전선일 것이다. 똑같이 생긴 같은 민족임에도 남북한은 심하게 벽을 치고 있다. 우리의 휴전선은 이스라엘보다도 더 심해서 아예 중간에 4킬로미터의 비무장지대DMZ 공간을 만들고 양측에 철책 담장을 치고 있다. 이는 보는 것을 차단할 뿐 아니라 소리도 전해지지 않게 격리하겠다는 얘기다. 콘크리트나 벽돌로 세운 벽보다 이런 빈 공간으로 만든 장벽이 둘 사이를 더 단절시킨다.

이는 마치 완전한 단열과 차음을 위해서 가운데 가스층을 두고 겹으로 만든 복층 유리와 같다. 자연에는 담장이 없다. 모든 것이 하나로 연결되어 있다. 동물들은 벽을 쌓지 않는다. 오직 인간만이 정치적 혹

인간이 만든 장벽 중 하나인 이스라엘과 팔레스타인 구역을 나누는 분리 장벽

은 종교적 생각이 다르다는 이유로 선을 긋고 벽을 세우고 공간을 나눈다. 자연에 있는 유일한 선은 물과 땅이 바뀌는 강변이나 해안선 같은 것들뿐이다. 그나마 이 선들도 밀물과 썰물, 파도, 장마 등으로 끊임없이 변하면서 경계를 모호하게 한다. 하지만 인간은 이런 자연의 선과는 상관없이 명확한 국경선을 긋고 사람들을 오가지 못하게 한다. 이런 선들은 언젠가는 없어져야 할 선이고 벽이다.

창문

인류 최초의 집은 동굴이었다. 동굴은 안전상으로 최상의 조건을 갖춘 곳이었다. 일단 비를 피할 수 있었고 무엇보다도 입구가 작고 하나밖에 없기에 맹수나 외부의 침입으로부터 자신을 보호하기가 수월했다. 동굴 안은 어두웠을 테니 모닥불로 조명과 난방을 대신했다. 이후 인간은 동굴에서 벗어나서는 나무 위에 집을 짓고 살기 시작했다. 나무 위에서는 불을 땔 수 없었을 테니 모닥불을 피우지 않았을 것이다. 좀 더 명확하게 모닥불이 하던 조명 역할은 얼기설기 만들어진 벽의 틈이 대신했다. 이 틈이 최초의 창문이다. 성긴 틈으로 빛을 들이던 나뭇가지들은 시간이 흘러서 제대로 창틀을 갖춘 열고 닫을 수 있는 창문으로 발전했다.

창문은 방수와 더불어 건축의 기본인 채광과 통풍을 위한 필수 요소다. 그런데 창문을 만들려면 벽을 뚫어야만 한다. 벽에 구멍을 내면 구멍 위의 건축 재료가 무너져 내린다. 옛날 사람들은 윗부분의 재료가 무너지는 것을 막기 위해서 '인방보'라는 것을 발명했다. 고대 유적을 보면 'ㅡ'나 'ㅅ' 자 형태의 돌로 만들어진 인방보를 볼 수가 있다. 미케네의 유적지 중에 '사자문'이라는 것이 있다. 이 문은 인방보 위에 삼각형 모양으로 된 돌이 올려져 있고, 그 돌에는 두 마리의 사자가 마주 보고 있는 모습이 조각되어 있다. 이 사자가 조각된 삼각형 모양의 인방보가 건축사에서는 중요한 의미를 가진다. 그 이유는 상부의 하

미케네의 사자문. 사각형 구멍 위의 인방보는 상부의 하중이 'ㅅ' 자 모양으로 좌우 분리되는 구조적인 원리를 보여 준다.

중이 'ㅅ' 자 모양으로 좌우로 분리되는 구조적인 원리를 보여 주기 때문이다. 이 원리가 발전해서 나중에 아치 구조가 되고, 아치 구조가 한 방향으로 이어지면 로마 시대에 많이 사용한 '볼트' 구조가 된다. 그리고 아치 구조가 180도 회전을 하면 판테온 같은 '돔' 구조가 된다. 그러니 이 삼각형 인방보의 발명은 대단한 첫걸음인 것이다. 보통 인방보는 두꺼운 목재나 돌로 만들어진다. 그런데 문제는 그 길이가 길어질수록 부러질 염려가 있다는 것이다. 그래서 창문의 폭은 자연스럽게

볼트 구조

부러지지 않는 인방보의 폭으로 결정된다. 기술적인 이유에서 창문의 폭은 정해져 있으니 더 큰 창문을 내려면 세로로 긴 창을 만들 수밖에 없었다. 그래서 벽 구조로 되어 있는 오래된 건축물의 창문은 모두 세로로 길다.

근대 건축가 르 코르뷔지에는 벽식 구조 대신 콘크리트 기둥을 구조체로 하는 근대적인 양식의 '도미노 시스템'을 제안하였다. 벽이 더 이상 건물을 지탱하고 있지 않으니 창문을 가로로 길게 만들 수 있게 되었는데, 그것이 르 코르뷔지에가 말하는 근대 건축의 5원칙 중 하나인 '가로로 긴 창(수평창)'이다. 필자가 만나 본 건축주는 둘로 나누어진다. 한 부류는 시원하게 뚫린 가로로 긴 창을 좋아하는 사람들이고 다른 부류는 가로 창은 너무 노출되어 불안하다며 세로로 된 창을 선호하는 사람들이다. 여러분은 가로 창과 세로 창 중 어느 쪽인가?

기둥

건축의 기본은 무엇일까? 다름 아닌 방수다. 비를 피하는 것이 제일 중요하다. 비를 피하게 해 주는 건축 요소는 다름 아닌 지붕이다. 고로 지붕이 건축의 가장 기본적인 요소라고 할 수 있다. 한자에서 집을 나타내는 글자 '家(가)'를 보면 지붕 아래에 돼지가 있는 모습이다. 집의 기본인 이 지붕을 만들기 위해 필요한 것은 기둥이다. 기후대에 따라 기둥 대신 벽을 세우기도 한다. 나무가 풍족한 곳에서는 나무를 이용해서 기둥을 처음 만들었다. 이 나무 기둥은 시간이 흘러서 이집트 같은 곳에서는 신전의 돌기둥이 되었다. 이집트 신전의 돌기둥을 보면 기둥의 머리 부분에 야자수 같은 이파리가 조각되어 있는 것을 볼 수 있다. 아마도 건조기후대에서 오아시스 옆에 있는 야자수를 생각하면서 만든 것이리라. 자연에서 중력을 이기는 요소는 다양하다. 우선 산처럼 안정적인 모양으로, 아래는 넓고 위로 갈수록 좁아지는 형태가 있다. 이러한 형태가 나중에 피라미드 디자인이 된다. 동굴의 둥그런 천장은 자연스럽게 아치 구조의 원리로 이어진다. 이는 나중에 로마 시대의 볼트 구조와 돔 구조의 건축이 된다. 자연에서 가장 인상 깊게 중력을 거스르는 모습은 아마도 나무가 자라는 모습일 것이다. 자연의 모든 것은 다 위에서 아래로 향하게 되어 있다. 돌은 굴러서 아래로 내려가고 물

이집트 필레 신전의 돌기둥

한옥의 공포

도 아래로 흐른다. 그런데 유독 나무만 점점 위로 자란다. 이 나무줄기의 모습이 건축에서 기둥이다. 지구의 중력을 받치고 있는 기둥은 나무에서 영감을 받은 건축 요소다. 우리나라 한옥의 나무 기둥의 상부를 보면 '공포'라는 건축 요소가 있다. 나무를 가로로 계속 쌓아올려서 지붕을 받치게 하는 모습이다. 기둥의 위에는 보가 올라가고 그 위에 서까래가 놓여서 처마가 만들어진다. 공포와 서까래의 구조적인 원리는 바로 나뭇가지다. 한쪽으로 뻗어나가 있으면서도 부러지지 않고 힘을 받는 나뭇가지처럼 이들 건축 부재들은 지붕을 받치고 있다. 이렇듯 모든 건축 요소의 근본 원리는 다 자연에서 온다. 그도 그럴 것이 자연이나 건축이나 둘 다 '중력'을 이겨 내기 위해 만들어진다는 공통점이 있어서다.

지붕

지붕은 하늘과 건축물이 만나는 면이다. 문화와 시대에 따라서 이 지붕의 모양은 다르다. 우선 지붕의 모양은 기후와 밀접한 관련이 있다. 고대 메소포타미아 지역의 건축물은 지붕이 평평하다. 이 지대는 건조 기후대다 보니 굳이 비를 의식해서 경사 지붕을 만들 필요가 없었기 때문이다. 강수량이 늘어날수록 지붕의 기울기는 급해진다. 우리나라보다 비가 더 많이 내리는 동남아시아 건축물의 지붕을 보면 훨씬 더 기울기가 급하다. 물을 빨리 땅으로 내려보내기 위해서다. 안 그

랬다가는 지붕에 물이 고여서 새거나 물 무게를 못 견디고 지붕이 무너지기에 이 기울기는 아주 중요한 문제였다. 지붕은 건축 재료와 기술에 의해서도 변화한다. 과거 조선 시대 때 지붕을 건축하는 주요 재료는 나무와 진흙이었다. 나무 서까래로 지붕의 모양을 만들고 그 사이에 진흙을 채우고, 그 위에 돈이 없는 사람은 볏단을, 부자는 기와를 얹어서 지붕을 완성하였다. 이것이 가장 효율적으로 방수되는 지붕을 만드는 방식이었다. 일반적으로 나무 기둥 사이의 간격은 커지기가 힘들다. 기둥 간격이 커질수록 그 사이를 연결하는 보의 크기가 두꺼워져야 하는데, 엄청난 부자들이나 이런 큰 나무를 산에서 운반해 도시로 가져와 집을 지을 수 있었기 때문이다. 보통 사람들은 큰 목재를 구할 수 없었고, 이들이 짓는 집의 지붕 부재는 부실해 하중을 견디기도 어려웠다. 일반인들은 기와를 공짜로 얻었다고 하더라도 그 무거운 기와를 지탱할 기둥과 보를 만들 만큼 굵은 나무 재료가 없어서 기와지붕을 지을 수 없었을 것이다. 그만큼 '기와지붕'은 여러 가지 이유에서 부의 상징이 된다. 도자기처럼 구운 기왓장뿐 아니라 그 무게를 견딜 지붕과 기둥 구조체를 만들 정도의 나무를 살 수 있는 재력이 있음을 보여 주는 것이기 때문이다. 그래서 예전에는 초가집과 기와집이 경제적 신분을 나누는 지표가 되었던 것이다.

현대에 와서는 나무로 만든 지붕 구조체보다 훨씬 더 얇으면서도 더 무거운 하중을 견딜 수 있는 강한 철근콘크리트 구조 방식이 있다. 이 재료는 방수에도 비교적 강하다. 그래서 더 이상 빗물을 경사지로 흘려 내려보내지 않아도 되었다. 기존에는 짧고 가는 나무 보 재료를

중동 지역의 평평한 지붕(위)과 동남아시아 지역의 경사가 급한 지붕(아래)

가지고 기둥 간격을 넓게 하기 위해서 양쪽에서 'ㅅ' 자 모양으로 지붕을 만들어야 했다. 그런데 철근콘크리트라는 재료를 사용하면 기둥 간격을 넓게 하기 위해서 'ㅅ' 자 모양으로 보를 만들 필요가 없다. 자연스레 평평한 지붕이 나오고 이 지붕은 사람이 올라가서 살아도 될 정도로 튼튼했다. 근대건축에서 옥상정원이 탄생한 것이다. 지붕에 마당을 둔다는 것은 말도 안 되는 생각 같았지만 새로운 재료의 적용으로 가능해졌다. 덕분에 평지붕에 올라가서 하늘을 만나는 기분을 느낄 수 있게 되었다. 그래서 필자는 지붕에 있는 '마당 있는 자그마한 단층 주택'인 옥탑방을 좋아한다.

길

길은 사람이 외부와 소통하고 이동하는 데 필수적인 요소다. 로마가 유럽을 정복할 수 있었던 것은 사통팔달의 도로를 만들었기 때문이고, 독일이 2차 세계대전을 일으킬 만한 국력을 키울 수 있었던 배경에는 고속도로의 원조 격인 아우토반이 있었다. 그 뒤를 잇는 세계 최고 강대국 미국이 가장 많은 고속도로와 가장 많은 자동차를 소유하고 있다는 점을 보면 길과 국력은 분명 연관이 있다.

미야자키 마사카쓰는 역사책 『공간의 세계사』에서 교통수단이 발달하면 역사에 큰 변화가 온다고 말한다. 그 대표적 사례가 '말'이다. 말을 타면서부터 인간은 시간 거리를 줄일 수 있게 되었고 이로 인해서 공간의 혁명이 일어났다. 이때부터 세계사에는 지겨울 정도로 정복 이야기가 나온다. 알렉산더 왕, 몽골족, 투르크족 등에 의한 정복들이다. 모두 말을 잘 타는 부족들이 주변을 정복한 사건들이다. 말이라는 교통수단의 발달로 인간의 속도가 빨라졌고 그로 인해 공간이 축소되었다. 과거에는 멀어서 만날 일이 없던 부족들이 말로 인해서 만나게 되고 충돌이 일어나게 되었다. 정복 전쟁이 급격히 늘어나고 제국이 만들어졌다. 역사상 그 많은 전쟁을 만든 주범이 '말'인 것이다. 말은 인간의 공간 이동 능력을 혁신적으로 발전시켰다. 이후에 기차와 자동차가 그 역할을 하게 된다. 건축에서는 길이 말과 자동차를 도와서 이동 공간을 축소시킨다. '길'은 인간의 공간 개념을 변화시킨 건축 요소다.

고대 페르시아에는 다리우스 왕이 만든 '왕의 길'이 있었다. 보통 석 달 정도 걸리는 2천4백 킬로미터의 길에 25킬로미터마다 사신과 말이 쉴 수 있는 역참을 두어서 그 길을 일주일 만에 갈 수 있게 한 시스템이다. 이 빠른 도로 시스템이 페르시아제국을 유지할 수 있게 해 주었다. 이후에 로마제국은 '모든 길은 로마로 통한다'라는 말이 나올 정도로 도로망 구축을 중요시했다. 미국도 나라를 만들면서 대서양부터 태평양까지 기찻길 네트워크부터 완성했다. 교통수단이 기차에서 자동차로 바뀌면서는 고속도로를 건설했다. 그리고 그 고속도로변에는 전국 어디를 가나 수십 킬로미터마다 '맥도날드'와 모텔과 주유소가 있다. 20세기형 '다리우스 왕의 길'인 셈이다. '고속도로+맥도

미국의 도로. 미국의 모든 길은 맥도날드로 통한다.

날드+모텔+주유소' 시스템은 미국을 제국으로 작동하게 하는 건축 장치다. 맥도날드 프랜차이즈는 다민족 국가 미국을 하나로 묶어 주는 미국식 식문화를 구축했을 뿐 아니라 공간적으로 제국이 만들어지는 데 중요한 역할을 했다.

다리

인류는 오래전부터 다리를 건축해 왔다. 다리는 물이나 깊은 계곡같이 길을 막는 장애물을 극복하기 위해 만들어진 건축물이다. 건축적으로 다리의 의미는 '연결'이다. 우리가 빈 땅에 가면 그 공간은 하나다. 거기에 벽이 서게 되면 하나였던 공간이 벽의 이쪽 편과 저쪽 편으로 나뉘게 된다. 이 벽에 구멍을 뚫으면 창문이 된다. 창문은 벽으로 단절되었던 두 공간을 서로 쳐다볼 수 있는 관계로 만들어 준다. 그 구멍을 바닥까지 내려오게 뚫으면 문이 된다. 문은 시각적으로만 연결되었던 공간을 실제로 오갈 수 있는 관계로 바꾸는 건축 요소다. 이런 관점에서 다리는 장애물로 나누어진 두 공간을 하나로 연결해서 소통하게 해주는 건축 요소다. 다리 건축 역시 다른 건축과 마찬가지로 인간의 기술, 건축 재료, 권력의 규모에 따라서 각 시대와 지역마다 다르게 나타난다.

서울시 성동구 행당동에 가면 조선 초기에 건축된 '살곶이 다리'가 있다. 청계천이 한강으로 들어가기 직전 구간에 놓인 이 다리의 길이는 76미터, 폭은 6미터다. 교각은 21개로, 교각 사이의 간격은 대략 3.5미터다. 살곶이 다리를 보면 당시 조선 조정의 권력과 기술력과 재력을 가늠할 수 있다. 거대한 돌을 멀리서 청계천까지 안전하게 운반할 만큼의 통치 권력과 하나당 3.5미터 길이의 보로 사용되는 돌을 들어 올릴 정도의 토목 기술과 76미터 길이 규모의 다리를 건축할 재력을 가지고 있었다. 하지만 당시 조선의 상황에서는 강폭이 수백 미터에 달하는 한강을 가로지르는 다리 건축은 불가능했고 중랑천 정도의 폭을 가진 개천에나 다리를 놓을 수 있었다. 한강은 배를 타고 건널 수밖에 없었다. 건축에서 다리는 두 개의 요소를 다양한 방식으로 이어주는 중요한 요소다. 혹자는 다리가 인간 사회를 가장 급진적으로 바

살곶이다리

꾸는 건축물이라고도 말한다. 땅의 관계를 바꾸는 요소이니 그 말도 일리는 있다. 다리 이야기를 좀 더 이어가 보자.

징검다리

태초에 비가 내리고 물이 낮은 곳으로 모여 흐르면서 시내와 강이 생겼다. 이때 넓은 강은 배를 이용해서 건너고 작은 개울은 큰 돌을 옮겨서 징검다리를 만들어 건넜다. 건축적으로 이 둘의 의미를 살펴보자.

우선 배를 타면 사람이 노를 저어서 물을 건넌다. 이때 사람의 발은 수면보다 밑에 놓이게 된다. 배를 탄다는 것은 몸의 일부가 어느 정도 물에 잠긴 상태에서 건너게 되는 것이다. 위에서 보면 배는 물속의 점이다. 사람이 물속에서 하나의 점 상태로 이동하면서 건너가는 구성이다. 이에 반해 징검다리는 점선이다. 징검다리는 개울의 양쪽 공간을 점선으로 연결한다. 사람들은 물 위에 점점이 놓인 돌들을 밟고 건너간다. 사람의 발은 수면보다 몇 십 센티미터 위에 위치한다. 높이로 보자면 사람이 수면 바로 위를 걸어서 건너가는 형상이다.

징검다리를 건너는 것은 특별한 경험이다. 우선 아래를 내려다보면서 걸어야 한다. 보통의 다리를 건널 때는 주변을 둘러볼 수 있지만 징검다리 위에서는 발을 잘못 내디디면 물에 빠지기 때문에 내 발을 보고 내 보폭을 생각하면서 걸어야 한다. 다음 돌까지 성큼성큼 건널지 아니면 한 발 한 발 내디딜지 순간순간 판단해야 한다. 디디고 있는 둥근 돌 위에서도 균형을 잘 잡아야 한다. 징검다리 건너기는 내 몸을 민감하게 느끼면서 내 다리를 보며 걷는 특별한 건축 체험이다. 그 외에도 징검다리는 물 위에 나만의 사적인 공간을 가지게 해 준다. 징검다리를 건널 때 내가 디디고 있는 작은 돌만큼의 면적은 온전히 내 공간이 된다. 주변은 물로 둘러싸여서 마치 성 주변에 해자가 만들어진 것처럼 확실한 나의 영역이 확보된다. 때로는 마주 오는 사람과 그 좁은 공간을 나누어야 한다. 징검다리 돌 위에서 마주 오는 사람과 교차할 때에는 서로 친하지 않아도 어쩔 수 없이 두 사람이 하나의 공간 다이어그램 안에서 가깝게 묶이는 순간이 만들어진다. 또한 징검다리는 하늘과 물 사이에 혼자 존재하는 나를 들여다볼 수 있는 특별한 경험을 제공하는 건축물이다.

징검다리는 물이 불어나면 사라지는 다리다. 물이 불어나도 항상 물 위에 군림하는 다른 다리와는 다르다. 그래서 징검다리는 때로는 자연에 양보하는 겸손한 다리다. 점선으로 연결된 징검다리는 수면의 높이에 따라 잠기기도 하고 드러나기도 한다. 자연은 미세하게 변화해서 의식하기 어렵다. 개울의 수위도 그중 하나다. 하지만 징검다리가 놓이게 되면 수십 센티미터밖에 안 되는 미세한 개울 수위의 변화에 따라 개울 양편이 연결되기도 하고 끊어지기도 한다. 황순원의 「소나기」라는 단편소설을 보면 갑작스런 소나기로 물이 불어서 징검다리가 끊기게 된다. 이때 소년은 소녀를 등에 업고 개울을 건넌다. 그때부터 두 사람 사이에 관계의 진전이 일어난다. 만약 같은 상황인데, 지금처럼 콘크리트 교각의 다리가 있었다면 어떻게 되었을까? 「소나기」라는 소설은 없는 거다. 소나기라는 갑작스런 자연의 변화, 징검다리라는 가변적인 건축 공간이 합쳐져서 만들어 낸 아름다운 이야기가 황순원의 「소나기」다. 이 소설에서 징검다리는 중요 배역이다. 소설의 첫 장면이 바로 소녀가 징검다리에 앉아서 물장난을 하는 모습이다. 주변의 물에 둘러싸인 돌 위에 홀로 앉은 소녀처럼 집중되는 무대 배치는 없다. 「소나기」를 보면 소설가 황순원이 건축 공간을 깊은 수준으로 이해하고 있음을 엿볼 수 있다.

다리 밑, 영원의 공간

시간이 흘러 인간의 기술이 발전하고 자본과 권력의 구조가 커지면서 다리도 점점 커졌다. 배가 점이고, 징검다리가 점선이라면, 지금의 다리는 실선이다. 강의 이편과 저편은 실선으로 영구히 연결된다. 청계천에 수표교나 살곶이 다리를 만들던 시절을 거쳐 지금 한강에는 콘크리트 교각으로 지어진 한남대교, 영동대교, 마포대교가 있다. 다리의 길이는 열 배 넘게 길어져서 1킬로미터가 넘고, 교각의 높이도 수십 미터로 높아졌다. 과거 배를 타는 일은 물 안에 갇혀서 건너는 경험이었고, 징검다리에서는 물보다 수십 센티미터 위, 살곶이 다리에서는 4미터 정도 위에서 물을 건넜다면 지금의 대교를 지나는 일은 수면보다 수십 미터 위에서 건너는 경험이다. 시간이 흐르면서 점점 물과의 관계가 멀어져 온 것이다. 다리의 폭도 수십 미터여서 자동차를 타고 1차선으로 건너면 다리 근처의 물은 보이지도 않아서 내가 물 위를 가는지 의식도 잘 안 된다. 하지만 너무 높고 길어서 약간은 비인간적으로 보이는 현대식 다리에도 좋은 점은 있다. 바로 다리 밑의 공간이다.

다리가 놓이면 다리 아래에는 다리 상판을 지붕으로 하는 '다리 밑' 공간이 부수적으로 생겨난다. 이런 부수적인 공간은 예로부터 주인 없는 공간이어서 거지들이 살곤 했다. 우리말에는 아이를 놀릴 때 쓰는 "다리 밑에서 주워 왔다"라는 표현도 있다. 현대에도 이 주인 없는 공간은 시민들이 더위를 피해 쉬거나 운동을 하면서 사용한다. 필자도 다리 밑에 자주 가는데 그 이유는 다리 아래의 교각을 보기 위해서다.

현대 건축물은 과거의 건축물에 비해 감동이 떨어진다. 그 이유는 구조체가 보이지 않아서다. 과거에 건축된 무량수전, 석굴암, 고딕 성당들은 그 건축물이 중력을 어떻게 이겨 내고 있는지를 그대로 보여 준다. 건축 구조체가 노출되어서 구조체는 곧 내외부 마감재이기도 하다. 그러나 현대에 와서는 건축물이 콘크리트나 철골로 지어지지만 그 모든 것이 마감재로 가려져서 안 보인다. 건축이 다른 예술과 다른 큰 차이점은 가장 근본적인 자연법칙인 '중력'을 이겨 내려는 인간의 노력을 보여 준다는 점이다. 그래서 건축은 감동이 있다. 하지만 현대 건축에서는 그 본질이 다 가려져서 안 보인다. 그래서 현대 건축물이 옛 건축물보다 감동이 덜한 것이다. 그런데 지금도 다리 밑에 가면 그 감동을 체험할 수 있다. 한남대교를 받치고 있는 수십 개의 콘크리트 교각이 1킬로미터 넘게 줄지어 있는 모습은 이집트 신전의 돌기둥 못지않은 감동을 준다. 한강이라는 수공간과 반복적으로 세워져 있는 열주가 어우러져 영원의 공간을 연출한다. 그리고 그곳에 가면 복잡한 도시 속에서 내 시야에 단 한 명의 사람도 보이지 않는다. 현대식 대형 다리 밑의 공간은 어느 성당이나 절 이상으로 기도와 명상을 부르는 공간이다. 다리 위의 공간도 특별하다. 과거의 다리들은 수면 바로 위에서 물을 가깝게 접할 수 있게 해 주었다면 현대식 대형 다리는 너무 높아서 사람을 강과 하늘의 중간에 떠 있게 만드는 효과가 있다. 지금이라도 한강의 대교 위에서 차도를 등지고 난간에 서 있으면 비좁은

한남대교 아래 교각이 보이는 공간

도심에서 벗어나 수십 평방킬로미터의 넓은 공간 속에 홀로 떠 있는 느낌을 받을 수 있다. 이어폰을 귀에 꽂고 음악을 들으면 그 울림은 더욱 크다. 다리는 아주 거대한 공공 건축물이지만 실제로는 아주 개인적인 체험을 선사하는 건축물이기도 하다. 주변의 세상과 모든 관계를 끊고 홀로 있을 수 있는 곳이다. 오늘 이 복잡한 도심에서 벗어나 다리 위에서 하늘과 물을 만나고, 다리 밑에서 생각에 잠겨 보면 어떨까?

단군왕검과 모세

뇌과학자 이대열에 의하면 생명의 중요한 진화 과정에서 자주 등장하는 메커니즘이 '분업과 위임'이라고 한다. 대표적인 사례로 다세포 생명체가 등장할 때 체세포와 생식세포 사이에서 일어나는 분업을 들고 있다. 생식세포가 번식 기능을 완전히 도맡아 하게 됨으로써 체세포는 번식 이외의 모든 기능을 담당하게 되었다는 것이다. 체세포는 개체의 죽음을 받아들이고 자기 복제라는 생명의 근본적인 기능을 생식세포에게 일임한 것이다. 이같이 생식세포와 체세포가 분업을 하면서부터 생명체의 진화 속도가 빨라질 수 있었다.

마찬가지로 인간 사회도 분업을 통해 빠르게 진화하였다. 대표적인 분업은 종교와 정치의 분업이다. 우리나라의 시작인 고조선 시대에는 '단군왕검'이 있었다. 단군왕검은 두 가지 역할이 하나로 합쳐진 직함이다. '단군'은 제사를 지내는 사람을 말하고 '왕검'은 정치 지도자를 말한다. 지도자를 단군왕검이라고 부른 것으로 보아 고조선 시대에는 종교 지도자와 정치 지도자가 하나였음을 알 수 있다. 그러다가 삼국 시대에 오면 불교라는 종교가 수입되었다. 이후 종교 지도자와 정치 지도자는 나뉘게 된다. 체세포와 생식세포가 분열하듯이 정치와 종교가 분리되기 시작한 것이다. 성경 「창세기」를 보면 이러한 사회 진화의 모습이 더욱 자세하게 묘사되어 있다. 성경의 전반부인 구약에서 가장 중요한 인물은 '모세'다. 모세는 이스라엘 민족의 정신적 토대가 되는 책인 '토라'의 기초를 만든 사람이다. 그뿐 아니라 이스라엘 역사에서 가장 중요한 사건인 '출애굽', 즉 이스라엘 민족을 이집트에서 탈출시킨 민족 지도자다. 그런데 이 모세는 민족의 정치적 지도자면서 동시에 시나이산에 올라가서 하나님을 직접 만나고 내려왔다고 하는 종교 지도자이기도 했다. 게다가 그는 하나님으로부터 십계명을 받아서 통치의 근간으로 삼았다. 지금으로 치면 행정부의 수장이자 법을 만드는 국회이자 사법부의 지도자이기도 한 셈이다. 한마디로 북 치고 장구 치고 나팔 불고 다 한 사람이다.

이렇듯 이스라엘 초기에는 종교권력과 정치권력이 단군왕검처럼 하나로 합쳐져 있었다. 그러다가 이집트에서 나온 후 광야에서 지내는 40년의 기간 중에 모세는 자신의 형인 아론을 제사장으로 세우고, 자신의 권력 중 일부인 제사를 지내는 권력을 형에게 나누어 주었다. 정치와 종교의 분업이 시작된 것이다. 이후에 이스라엘은 아론이 속한 레위지파가 제사를 수행하는 부족이 되면서 종교권력을 담당하였고, 레위지파 출신 중에서 제사장이 선택되어 종교 지도자가 되었다. 한편 전쟁 같은 정치적인 일은 여호수아 같은 정치 지도자가 담당하게 되는 과도기를 거친다. 떠돌이 민족이었던 이스라엘은 이렇게 종교와 정치가 분리되면서 서서히 국가의 모습을 갖추게 되었다. 세상에서 살아남기 위해 세금도 걷고 전쟁도 해야 하는 일인 '정치'는 체세포라 볼 수 있고, 현재의 시스템과 가치관을 동일하게 다음 세대로 넘겨주는 일을 하는 '종교'는 생식세포라고 볼 수 있겠다. 생식세포처럼 종교권력은 수천 년간 별로 변한 것이 없다. 반면 체세포가 많은 진화를 하듯이 정치는 민주주의, 삼권분립, 시민혁명 등을 거치며 많은 진화를 이루어 온 것을 알 수 있다.

건축의 분업과 사회 진화

이러한 분업과 진화의 이야기는 건축에도 적용 가능하다. 건축의 가장 근본은 주거를 담당하는 '집'이다. 인류 최초의 집이라고 볼 수 있는 모닥불이 있는 동굴은 모든 것이 하나로 합쳐진 상태이다. 동굴은 실제 거주하는 집이면서 동시에 천장에 그려진 동굴화에서 볼 수 있듯이 샤머니즘적 종교의 성격도 함께 가지고 있었다. 마치 '단군왕검'처럼 주거와 종교 시설이 하나로 되어 있던 시절이다. 이같이 인류는 오랫동안 주거와 종교 기능이 섞여 있는 공간인 동굴이나 움집에서 살다가 어느 순간 종교 기능만 가진 건축을 하기 시작했다. 그것이 기원전 1만~8천 년경에 만들어진 '괴베클리 테페'다. 괴베클리 테페뿐만 아니라 지구라트, 파르테논 신전, 판테온과 같은 종교 건축은 인간 사회의 진화에 중요한 기여를 했다.

종교 건축이 발생하면서 인간의 그룹은 더 커질 수 있었다. 같은 이야기를 믿는 사람이 뭉쳐 살게 되어서다. 이때 종교 건축은 사람들이 신화를 믿게 만드는 데 촉매 역할을 한다. 종교 건축을 지으면서, 그리고 그곳에서 각종 예식을 치르면서 인간은 다른 동물과 다른 사회를 구축하기 시작했다. 덕분에 인간 사회의 규모는 점점 더 커졌다. 인간의 건축은 단순히 나약한 몸을 지키기 위한 둥지의 기능을 넘어서 새로운 개념인 '대규모 사회'를 만들어 내는 장치로서 진화한 것이다. 더 큰 사회조직을 가지게 된 인간은 웬만한 맹수의 위협에도 견딜 수 있었다. 수백 명의 무리를 이루었던 호모 사피엔스는 경쟁 종이었던 네안데르탈인도 압도할 수 있었다. 많은 무리로 커진 조직은 이후 대규모 토목공사를 통해 관개시설을 만들 수 있었다. 이후로는 기근에도 견딜 수 있게 된 것이다. 종교 건축은 사회를 키우고 집단의 수명을 연장시키는 데 결정적인 역할을 했다. 이들 종교 건축은 생식세포라고 볼 수 있다. 체세포와 생식세포로 분열된 이후로 생명체가 급속히 진화하듯이, 일반 건축과 종교 건축이 분리되면서부터 인간 사회는 급속하게 진화하게 되었다.

아궁이의 분리가 한국 근대화를 만들다

건축의 분업화는 지금도 이루어지고 있다. 우리 사회에서 가장 최근에 있었던 의미 있는 건축 내의 분업은 '온돌과 아궁이의 분리'다. 인류 최초의 집을 보면 모닥불로 난방도 하고 음식도 해 먹었다. 취사할 때의 불을 난방에 사용하는 행위는 수천 년 동안 지속되었다. 고려와 조선을 거치면서 온돌이 자리를 잡았지만, 이 시기에도 부엌 아궁이에서 불을 때면 그것이 안방의 구들을 데우는 식의 '취사+난방'의 방식은 그대로 유지되었다. 그러다가 1960년대에 '석유곤로'가 도입되면서부터 취사가 난방에서 분리되기 시작했다. 석유곤로의 도입은 엄청난 에너지 혁신이다. 선사 시대부터 우리는 에너지를 항상 장작, 석탄, 연탄 같은 고체 연료에서 얻었다. 그러다가 곤로를 통해서 석유라는 액체 에너지원이 최초로 쓰이게 된 것이다. 이렇듯 취사를 하는 불과 난방을 하는 불이 분리되면서 우리 사회는 급속하게 진화하게 된다. 석유곤로는 곧 가스레인지로 진화했고, 난방을 담당하는 불은 연탄보일러와 기름보일러로 진화했다. 그렇게 되면서 우리나라는 1970년대에 2층 양옥집을 지을 수 있게 되었다. 몇 년이 지난 후에는 10층이 넘는 아파트라는 주거도 가능하게 되었다. 우리나라의 주거지는 온돌이라는 시스템 때문에 항상 1층이었는데, 보일러의 도입으로 드디어 고층 주거와 고밀도 도시를 만들 수 있게 되었다. 고밀화된 도시가 되면서 가장 혜택을 본 계층은 농업보다는 상공업을 하는 사람들이다. 주변에 자신의 물건을 사 주는 사람이 많아지기 때문이다. 상공업에 종사하는 사람이 많아지면서 우리나라 인구구조와 경제구조가 바뀌게 되었다. 온돌 난방 시스템을 사용하지 않은 유럽의 경우에는 우리보다 수백 년 앞서서 고층 주거가 보급되었고 도시화가 정착되었다.

고밀화된 유럽의 도시들에서는 '길드' 같은 동업 조직을 통해 상공업 계층이 성장할 수 있었고 따라서 시민혁명과 근대화가 가능했다. 최초로 왕의 권력을 나누어 가지게 된 사건인 '명예혁명'은 1688년에 영국에서 일어났는데, 이 당시 런던에는 3층, 4층짜리 건물들이 있었다. 18세기 파리에는 6층 정도의 건물이 있었다. 그리고 1789년 '프랑스혁명'이 성공한다. 19세기 조선 한양의 사진을 보면 아직까지도 단층 건물로 이루어진 모습이다. 도시가 아직 고밀화되지 못한 상태였고 상인을 중심으로 한 신흥 계급이 만들어지지 못했다. 그래서 농민 중심으로 진행된 1894년 '동학혁명'은 실패한다. 하지만 1970년대를 거치면서 비로소 우리도 보일러 덕분에 12층 이상의 고층 아파트를 건설할 수 있었고 1980년대에는 많은 국민이 아파트로 이사를 가서 고밀화된 도시를 만들게 되었다. 그러면서 1987년 6월항쟁은 성공한다. 이런 내용의 사회학 논문을 본 적은 없다. 하지만 건축적으로 유추해 보면 도시 고밀화와 사회 진화는 어느 정도 연관이 있다고 보인다. 도시의 고밀화는 신흥 계급을 만들고 사회의 민주화와 진화를 이루어 낸다. 이렇게 우리 사회의 변화는 '온돌과 아궁이'가 분리되면서 시작된 일이다.

우리는 왜 일본보다 근대화가 늦었을까

수천 년 역사 동안 우리는 항상 중국에서 선진 문물을 받아들여서 일본으로 전달시켜 주었다. 그러나 근대화는 일본이 먼저 이루었고 우리나라를 식민화시켰다. 큰 바다에 접한 일본이 유럽으로부터 온 해양 문화의 영향을 먼저 받아서 근대화에 성공했다는 이야기가 일반적인 역사의 설명이다. 하지만 다른 이유는 없을까? 왜 우리가 일본보다 먼저 근대화에 성공하지 못했을까? 건축적으로 보면 우리나라가 일본의 식민 지배를 받은 이유는 우리나라의 '온돌' 난방 시스템 때문이다. 앞서 설명했듯이 도시의 고밀화는 신흥 계급을 만들고 근대화로 이어진다. 온돌을 사용한 우리나라는 단층짜리 주거지에 머물 수밖에 없었고 고밀화 도시를 만들 수 없었다. 아마 일본도 우리의 온돌 시스템을 수입하였을 테지만 잦은 지진으로 구들장이 내려앉아서 무거운 온돌 시스템을 사용할 수 없었을 것이다. 그래서 일본은 가벼운 다다미방에 '화로'를 놓는 난방 시스템을 사용하였다. 덕분에 일본인들은 우리보다 수백 년 앞서서 2층집을 지을 수 있었다. 몇 백 년 전에 지어진 교토의 주거에 이미 2층짜리 주거 형식이 나타나기 시작한다. 고밀화된 도시 덕분에 두터운 상인 계층이 생겨났고, 중국의 도자기 공장이 파괴된 틈을 타서 일본은 유럽으로 도자기도 수출하였다. 이런 배경으로 일본은 우리나라보다 먼저 개항을 한다. 아마 일본에 지진이 없어서 온돌을 사용했다면 상인 계층도 일찍 등장하지 않았을 것이고, 도자기 수출도, 근대화도 우리보다 늦어졌을지도 모를 일이다.

체세포와 생식세포의 분업은 생명체의 진화에서 중요한 전환점을 만들었다. 마찬가지로 건축에서의 분업은 사회의 진화를 촉발했다. 건축과 사회는 서로 연동되어 있고 공진화한다. 건축이 만드는 사회, 사회가 만드는 건축은 생명체와 같다.

건축의 라이벌

어느 시대에나 라이벌은 있다. 1970년대 가요계는 남진과 나훈아가 라이벌이었고, 1990년대에는 'H.O.T'와 '젝스키스'가 라이벌이었다. 라이벌은 경쟁을 통해 서로 발전하기도 하고, 일반인들은 둘을 비교하면서 그 분야에 대해 더 많은 이해를 하게 된다. 건축에도 그런 라이벌이 존재한다. "20세기 최고의 주택은 무엇인가?", "20세기 최고의 건축가는 누구인가?"라는 질문에 항상 등장하는 두 명의 건축가가 있다. 신대륙을 대표하는 건축가 프랭크 로이드 라이트와 유럽을 대표하는 건축가 르 코르뷔지에다. 보통 근대 건축의 4대 거장이 프랭크 로이드 라이트, 르 코르뷔지에, 미스 반 데어 로에, 알바 알토라고 한다. 하지만 이 4강전에서 굳이 결승전을 만든다면 단연코 라이트와 르 코르뷔지에 두 명이 올라간다고 할 수 있다. 이 둘은 건축의 스타일이 완전히 다르다. 건축가의 건축 세계와 철학을 보여 주기 위해서 사람들은 대표작을 거론한다. 건축가에 따라서 그 대표작은 교회일 수도 있고, 미술관일 수도 있다. 하지만 제대로 된 비교를 위해서는 주택이 나와야 한다. 왜냐하면 주택은 모든 건축의 줄기세포이기 때문이다. 주택에서 방이 늘어나면 호텔이 되고, 거실이 커지면 미술관이 된다. 따라서 한 건축가의 건축 철학이 가장 잘 드러나는 것은 주택이다. 라이트와 르 코르뷔지에 두 건축가 역시 대표적인 주택을 남겼고 그 둘은 대조적인 건축 철학을 보여 준다. 두 거장의 주택을 통한 진검승부를 한번 살펴보자.

폭포와 어울리는 집

미국 건축가 프랭크 로이드 라이트의 대표 주택 작품은 '낙수장'이다. 이 작품은 펜실베이니아주의 베어런이라는 산골 계곡에 위치해 있다. '낙수장'이라는 이름은 이 집이 작은 폭포가 있는 계곡에 위치해 있어서 붙여진 이름이다. 이 주택의 영어 이름은 'falling water'로, 낙수장의 '낙수'는 물이 떨어진다는 뜻이다. 이름에서 알 수 있듯이 이 집의 디자인은 폭포에서 시작해서 폭포로 끝난다. 한마디로 주변의 자연경관을 잘 반영한 주택이다. 낙수장은 여러 개의 테라스로 구성되어 있다. 층마다 있는 테라스들은 폭포를 내려다보거나 주변의 숲을 조망하기에 좋은 장소다. 시냇물로 내려가기 쉽게 거실 바닥에는 아래로 열리는 수평의 유리문이 있다. 이 문을 열고 계단을 통해서 시냇물로 직접 내려가서 수영을 하다가 올라올 수 있다. 여름에 이 문을 열어 놓으면 시냇물의 시원한 바람이 거실로 들어와서 천연 에어컨 역할을 한다. 이 주택이 건축될 때 사용된 돌은 주변의 땅에서 구한 것들이다. 대지에

프랭크 로이드 라이트의 낙수장

오래전부터 있던 바위는 이 주택의 주요 기초가 되었다. 이 집은 주변의 자연 요소들을 고려해서 디자인한 집으로 유명한데, 심지어 집의 구조체 중의 하나는 서 있는 나무를 피해서 동그랗게 돌아가는 디자인을 하고 있다. 기둥 없이 건축물이 나뭇가지처럼 한쪽으로 뻗어 나간 것을 건축 용어로 '외팔보'라고 한다. 이 집의 테라스는 외팔보 구조로 만들어져서 집이 전체적으로 나뭇가지 같은 느낌이 든다.

이 집과 관련해서는 유명한 일화가 있다. 건축가 라이트는 설계를 전혀 하지 않고 있다가 건축주가 찾아온다는 전화를 받고는 몇 시간 만에 이 집의 도면을 다 그렸다. 이때 라이트는 주변의 돌 하나 나무 하나의 위치까지 다 기억하면서 도면을 그렸다고 한다. 마치 모차르트가 모든 음악을 머릿속에서 완성한 다음에 악보에 적기만 했다는 전설적인 이야기와 비슷하다. 이처럼 프랭크 로이드 라이트는 대단한 천재 건축가다. 라이트의 어머니는 유치원 선생님이었는데, 라이트는 어머니가 주신 레고 같은 나무 블록 장난감을 가지고 여러 가지 모양을 만들면서 놀았다. 그래서인지 그가 디자인한 집은 마치 블록 장난감이 매번 다른 형태의 모양을 만들어 내듯이 주어진 대지의 조건에 맞추어서 각기 다른 모양을 가진다. 그의 건축은 '유기적 건축'이라고 이야기되는데, 말 그대로 땅에서 자라난 듯한 느낌을 보여 준다. 그의 건축은 땅과 떼려야 뗄 수 없는 건축이다. 주변 대지에서 구할 수 있는 재료를 이용하고 자연의 구성 원리를 적용한 그의 건축 디자인은 시간이 흘러도 고유의 가치를 가진다.

물리학 법칙 같은 집

반면 르 코르뷔지에의 대표 주택 작품인 '빌라 사보아Villa Savoye'는 완전히 다른 디자인 전략을 보여 준다. 빌라 사보아는 르 코르뷔지에가 주창한 '근대 건축 5원칙'을 적용한 작품이다. 근대 건축 5원칙은 '필로티', '옥상정원', '자유로운 평면', '수평창', '자유로운 파사드(건축물의 정면)'이다. 이 같은 건축적 특징들은 다름 아니라 철근콘크리트 기둥 구조를 사용하면 나타나는 공간의 특징들이다. 필로티는 최근의 포항 지진 사건 때문에 우리나라 국민은 한 번쯤은 들어 본 단어일 것이다. 필로티는 1층에 기둥을 두고 집을 띄워 짓는 것을 말한다. 콘크리트 기둥으로 집을 땅에서 띄워서 지을 수 있고, 벽체가 지붕을 받치고

르 코르뷔지에의 빌라 사보아

있는 구조체가 아니기 때문에 평면 내에서 자유롭게 벽을 움직일 수 있다. 마찬가지 이유로 벽이 힘을 받지 않기 때문에 유리창이 가로로 길게 나올 수 있고, 자유로운 입면 디자인이 가능하다. 지붕은 평평한 콘크리트 슬래브로 지어지기 때문에 정원으로 사용할 수 있다. 벽이 없는 1층에 주차 공간을 만들 수 있어 빌라나 작은 건물에 많이 적용하고 있는 구조다. 어찌 보면 당연한 특징들을 자기가 만든 대단한 법칙인 양 '근대 건축의 5원칙'이라고 정리하고 정의한 것은 르 코르뷔지에의 역량이다. 르 코르뷔지에가 활동하던 20세기 전반부는 아인슈타인의 시대였다. 그가 만든 상대성이론이 전 세계 지성계를 강타했고, 미술, 음악, 건축 할 것 없이 영향을 받았다. 스마트한 건축가였던 르 코르뷔지에도 아인슈타인이나 뉴턴처럼 법칙이 가능하다고 생각했던 것 같다. 물리학의 법칙들은 우주 어디에나 적용 가능하다. 뉴턴의 만유인력의 법칙이나 아인슈타인의 상대성이론은 태양계에서도 적용되고 안드로메다 성운에 가도 적용되는 법칙이다. 르 코르뷔지에는 물리학 법칙처럼 유럽에서도 적용되고, 미국, 아시아에서도 적용될 건축 법칙이 가능하다고 생각했던 것 같다. 그래서 만든 근대 건축의 5원칙은 그의 바람대로 전 세계 어디에서나 적용되었다. 하지만 그의 원대한 꿈 때문에 우리는 지금 세계 어디를 가나 비슷비슷한 건축물을 보게 되었다. 그러한 양식을 '국제주의 양식'이라고 한다. 과거에는 나라와 지역마다 기후와 지리에 따른 개성 있는 건축이 있었다면 지금은 장소에 상관없이 어디를 가나 똑같다. 여의도에 지어진 오피스 건물이나, 카이로에 지어진 오피스 건물이나 비슷한 모습이다. 20세기는 산업화와 세계화라는 두 가지 단어로 특징지을 수 있는데, 건축에도 같은 원칙이 적용되어 세계 어디서나 대량생산이 가능한 건축양식이 만들어졌다. 나라는 달라도 같은 양식의 자동차가 대량생산되듯이 건축도 그러한 표준 양식이 만들어진 것이다. 대표적인 것이 우리가 사는 아파트다.

모델하우스가 망친 한국 건축

문제는 이러한 대량생산된 건축으로 주택 문제는 해소할 수 있었지만 인간은 그 안에서 소외되기 쉬웠다. 우리나라의 아파트는 더욱 특수한 상황이다. 우리는 신축 아파트를 선택할 때 실제 집에 가 보는 것이 아니라 모델하우스에 가서 고른다. 모델하우스에서 우리는 각 세대의 실내 인테리어만 보고서 자기가 살 집을 결정한다. 내가 살 집의 외관이나 방에서 창문 밖의 풍경이 어떻게 보이는지를 모르는 상태에서 집을 결정한다. 오로지 인테리어와 평면도만 보고 고르는 것이다. 그러다 보니 부엌에서 동선이 좋다느니, 현관에서 신발을 갈아 신을 때 앉을 자리를 만들었다느니 같은 시시한 이유로 디자인을 자랑한다. 과연 이러한 사항들이 창밖으로 보이는 풍경이나 주변 환경과의 관계보다 더 중요한 문제일까? 우리나라 건축이 발전하지 못한 데는 이러한 모델하우스 분양을 통한 주택 공급이 큰 역할을 했다. 그래서 대부분 국민의 의식에 건축은 없고 인테리어가 있을 뿐이다. 그뿐 아니라 선분양이라는 시스템 역시 철저하게 공급자 위주의 시스템이다. 이는 사용자의 개성이 무시될 수 있는 주택 공급 시스템이다. 상황이 이렇다 보니 부산이나 광주나 서울이나 집은 다 똑같고, 그렇다 보니 평수와 동네만 중요한 상황이 되었다. 당연히 정량적인 가치인 평형수와 부도날 것 같지 않은 건설사의 규모가 우리가 사는 집의 가치를 결정하게 되었다. 이런 시장 상황에서는 세상에 하나밖에 없는 땅에 지어진 독특한 가치의 집은 없다. 건축은 땅과 기후와 만든 사람에 의해서 다른 맛이 나는 포도주 같아야 하는데 소주 같은 대량생산된 건축만 만연한 한국 주거 문화가 된 것이다.

낙수장과 빌라 사보아 둘 다 좋은 집이다. 하지만 더 좋은 집을 찾기 위해서는 그 집들을 지금 지어진 위치에서 다른 곳으로 옮겨 보면 된다. 낙수장은 지금 위치한 펜실베이니아 계곡에서는 너무나 아름다운 집이지만 서울 강남구 논현동으로 옮겨 놓으면 생뚱맞아지는 집이다. 그 말은 역설적으로 낙수장이 주변의 환경을 잘 이용하고 조화를 이루었다는 방증이다. 반면 빌라 사보아는 좋은 집이지만 부산이나 대구에 가져다 놓아도 좋은 집이다. 그 말은 외부 환경을 고려하지 않은 내재적 가치에 치중한 집이라는 것이다. 그래서 필자는 둘 다 훌륭한 주택이지만 빌라 사보아보다는 낙수장에 점수를 더 준다. 우리나라에 지금 더 필요한 건축은 빌라 사보아 같은 보편적으로 적용되는 건축이 아니라 다양성과 개성이 존중되는 건축일 것이다. 지금같이 주택의 가치가 주택 가격으로 결정되는 것은 마치 학생들을 성적순으로 줄 세우는 것과 마찬가지다. 모든 사람은 세상에 한 명뿐이기에 모든 사람의 인생은 각각 가치가 있고 중요하다. 마찬가지로 내가 사는 집이 있는 땅은 타 장소와 다른 색을 가진 세상에 하나뿐인 장소다. 그래서 내가 사는 집은 그만의 고유한 가치를 가져야 한다. 그리고 그에 맞게 각기 다르게 디자인되어야 한다. 그래야 물질 중심적인 건축 가치에서 벗어날 수 있다. 빌라 사보아 같은 집보다는 낙수장 같은 집들이 많아져야 한다.

좀 더 화목한 세상을 위하여

세상은 살기 고달프다. 세상에는 너무 많은 갈등이 있다. 아무리 노력해도 모든 갈등이 해소되고 모든 사람을 행복하게 만들기는 불가능해 보인다. 하지만 그래도 우리가 노력한다면 조금은 더 나은 세상을 만들 수 있을 것이다. 내가 어떻게 하느냐에 따라 이 세상은 조금 더 화목해질 수도 있다. 필자는 이 사실을 어렸을 때 어쩌다 학교에서 상을 받아 오면 고부간의 갈등이 있던 할머니와 엄마도 한마음으로 기뻐하시면서 하나 되는 것을 보면서 배웠다.

필자는 세상에서 갈등이 줄어들기를 바란다. 그래서 세상을 더 화목하게 만들기 위해 건축을 한다. 잘 만들어진 건축물은 '상을 받은 어린아이'와 같은 역할을 할 수 있다고 믿는다. 제대로 설계된 공간은 갈등을 줄이고 그 안의 사람들을 더 화목하게 하고, 건물 안의 사람과 건물 주변의 사람 사이도 화목하게 하고, 사람과 자연 사이도 더 화목하게 한다. 좋은 건축은 화목하게 하는 건축이다. 물론 건축이 모든 문제를 해결할 수는 없다. 하지만 갈등을 조금이라도 더 해소하고 더 나은 세상을 만들기 위해서 이 세상에는 화목하게 만드는 건축이 더 많이 필요하다. 그러나 건축은 건축가 혼자서 할 수 있는 일은 아니다. 많은 사람이 힘을 합쳐야 하나의 건축물이 완성될 수 있다. 세상을 더 화목하게 하는 건축물을 만들기 위해서는 우리 모두가 건축을 조금씩 더 이해할 필요가 있다. 그리고 그러기 위해서는 세상과 우리를 둘러싼 환경을 제대로 읽어 낼 수 있어야 한다.

그런데 세상은 점점 더 이해하기 어려운 시대로 접어들고 있다. 우리가 조선 시대 때 살았다면 태어나서 죽을 때까지 세상이 별로 바뀌지 않았을 것이다. 할아버지와 아버지 세대로부터 배운 지식과 지혜만으로도 충분히 살 수 있었을 것이다. 하지만 지금은 한 해가 다르게 세상이 바뀐다. 우리를 둘러싼 건축 공간의 의미도 계속 바뀌고 있다. 필자는 이 책 '맺는 글'의 마지막 부분을 두바이에서 한국으로 들어가는 비행기 안에서 쓰고 있다. 그뿐 아니라 이 책의 5분의 1 정도 분량은 지난 며칠간의 20시간 넘는 시간 동안 비행기 안에서 썼다. 문자와 전화와 인터넷 때문에 좀처럼 원고를 쓸 시간을 내지 못하다가 오히려 모르는 사람들과 함께 탄 시속 9백 킬로미터의 속도로 이동하는 비행기 안 좁은 자리에서 책을 완성한 것이다. 이 이야기를 보더라도 공간의 의미가 얼마나 달라졌는지 알 수 있다. 이런 일은 휴대용 컴퓨터가 보급되기 전에는 있을 수 없는 일이었다. 새로운 기기가 발달하면 우리 삶의 모습과 공간의 의미가 달라진다. 이 변화의 시기에 어영부영하다가는 우리가 공간을 만들기보다는 신기술이 만들어 놓은 공간에 조종만 당하기 십상이다. 그래서 우리는 주변을 둘러싸고 있는 건축 공간이 만들어 내는 환경의 본질을 이해할 필요가 있다. 그래야 우리 스스로를 제대로 쳐다볼 수 있기 때문이다.

이 책은 그런 일에 도움이 되고자 쓴 책이다. 여러분이 이 책을 읽고 나서 주변의 공간을 읽어 낼 수 있기를 소망한다. 세상을 화목하게 만드는 건축을 하겠다는 거창한 목표가 부담스럽다면 그저 독자 여러분이 나름의 방식으로 건축을 즐길 수 있기만이라도 했으면 좋겠다. 클래식을 전공한 한 친구는 연주자로 살지는 않지만 자신은 악기를 전공한 덕분에 그 많은 클래식 곡을 즐길 수 있게 되어 인생이 풍요로워졌다고 말한다. 그래서 많은 시간 연습한 것을 써먹지는 못하지만 후회가 없다고 한다. 필자는 건축을 즐긴다. 건축을 공부했기 때문에 다른 도시로 여행을 가거나, 식당을 고르거나, 카페에 가거나, 길을 걸을 때 비전공자보다는 조금 다른 관점에서 색다르게 보고 느끼게 된다. 음식을 자꾸 먹어 보면 음식 맛을 볼 줄 알게 되고, 음악을 자꾸 들으면 듣는 귀가 만들어지듯이, 독자 여러분이 이 책을 통해서 건축을 맛보고 느낄 수 있는 감각이 조금이나마 키워졌기를 바란다. 왜냐하면 건축을 느끼면 인생이 더 풍요로워지기 때문이다. 결국 인생은 행복하기 위해서 사는 것이고 다른 많은 것과 마찬가지로 건축도 우리의 행복을 더하는 데 일조할 수 있기 때문이다.

"어디서 살 것인가?" 이 책의 제목은 질문형이다. 흔히 우리는 '어디서 살 것인가'라는 질문을 이사 갈 집을 고르는 정도로만 받아들인다. '어느 동네로 이사 가고, 어느 아파트 단지에서 몇 평짜리에 살 수 있나'로만 생각한다. 그리고 내가 사는 동네가 싫어서 여행만 가려고 한다.

어디서 살 것인가? 이 문제는 객관식이 아니다. 서술형 답을 써야 하는 문제다. 그리고 정해진 정답도 없다. 우리가 써 나가는 것이 곧 답이다. 아무도 채점을 하지 않는다. 다만 우리가 스스로 '이 공간은 우리를 더 행복하게 만드는가?' 자문해 보는 과정이 있을 뿐이다.

우리는 우리가 살 곳을 만들어 가야 한다. 당연히 시간이 걸리는 일이다. 하지만 지금 시작하지 않으면 미래는 바뀌지 않는다. 여러분 모두가 건축주이자 건축가다. 왜냐하면 여러분이 낸 세금으로 공공 건축물이 만들어지고 도시에 도로가 깔리기 때문이다.

건축물을 만들 때 우리는 건축물 자체에 초점을 맞춰서는 안 된다. 그 건축물이 담아내는 '삶'을 바라보아야 한다. 우리는 차를 선택할 때 자동차의 디자인을 중요하게 생각하지만 외관 디자인보다 더 중요한 것은 그 자동차를 누구와 함께 타고 어디를 가느냐이다. 마찬가지로 우리는 건축과 도시를 만들 때 건축물 자체보다는 그 공간 안에서 이루어질 사람들의 삶의 모습에 초점을 맞추어서 생각해야 한다.

앞으로는 시에서 공원을 만든다면 어디에 들어서는 것이 좋은지 생각해 봐야 한다. 우리 아이들이 다니는 학교 건축은 어떠해야 하는지 생각해 보아야 한다. 우리 아파트가 재개발될 때 대형 상가가 들어오는 게 좋은지, 아니면 연도형 가게가 있는 거리를 만드는 게 좋은지 생각해 보고 주민 회의에서 의견을 내야 한다. 여러 가지 방식으로 여러분 스스로가 자신이 살 곳을 더 화목할 수 있는 공간으로 만들 수 있다. 우리를 화목하게 만드는 도시를 함께 만들어 보자.

주

1 아르데코 양식: 1910~1930년대에 프랑스를 중심으로 서구에서 시작된 장식 양식으로, 아르누보와는 달리 기본형의 반복, 지그재그 등 기하학적인 무늬를 즐겨 사용하였다.

2 코어(core): 모든 층에 공통으로 들어가는 하나의 다발로 묶이는 시설을 말한다. 보통 엘리베이터, 현관, 계단 등 주변에 동선이 집중된 공간을 가리킨다.

3 보이드(void): 대규모 홀, 식당 등 내부 공간 구성에서 열려 있는 빈 공간을 뜻한다.

4 아트리움: 고대 로마의 주택 건축에서 홀(hall)식 안뜰을 가리키는 말이었고, 근래에는 호텔이나 사옥, 기타 대형 건물에서 실내 공간을 유리 지붕으로 씌우는 것을 일컫는 용어다.

5 연면적: 건물 각층의 바닥 면적을 합계한 총면적.

6 필로티(pilotis): 근대 건축에서 건물 상층을 지탱하는 독립 기둥으로, 벽이 없는 1층의 주열(열을 지어 세운 기둥)을 말한다.

7 휴먼 스케일(human scale): 인간의 체격을 기준으로 한 척도. 건축, 인테리어, 가구에서 적용하는 길이, 양, 체적의 기준을 인간의 자세, 동작, 감각에 입각해 적용한 것 또는 적용한 단위.

이미지 출처

27쪽 위 : ⓒ 법무부

31쪽 ⓒ Colin / Wikimedia Commons

34, 35, 39, 40, 44, 45쪽 ⓒ 유현준

66쪽 ⓒaurélien / flickr

67, 72쪽 아래 : ⓒ 유현준

81쪽 위 : ⓒ myhsu / flickr

81쪽 아래 : ⓒ 이다영

89쪽 오른쪽 : ⓒ 조선일보 / 2004년 10월 15일자 기사 “아내 소식 감감… 차라리 이곳이 좋아”

103쪽 ⓒ ChadCooperPhotos / flickr

111쪽 ⓒ 유현준

123쪽 ⓒ Wpcpey / Wikimedia Commons

130쪽 ⓒ 이상국 / https://brunch.co.kr/@leesang3002

138, 140쪽 ⓒ 유현준

150쪽 ⓒ etanoCandal / flickr

154쪽 ⓒ WiNG / Wikimedia Commons

155쪽 ⓒ 유현준

157쪽 ⓒ 서울시

168쪽 첫 번째: ⓒ garethwiscombe / Wikimedia Commons

168쪽 세 번째: ⓒ Severin.stalder / Wikimedia Commons

171쪽 아래: ⓒ 유현준

175쪽 위: ⓒ Bjørn Christian Tørrissen / Wikimedia Commons

183, 184쪽 ⓒ 유현준

194쪽 ⓒ Teomancimit / Wikimedia Commons

204쪽 ⓒ dronepicr / Wikimedia Commons

213, 217, 231쪽 ⓒ 유현준

237쪽 ⓒ PA / Wikimedia Commons

248쪽 ⓒ 이다영

270쪽 위: ⓒ Tim Rochte / flickr

270쪽 아래: ⓒ Jay Photo World / flickr

274쪽 ⓒ 강남구

277쪽 위: ⓒ Christian Bolz / Wikimedia Commons

277쪽 아래: ⓒ Beyond My Ken / Wikimedia Commons

284쪽 ⓒ 유현준

287쪽 ⓒ 유현준건축사사무소

302쪽 ⓒ Dzihi / Wikimedia Commons

309쪽 오른쪽: ⓒ TheBetterDay / flickr

319쪽 ⓒ 유현준

343쪽 아래 : ⓒ Billbeee / Wikimedia Commons

353쪽 ⓒ 유현준

* 일부 저작권자가 불분명한 도판의 경우, 저작권자가 확인되는 대로 별도의 허락을 받도록 하겠습니다.